Objektive Photometrie

Von

Dr. phil. **Rudolf Sewig**
Privatdozent an der Technischen Hochschule Dresden

Mit 140 Textabbildungen

Berlin
Verlag von Julius Springer
1935

ISBN-13: 978-3-642-98225-5 e-ISBN-13: 978-3-642-99036-6
DOI: 10.1007/978-3-642-99036-6

Vorwort.

Angesichts des erheblichen und dauernd im Wachsen begriffenen Umfangs, in dem sich die Methoden und Geräte zur objektiven Photometrie im Laboratorium des Physikers, Chemikers und Ingenieurs, in Forschung und Technik eingebürgert haben, kann auf die übliche Beantwortung der Frage: „Warum ein neues Buch?" verzichtet werden. Eine zusammenfassende Darstellung der Literatur ohne kritische Aussonderung erschien mir weder nützlich noch — wegen des Umfangs — möglich. Bevorzugt wurden die für Wissenschaft und Technik wichtigen Instrumente und Verfahren, außerdem solche Arbeiten, die eine Verallgemeinerung und Anwendung auf andere Probleme zuzulassen schienen; in solchen Fällen wurden auch gelegentlich Verfahren und Instrumente erwähnt, die teils vergessen, teils weniger gebräuchlich sind, aber einen Hinweis gerechtfertigt erscheinen ließen.

Das Hauptgewicht wurde auf die Beschreibung von Instrumenten gelegt; hierunter wiederum traten die zu lichtelektrischen Messungen bestimmten in den Vordergrund. Bezüglich der photographischen Methoden konnte ich mich kurz fassen, weil hierüber vorzügliche Monographien existieren. Die photometrischen Methoden wurden nur insofern erwähnt, als sie von den in der visuellen Photometrie üblichen abweichen und nicht eigentlich in jene Gebiete gehören, bei deren Bearbeitung die objektive Photometrie helfen soll (z. B. Spektroskopie, chemische Analyse).

Im Interesse der praktischen Verwendbarkeit dieses Buches habe ich mich nach Möglichkeit auf die Beschreibung moderner Apparate und Methoden beschränkt, dafür aber gelegentlich Angaben, Preise und Erfahrungen mitgeteilt, die den Praktiker mehr interessieren als ein historischer Überblick über die Ahnentafel eines Instruments. Ähnliche Beschränkungen mußte ich mir leider hinsichtlich des Literaturverzeichnisses auferlegen. Ausdrücklich sei darauf hingewiesen, daß viele wertvolle Arbeiten, besonders in schwer zugänglichen Zeitschriften verstreute, im Original unerwähnt blieben zugunsten der bequemer erhältlichen zusammenfassenden Berichte, Monographien und Bücher, und daß damit keine Verschleierung der Prioritäten beabsichtigt war. Daß ich gelegentlich die Arbeiten von mir und meinen Mitarbeitern ausführlicher behandelt habe, als vielleicht ihrer Bedeutung nach gerechtfertigt wäre, geschah deshalb, weil sie mir mit Unterlagen und Erfahrungen naturgemäß besser bereitstanden, als solche anderer Autoren, von denen ich nur relata refero.

Eigenen, in verschiedenen Zeitschriften erschienenen Arbeiten und Referaten entnommen sind die Abbildungen: 8, 9, 13, 14, 16, 17, 18, 21, 22, 25, 55, 56, 58, 59, 60, 66, 70, 71, 106, 108, 118, 128; aus Zeitschriften- oder Buchveröffentlichungen anderer Autoren stammen die

Bilder: 15, 23, 24, 65, 72, 103, 107, 127, 129, 134, 135. Die Herkunft der Bilder ist aus dem Text bzw. den zitierten Originalarbeiten (siehe Literaturverzeichnis) zu entnehmen.

Mit den Hinweisen auf die Erzeugnisse der im Text genannten Firmen sollen keine Werturteile über andere, nicht genannte Fabrikate ausgesprochen sein; auch dann nicht, wenn infolge zufällig vorhandener bzw. nicht vorhandener eigener Erfahrungen oder Firmenunterlagen manches ausführlich gebracht, anderes kaum oder gar nicht erwähnt wurde. Einen großen Bruchteil (namentlich ausländischer) Firmenliteratur habe ich unberücksichtigt gelassen, wenn sich darin nichts den deutschen Erzeugnissen gegenüber bemerkenswertes fand.

Die Dezimal-Einteilung der Kapitel und Abschnitte, die sich in der ausländischen Literatur schon häufig findet, in Deutschland dagegen erst vereinzelt (ATM) eingebürgert hat, habe ich wegen der bequemen Verweisungen im Text auf andere Abschnitte und der für den Leser leichteren Orientierung übernommen; sie wird sich besonders bei häufigerem Nachschlagen angenehm bemerkbar machen.

Zahlreichen der im Text genannten Firmen, die mich durch Überlassung von zum Teil unveröffentlichtem Material unterstützten, gebührt mein Dank hierfür, ebenso wie meinen Mitarbeitern: Dipl-Ing. Walther Appuhn und Dipl.-Ing. Werner Kleinschmidt, sowie Frl. cand. phys. Hilde Otto, die mir mit Rat und Tat, besonders beim Korrekturlesen, halfen. Zu besonderem Dank verpflichtet bin ich der Verlagsbuchhandlung für die gute Ausstattung des Buches und ihr Entgegenkommen bezüglich aller Sonderwünsche.

Dresden, Oktober 1934.

R. Sewig.

Inhaltsübersicht.

3. Optische Hilfsmittel.

4. Objektive Photometrie.

1. Lichtelektrische Umformer[1].

Als Strahlungsauffänger werden in der objektiven Photometrie zur Zeit fast ausnahmslos Umformer benutzt, die mit Hilfe der in ihnen absorbierten Lichtenergie Änderungen in einem elektrischen Stromkreis hervorbringen. Diese Änderungen bestehen entweder im Auftreten einer selbständigen elektromotorischen Kraft — bei Thermoelementen und Sperrschichtzellen —, oder in der Änderung der Leitfähigkeit der betreffenden „Zelle" — bei den Photowiderständen vom Typ der Selenzelle und bei den auf dem äußeren lichtelektrischen Effekt beruhenden, jetzt meist als Photozelle schlechthin bezeichneten Bauarten. Streng läßt sich diese Trennung nicht immer durchführen, denn auch Sperrschichtzellen können mit Hilfsspannung als Photowiderstände benutzt werden, und Photozellen geben, besonders wenn sie eine kleine Sättigungsspannung haben, dem Einsteinschen Gesetz entsprechend eine selbständige EMK ohne Anlegung einer Hilfsspannung. Für die Praxis und unter Berücksichtigung der meist verwendeten Schaltungen erweist sich jedoch diese Trennung als zweckmäßig.

Die in den folgenden Abschnitten angegebenen Zahlenwerte sind nur als Näherungen zu betrachten. Sie sind an den handelsüblichen Zellen teils von mir ermittelt, teils aus Firmenangaben entnommen, und können bei der schnellen Entwicklung auf diesem Gebiet sehr bald überholt sein. Immerhin scheint sich bei manchen der hier beschriebenen Zellentypen die Entwicklung jetzt einem gewissen Abschluß zu nähern, sodaß man weitere große Erfolge nur von prinzipiell neuen Gedanken erwarten sollte. Spezielle Formen lichtelektrischer Indikatoren, die für die objektive Photometrie keine Bedeutung haben bzw. voraussichtlich nicht bekommen werden, sind übergangen worden. Auch in bezug auf viele Einzelheiten muß auf die einschlägige Spezialliteratur verwiesen werden.

11. Thermoelemente.

Thermoelemente und Thermosäulen haben seit langer Zeit eine große Rolle in der Meßtechnik gespielt und gehören zu den wichtigsten Hilfsmitteln der objektiven Photometrie. Ihre technische Entwicklung ging besonders auf drei Wegen vor sich; 1. Auffindung geeigneter Metallkombinationen mit hoher Thermokraft; 2. technologische Entwicklung geeigneter Herstellungs- und Formungsverfahren; 3. Verringerung der Verluste und der Trägheit. Die großen im letzten Jahrzehnt erreichten Fortschritte sind besonders in 2. und 3. gewonnen worden und sind Resultate mit großer Geschicklichkeit ausgeführter mühevoller Kleinarbeit. Ebenso wie beim Bolometer ist beim Thermoelement die

[1] Die kursiv gedruckten Zahlen beziehen sich auf das Literaturverzeichnis am Schluß, die in Antiqua gedruckten auf die betreffenden Kapitel bzw. Abschnitte.

mangelnde Selektivität ein für manche Zwecke (Gesamtstrahlungsmessung) idealer, für andere Zwecke unerwünschter Umstand. Bequem ist die absolute Eichbarkeit, nachteilig die auch bei den besten Konstruktionen nie zu vernachlässigende Trägheit, die bei registrierenden Methoden zu bescheidenem Tempo zwingt.

111. Spannungsreihe. Legierungen. Die thermoelektrische Spannungsreihe für die wichtigsten metallischen Elemente ist: Bi, Co, Ni, K, Pd, Ta, Na, Pt, Hg, W, Al, Mg, Pb, Zn, Au, Ag, Cu, Cd, Sn, Fe, Sb. Die Thermokraft eines Elementenpaares findet man durch Subtraktion der zugehörigen Potentialwerte dieser Reihe (vgl. z. B. Kohlrausch). Die am weitesten voneinander entfernten Elemente, Bi und Sb, sind wegen ihrer niedrigen Schmelzpunkte und der besonders bei Bi schlechten Bearbeitbarkeit ungeeignet zur Herstellung empfindlicher Thermoelemente. Unter Verwendung von Halbleitern, z. B. Tellur, können Elemente gebaut werden, deren Thermo-EMK die des Bi-Sb-Elementes erheblich überschreitet [Teichmann (*50*)]. Als sehr günstig hat sich die Verwendung von Legierungen erwiesen, z. B. Konstantan—Manganin [Moll (112)] oder Konstantan—Chromnickel [Müller (112)]. Für die Wahl der Ausgangsmaterialien spielt nicht nur die Thermo-EMK, sondern ebenso die Verarbeitbarkeit eine große, die Empfindlichkeit und die anderen Eigenschaften entscheidend beeinflussende Rolle, besonders, wenn es sich um Elemente für Strahlungsmessungen handelt. Denn wir haben es — im Gegensatz zu den Methoden der Thermometrie — stets mit sehr kleinen Energiemengen zu tun.

An ein für photometrische Zwecke brauchbares Thermoelement müssen wir folgende Anforderungen stellen: 1. Große Empfindlichkeit, gemessen in V/W; 2. Geringe Trägheit; 3. Nullpunktsstabilität. Einfache Überlegungen führen zu dem Schluß, daß sich diese Forderungen, teils einzeln, teils gemeinsam erreichen lassen: a) durch Metallkombinationen mit hoher Thermo-EMK; b) durch kleine Wärmekapazität des Thermoelements bzw. bei Thermosäulen durch geringe Wärmekapazität der warmen und große Wärmekapazität der kalten Lötstellen; c) durch Vermeidung von Wärmeverlusten; d) durch möglichst vollständige Konzentration der Strahlung auf die Lötstelle und ihre nächste Umgebung; e) durch eine geeignete Kombination von Thermoelement und Meßgerät. Im folgenden Abschnitt wird angedeutet, wie bei modernen Thermoelementen diese Ziele erreicht werden.

112. Hochleistungs-Thermoelemente. Es gibt im Handel einfachere Thermoelemente, die bei großer Einstelldauer (15—40 s) ziemlich gute Empfindlichkeiten erreichen, z. B. das nach Angaben von Hilsch von Spindler und Hoyer in Göttingen gebaute Instrument. Wir gehen hier auf solche Konstruktionen, obwohl sie zu einzelnen Aufgaben der objektiven Photometrie geeignet sein mögen, nicht ein und beschränken uns auf die Bauarten, die den zur Zeit höchsten erreichbaren Stand der Technik repräsentieren. Das sind besonders die von Kipp & Zonen in Delft nach Angaben von Moll und Burger, und die vom Laboratorium Schwarzlose, Berlin-Charlottenburg, nach dem Verfahren von C. Müller hergestellten Elemente. Die Herstellungsverfahren, die grundsätzlich in der Literatur beschrieben sind [Moll und Burger (*35*);

Ornstein, Moll und Burger (*155*); C. Müller (*36*)] sind bei den beiden Bauarten ganz verschieden. Bei dem Mollschen Verfahren werden dünne Konstantan- und Manganinstreifen stumpf aneinander gelötet und in der Richtung der Lötfuge ausgewalzt; bei dem Müllerschen Verfahren wird eine sehr dünne Trägerfolie je zur Hälfte mit gleichfalls sehr dünnen anderen Metallen überzogen und durch Erhitzung Diffusion der übereinander liegenden Schichten eingeleitet, so daß eine Kombination von zwei Legierungen mit hoher Thermokraft entsteht (z. B. Konstantan—Chromnickel). Die Dicke der Drähte bzw. Folien liegt meist zwischen 0,1 und 1 μ; hierdurch wird den in (111) gestellten Forderungen weitgehend Genüge getan. Die Einstellzeiten liegen je nach Dicke und Aufbau zwischen 0,4 und 4 s.

Abb. 1. Vakuum-Thermoelement nach Moll (Kipp).

Wesentlich zur Verringerung der Wärmeverluste trägt neben den geringen Flächen der Einschluß in ein evakuiertes Gefäß bei (Abb. 1), wodurch auch Schwankungen infolge von Konvektion beseitigt werden. Allerdings ergeben sich hieraus bisweilen konstruktive Schwierigkeiten: im Spektralgebiet unbeschränkter Glasdurchlässigkeit ist der Einbau in Glaskolben mit angeschmolzenem Planglasfenster ohne weiteres möglich; selbst Quarzfenster lassen sich heute mit Hilfe von Zwischengläsern an Glaskolben dauernd vakuumdicht anschmelzen, so daß man zunächst das Gebiet vom Schumann-Ultraviolett bis zum mittleren Ultrarot beherrscht, wo Quarz nennenswert zu absorbieren beginnt (etwa 2,6 μ). Bis etwa 7 μ kann man noch Flußspatfenster benutzen, die sich jedoch nicht aufschmelzen lassen, sondern gekittet werden müssen und öfters wiederholtes Auspumpen nötig machen.

Bereits die ersten praktisch ausgeführten Thermoelemente (Melloni) bestanden aus vielen einzelnen, in Reihe geschalteten Thermoelementen. Diese Thermosäulen wurden hinsichtlich Empfindlichkeit und Einstellgeschwindigkeit von Rubens und später von Moll erheblich verbessert. Die Mollschen Säulen, die aus einzelnen, nach dem beschriebenen Verfahren hergestellten Thermoblechen bestehen, haben freitragende warme Lötstellen, die bei den für Spektralmessungen bestimmten Ausführungen linear angeordnet sind. Gegenüber den der Strahlung ausgesetzten (warmen) Lötstellen sollen die kalten Lötstellen auf möglichst konstanter Temperatur bleiben, um Nullpunktsschwankungen zu vermeiden, müssen also eine vergleichsweise große Wärmekapazität bekommen. Dies wird von Moll dadurch erreicht, daß die kalten Lötstellen an kleine Kupferklötzchen gelötet werden, die elektrisch isoliert, aber mit gutem Wärmekontakt in eine Kupferplatte eingelassen sind. Es wird von den holländischen Physikern, die auf diesem Gebiet äußerst zielsichere Pionierarbeit geleistet haben, mit Recht betont [Ornstein-Moll-Burger (*155*)] daß eine Vergrößerung der Empfindlichkeit auf Kosten der Stabilität des Nullpunktes sowohl beim Indikator (Thermosäule) wie beim Meßgerät (Galvanometer) nutzlos ist.

Für absolute Strahlungsmessungen bauen Kipp & Zonen, Delft, nach Angaben von Moll und Burger eine Normalthermosäule (Abb. 2), die zwecks Ausschaltung der Absorption der Abschlußfenster keine Verschlußplatte enthält. Gegen Luftströmungen ist die Säule durch einen Tubusansatz mit einer Reihe von Diaphragmen und durch einen größeren, hochglanzpolierten und vernickelten Schirm geschützt; zur Konstanthaltung der Temperatur der kalten Lötstellen dient ein Wasserkühlmantel. Unvermeidlich bleibt auch hier eine gewisse Selektivität der Absorption der geschwärzten Auffangflächen, die besonders im Ultraviolett eine gewisse Vorsicht bedingt.

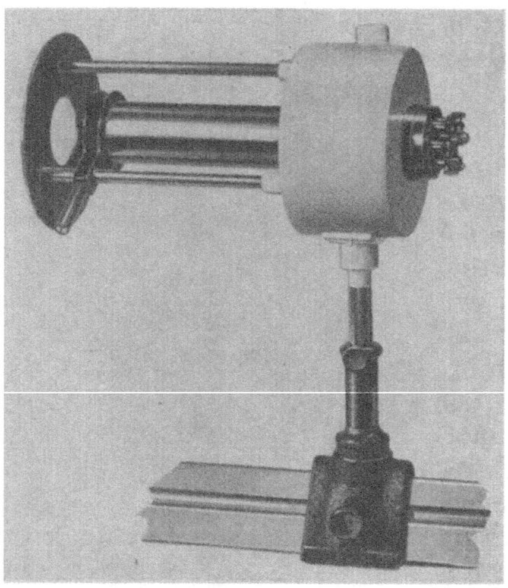

Abb. 2. Normalthermosäule nach Moll und Burger (Kipp).

Für Spektralphotometrie geeignete Vakuumthermoelemente werden auch noch von anderen Firmen hergestellt, z. B. dem Pyro-Werk Dr. R. Hase-Hannover (*20*) und Carl Zeiß-Jena. Mit der eingehenderen Beschreibung der holländischen Thermoelemente sollte kein negatives Werturteil über die anderen Konstruktionen abgegeben werden.

Die für die Mollschen Thermoelemente verschiedener Bauart vom Hersteller angegebenen und zum Teil die von Müller (*36*) nach Messungen von Theissing mitgeteilten Werte, sowie die von Theissing an Müllerschen Elementen gemessenen Werte sind in der Tabelle 1 zusammengestellt. Bezüglich des Vergleichs zwischen den verschiedenen Messungen ist einige Vorsicht am Platze, da ich diese Zahlen zum Teil nach den Theissingschen Angaben umrechnen mußte, und weder die bei den verschiedenen Messungen verschiedene Empfindlichkeit des Galvanometers noch der Widerstand aller Elemente angegeben war. Als sicher dürfte man aber die Größenordnung der angegebenen Werte ansehen. In der Tabelle bezeichnet U_0 die Thermokraft in 10^{-10} V für 1 mm² bestrahlter Fläche und eine auffallende Strahlung von 1 erg/s cm². Die von Müller bzw. Theissing gemessenen Werte sind mit der Hefnerlampe ermittelt, deren Strahlungsdichte in 1 m Abstand mit 0,94 W/cm² angesetzt ist.

113. Messung von Thermoströmen. Wegen des meist kleinen inneren Widerstandes der Thermoelemente kommen zur Messung in erster Linie

Tabelle 1. Eigenschaften von Hochleistungs-Thermoelementen.

Bauart	Type	Besonderes	Fläche mm^2	Widerstand Ω	U_0 $\times 10^{-10}$ V	Preis RM.	Angaben nach
Moll	Gr. Oberfl.-Säule	ohne Fenster	314	50	1,6	340.—	Kipp & Zonen
Moll	Kl. Oberfl.-Säule	ohne Fenster	80	10	1,6	80.—	Kipp & Zonen
Moll	Mikro-Säule	ohne Fenster, unbedeckt	28	30	3,2	290.—	Kipp & Zonen
Moll	Mikro-Säule	ohne Fenster, mit 1 mm breitem Spalt	28	30	5,0	290.—	Kipp & Zonen
Moll	Lineare Säule	ohne Fenster, mit 1 mm breitem Spalt	20	20	3,8	300.—	Kipp & Zonen
Moll	Lineare Säule	mit Flußspatfenster	19		1,7	300.—	Müller
Moll-Burger . .	Vak. El. empf.	mit Glasfenster	0,5	45	92	153.—	Kipp & Zonen
Moll-Burger . .	Vak. El. empf.	mit Flußspatfenster	0,43		26	255.—	Müller
Moll-Burger . .	Vak. El. empf.	mit Uviolglasfenster	0,53		13	190.—	Müller
Moll-Burger . .	Vak. El. schnell	mit Glasfenster	0,2	20	26	153.—	Kipp & Zonen
Müller	Vak. El. m. Auffänger	mit Glasfenster	1,0		25		Müller
Müller	Vak. El. linear	mit Glasfenster	0,13—0,39		60—80		Müller
Müller	Vak. Wollaston-Draht-Elem.	mit Quarzfenster	0,035		150		Müller
Moll-Burger . .	Normal-Thermosäule	ohne Fenster, mit Diaphragmen	100	50	1,3		Kipp & Zonen

spannungsempfindliche Spiegelgalvanometer (Abschnitt 22) in Frage, ferner die verschiedenen Methoden zur optischen, thermischen oder elektrischen Verstärkung von Galvanometerausschlägen (Abschnitt 23 bis 25), im allgemeinen aber nicht die Verstärkung mit Röhren. Thermoelement und Galvanometer müssen zur Erreichung maximaler Leistungsausbeute aufeinander angepaßt, d. h. der Größenordnung nach von gleichem Widerstand sein. Sie sollten auch hinsichtlich ihrer Einstellzeit aufeinander angepaßt sein, besonders bei Registriermethoden.

Abb. 3. Gepanzerte Thermosäule nach Zernike (Kipp).

Eine prinzipielle Störungsquelle bei thermoelektrischen Methoden ist die Inkonstanz des Nullpunktes, die durch Temperaturschwankungen der kalten Lötstelle infolge von Temperaturschwankungen der Umgebung auftreten. Sie sind bei Vakuumthermoelementen klein, aber nicht zu vernachlässigen. Die Thermoäule von Zernike (Abb. 3, Hersteller Kipp & Zonen, Delft), die aus Wismutlegierungen aufgebaut ist, wurde deshalb thermisch gepanzert, d. h. mit Mänteln großer Wärmekapazität umgeben.

Bei allen Messungen mit Thermoelementen ist auch auf Vermeidung von Störungen durch vagabundierende Thermokräfte zu achten, die an Löt-, Klemm- und sonstigen Verbindungsstellen der Leitungen zwischen Thermoelement und Meßgerät auftreten können. Auch die Leitungen sollten thermisch gepanzert sein und überdies aus möglichst überall gleichem Material (Kupfer) bestehen. Man beachte, daß selbst harte und weiche Kupfersorten an ihren Verbindungsstellen Thermokräfte geben!

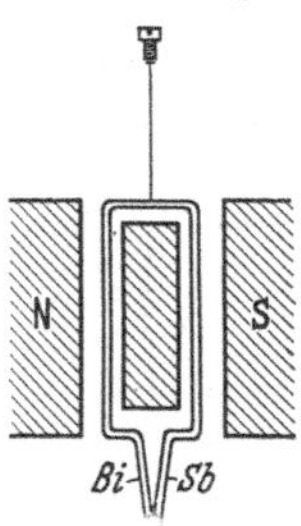

Abb. 4. Mikroradiometer.

Gegen elektrische Fremdfelder ist die meist niedrigohmige Schaltung im allgemeinen ziemlich unempfindlich, nicht aber gegen magnetische. Ornstein, Moll und Burger machen a. a. O. hierauf besonders aufmerksam. Magnetische Wechselfelder induzieren, besonders bei höheren Frequenzen, in den Leitungen Wechselströme, die zwar nicht direkt auf das Galvanometer wirken, aber im Element parasitäre Thermokräfte erzeugen, die mit gemessen werden. Abhilfe: gute Abschirmung, kurze Leitungen.

114. Mikroradiometer. Das Mikroradiometer ist eine direkte bauliche Vereinigung von Thermoelement und Drehspulgalvanometer (Abb. 4). Die Spule hat meist nur eine Windung, das Magnetfeld kann bei aperiodischer Dämpfung sehr stark, die Empfindlichkeit also hoch sein. Außerdem fallen die Widerstände der Schaltungen und der Aufhängedrähte und damit auch manche Störungsquellen fort. Nachteilig ist die Mitbewegung des Thermoelementes beim Ausschlag, also die Änderung seiner Lage zum Strahlengang, die hier doppelt störende Erschütterungsempfindlichkeit, ferner die Notwendigkeit der Aufstellung des

Instruments an oftmals unbequemer Stelle, die Beschränkung der Empfindlichkeit durch die praktische Unmöglichkeit das Instrument zu evakuieren und manches andere. Trotzdem wird das Mikroradiometer für Gesamtstrahlungsmessungen gelegentlich benutzt [vgl. Pirani (*38*)]. Es ist von Hettner konstruktiv so verbessert worden, daß seine Empfindlichkeit, allerdings bei einer Einstelldauer von etwa 10 s, in der Größenordnung der besten Thermoelemente in Verbindung mit passenden Galvanometern liegt. Trotz allem wird man im allgemeinen aus Zweckmäßigkeitsgründen der getrennten Aufstellung von Thermoelement und Galvanometer den Vorzug geben. Ein Mikroradiometer der ursprünglich von Boys angegebenen Konstruktion wird von der Cambridge Instr. Co. gebaut.

12. Bolometer.

Bolometer haben für die Zwecke der objektiven Photometrie nur geringe Bedeutung. An sich ist ihr Anwendungsfeld etwa das gleiche wie bei den Thermoelementen, denen gegenüber sie jedoch mit verschiedenen schweren Nachteilen behaftet sind. Gute Bolometer, die in bezug auf Empfindlichkeit und Handlichkeit den hochgezüchteten Thermoelementen vergleichbar sind, findet man bezeichnenderweise wenig im Handel; vielmehr stellt meist der Forscher, der mit Bolometern arbeiten will, dieselben für seinen speziellen Zweck selbst her. Da es immerhin nicht ausgeschlossen erscheint, daß Bolometer für gewisse Zwecke (Schwärzungsmessung, Ultrarotphotometrie, Spektralphotometrie) gelegentlich mit Vorteil Verwendung finden, sollen sie hier wenigstens erwähnt werden.

121. Wirkungsweise. Konstruktionsprinzipien. Bolometer sind dünne metallische Leiter, deren Widerstand sich bei Strahlungsabsorption infolge der Erwärmung ändert. Der Temperaturkoeffizient des elektrischen Widerstandes der Metalle ist im allgemeinen positiv und bei den meisten Metallen um so höher, je reiner das Metall ist. Legierungen haben im Vergleich zu reinen Metallen meist geringere Temperaturkoeffizienten. Da die Temperaturkoeffizienten der reinen Metalle nicht um Größenordnungen voneinander differieren ($[\varrho_{100} - \varrho_0]/\varrho_0 = 0{,}3$—$0{,}7$), richtet sich die Wahl des Metalls mehr nach seinen technologischen Eigenschaften, namentlich danach, ob es sich bis zu kleinsten Dicken herunter gut walzen oder ziehen läßt. Die meisten Bolometer hat man aus Platin aufgebaut, welches sich nach dem Wollastonschen Verfahren (Plattierung des Bandes oder Drahtes mit dicker Silberschicht, Herunterwalzen und Abätzen) bis zu Dicken von $0{,}3\,\mu$ und darunter ohne Schwierigkeiten formen läßt. Eine neben dem Temperaturkoeffizienten die Empfindlichkeit des Bolometers beeinflussende Materialeigenschaft ist das Absorptionsvermögen der Auffangfläche für die zu messende Strahlung. Meist werden die Flächen berußt (Azetylenflamme, Terpentinölflamme, Platinmohr, Uranoxyd), wobei für sichtbare und ultrarote Strahlung genügend gute Absorption erreicht wird. Für ultraviolette und Röntgenstrahlen jedoch sind diese Materialien meist nicht genügend schwarz, für Röntgenstrahlen sind die meist recht dünnen Folien sogar zum Teil durchlässig. Außer an Empfindlichkeit verliert dann das Bolometer einen seiner Hauptvorzüge, nämlich ein einfach eichbarer, nicht selektiver Empfänger für Gesamtstrahlung zu sein. Jedenfalls tut man bei Messungen kürzerer Wellenlängen als 300 mμ gut, sich vom Einfluß des Absorptionsvermögens zu überzeugen.

Die durch eine bestimmte absorbierte Energie bewirkte Widerstandserhöhung ist dem Widerstand proportional und bei kleinen Temperaturerhöhungen diesen ebenfalls. Die Temperaturerhöhung hängt von der Wärmekapazität und der Wärmeabgabe ab. Die Bedingungen kleiner Wärmekapazität und hohen Widerstandes lassen sich in gleicher Weise durch sehr dünne Auffänger erreichen, wodurch auch die Geschwindigkeit der Einstellung auf Temperaturgleichgewicht günstig beeinflußt wird. Die Wärmeabgabe zerfällt in Leitung, Konvektion und Strahlung. Die Wärmeableitung durch die Halterungsdrähte spielt bei kurzen Drähten und hohen Bolometerströmen immerhin eine Rolle. Wärmeaustausch durch direkte Ableitung an die Luft und Konvektion läßt sich ebenso wie bei Thermoelementen durch Evakuieren beseitigen, womit auch der nachteilige Einfluß von Luftströmungen auf die Nullpunktsstabilität ausgeschaltet wird. Man muß nur für das zu untersuchende Spektralgebiet durchlässige Fenster vorsehen, vom nahen Ultrarot bis zum nahen Ultraviolett Glas, jenseits Quarz bzw. Fluorit bzw. Steinsalz. Verluste infolge von Wärmeleitung verschwinden praktisch bei Drucken unter 10^{-2}—10^{-3} mm, Hochvakuum ist also unnötig.

Für die Wärmeabstrahlung ist außer der Flächengröße die Übertemperatur gegen die Umgebung wichtig, die außer von der absorbierten Strahlung von der Jouleschen Wärme des das Bolometer durchfließenden Stroms herrührt. Mit Rücksicht auf die beschränkte Empfindlichkeit der Meßgeräte ist man zunächst bestrebt, den Meßstrom möglichst groß zu machen, da ja die Empfindlichkeit der meist verwendeten Schaltungen (z. B. Brückenschaltungen) mit dem Meßstrom zunimmt. Das hat aber durch die Erwärmung des Bolometers und die Zunahme der Strahlungsverluste rasch eine Grenze, denn eine bestimmte absorbierte Strahlungsenergie wird eine um so geringere Temperaturerhöhung und damit Widerstandszunahme bewirken, je höher die durch die Heizleistung bestimmte Normal(Nullpunkts-)temperatur ist. In Verbindung mit bestimmten Schaltungen und Meßgeräten führen diese Überlegungen zu einem experimentell und rechnerisch leicht zu ermittelnden Optimum des Bolometer-Heizstroms.

122. Ausführungsformen. Schaltungen. Das Flächenbolometer nach Lummer und Kurlbaum (*33*) besteht aus einem mäanderförmig ausgeschnittenen, auf Schiefer aufgeklebten Platinblech. Macht man Stege und Zwischenräume gleich breit, so kann man zwei in diagonal gegenüberliegenden Zweigen einer Wheatstoneschen Brücke geschaltete Bolometerstreifen so übereinander anordnen, daß die Stege des einen die Zwischenräume des anderen verdecken und eine geschlossene Auffangfläche entsteht. Um Nullpunktsschwankungen zu vermeiden, werden die anderen beiden Zweige der Brückenschaltung zweckmäßig aus genau gleichartigen, aber der Strahlung nicht ausgesetzten Bolometerstreifen gebaut.

Für spektralphotometrische Zwecke werden lineare Bolometer aus dünnen Platinbändern oder -drähten benutzt. Derartige Vakuumbolometer werden z. B. von O. Preßler in Leipzig hergestellt. Zu den Bolometern muß man auch gewisse Formen der als Pyrheliometer bezeichneten Instrumente zur Messung der Sonnen- und Himmelsstrahlung rechnen. Das Kompensationspyrheliometer nach Angström (*2*) besteht aus zwei Bolometerwiderständen, von denen der eine der zu messenden Strahlung ausgesetzt wird, der andere durch meßbare elektrische Heizung so weit erwärmt wird, bis er die gleiche Temperatur, also den gleichen Widerstand hat wie der andere.

Für die Messung unzerlegter Röntgenstrahlung ist von Gaertner (*14*) ein von der Herstellerfirma (Kipp & Zonen, Delft) als Bolometer bezeichnetes Instrument angegeben worden, welches aus einer $100 \times 3 \times 0{,}25$ mm großen Auffangplatte und einer dahinter angeordneten 35paarigen Thermosäule besteht. Die durch Absorption der zu messenden Strahlung bewirkte, mit der Thermosäule gemessene Erwärmung wird durch eine Eichung absolut derart ausgewertet, daß der Auffänger durch einen Heizstrom meßbarer Leistung auf die gleiche Temperatur gebracht wird. Für die Anwendung sind zahlreiche Vorsichtsmaßregeln zu beachten, die durch unvollkommene Absorption und Streuung der Röntgenstrahlung bedingt sind.

Eine ähnliche Konstruktion, nach Angaben von Moll und Burger von der gleichen Firma hergestellt, enthält einen dünnen, 20×5 mm^2 großen Manganinstreifen, der an den Rändern zwecks guter Definition der wirksamen Oberflächengröße mit dicken Kupferschichten überzogen ist. Zur Temperaturmessung dient eine rückseitig angekittete, vielpaarige Thermosäule oder ein Platinwiderstandthermometer. Absolute Messung ist durch abwechselndes Messen der Temperaturerhöhung durch Einstrahlung und durch einen das Band durchfließenden, die gleiche Temperaturerhöhung bewirkenden Eichstrom möglich. Für bolometrische Messung eng begrenzter Bündel, wie sie aus dem Austrittsspalt von Monochromatoren kommen, bauen Kipp & Zonen ein Vakuumbolometer mit $10 \times 0{,}5$ mm breiten und $0{,}9\,\mu$ dicken Platinstreifen in Brückenschaltung, eingebautem Regelwiderstand für die Nullpunktseinstellung und doppelwandigem Metallpanzer, welches unter Berücksichtigung der Deckglasabsorption und der Selektivität der Schwärzung absolut geeicht werden kann.

Bolometer, bei denen die Auffangfläche selbst als Widerstandsthermometer dient, werden z. B. nach Bone und Callendar von der Cambridge Instr. Comp. hergestellt.

Die oben beschriebene Brückenschaltung ist die bei bolometrischen Messungen am meisten gebräuchliche. Bei Anwendung von Vakuumbolometern und besonderen Mitteln zur Konstanthaltung des Arbeitsstroms kann man auch mit einem direkt im Stromkreis des Bolometers liegenden empfindlichen Galvanometer arbeiten, dessen Ausschlag bei unbestrahltem Bolometer (Nullpunkt) durch einen Regelwiderstand wegkompensiert wird (Grunmach), oder ähnlich wie beim Widerstandsthermometer mit konstantem Heizstrom arbeiten und die Spannungsabfälle am Bolometer und einem im gleichen Stromkreis liegenden

Normalwiderstand mit annähernd gleichem Widerstandsbetrag abwechselnd mit einem Kompensationsapparat messen. Hierzu eignet sich besonders der niedrigohmige, thermokraftfreie Kompensator nach Diesselhorst (vgl. 227). Auch die Kohlrauschsche Methode des übergreifenden Nebenschlusses oder die Thompsonbrücke können gegebenenfalls geeignete Meßanordnungen darstellen.

13. Photozellen.

Früher war die Bezeichnung Photozellen sowohl für die auf dem äußeren lichtelektrischen Effekt, als auf der Abhängigkeit des Widerstandes von der Belichtung und auf dem Sperrschichteffekt beruhenden Zellen üblich. Wir folgen hier dem sich immer mehr einbürgernden Sprachgebrauch und bezeichnen als:

Photozellen: Die auf dem äußeren Photoeffekt beruhenden Zellen; Beispiel: Alkalizellen.

Sperrschichtelemente: Zellen mit 2 Metallelektroden, von denen die eine perforiert oder durchsichtig dünn ist, mit einem Halbleiter und einer für ihre Wirkung wesentlichen Sperrschicht; Beispiel: Kupferoxydulzellen.

Photowiderstände: Zellen mit Halbleiter und 2 Elektroden, die auf dem inneren Photoeffekt beruhen; Beispiel: Selenzellen.

Die auf dem Becquerel-Effekt beruhenden elektrolytischen Zellen werden als Photowiderstände behandelt, obgleich man sie auch als Sperrschichtelemente betrachten kann. Photozellen anderer Art, z. B. die auf dem Demberschen Kristallphotoeffekt und verwandten Erscheinungen beruhenden, werden hier nicht behandelt, weil sie noch keine praktische Bedeutung haben. Man vergleiche hierüber z. B. Fleischer-Teichmann (*13*). Über neuere Forschungen betreffend den äußeren Photoeffekt, die einschlägigen Theorien und technischen Fortschritte, orientieren die zusammenfassenden Bücher von Simon und Suhrmann (*49*), Fleischer und Teichmann (*13*), Anderson (*1*) und der Bericht von Linford (*31*).

131. Grundgesetze. Fällt genügend kurzwelliges Licht auf eine negativ geladene Metallplatte, so verliert diese Platte nach und nach ihre Ladung, was man mittels eines Elektroskops feststellen kann. Legt man an die Platte den negativen Pol einer Batterie und schließt den Stromkreis über einen die Platte umgebenden Käfig und einen empfindlichen Strommesser, so stellt man einen bei gleichbleibender Beleuchtung stationären Strom fest. Die Erscheinung erklärt sich als Ablösung und Austritt von Elektronen aus dem Metall unter der Einwirkung des Lichts. An Hand dieses einfachen, auf Hallwachs zurückgehenden Versuches kann man leicht einige wesentliche Gesetzmäßigkeiten des äußeren lichtelektrischen Effekts feststellen:

1. Der Photostrom (Anzahl der gemessenen Elektronen) hört bei Aussetzen der Beleuchtung sofort wieder auf und wächst mit zunehmender Beleuchtungsstärke dieser proportional an, solange Saugspannung und Lichtfarbe konstant bleiben.

2. Nicht jede Lichtfarbe (Wellenlänge) kann aus einem bestimmten Metall Photoelektronen auslösen, vielmehr gibt es eine mehr oder weniger exakt definierte langwellige Grenze des Effekts derart, daß Licht von größerer Wellenlänge keinen beobachtbaren Effekt mehr hervorruft.

3. Bei verschiedenen Metallen liegt diese langwellige Grenze ganz verschieden, am weitesten nach langen Wellen hin ist sie bei den Alkalimetallen, und unter diesen wieder beim Caesium herausgeschoben.

4. Mit zunehmender Saugspannung steigt zunächst auch der Photostrom bis zur Erreichung einer Sättigungsspannung. Überschreitung dieser Sättigungsspannung verursacht kein weiteres Ansteigen des Photostroms.

Aus diesen Gesetzmäßigkeiten erklärt sich der Mechanismus des äußeren Photoeffektes folgendermaßen. Die auf die Kathode auffallenden Lichtquanten werden an der Oberfläche zum Teil absorbiert, zum Teil hindurchgelassen oder reflektiert. Ist die absorbierte Energie $h\nu$ genügend groß, um ein Elektron aus dem Gitterverband zu lösen, es an die Oberfläche zu transportieren und gegen die dort herrschende Potentialschwelle zum Austritt zu bringen, so wird es als Photoelektron meßbar. Im allgemeinen tritt das Elektron mit einer endlichen Geschwindigkeit v aus; dieselbe ergibt sich aus dem die Ablösungs- und Austrittsarbeit übersteigenden Teil des absobierten Lichtquants. Nach Einstein gilt für die kinetische Energie des Photoelektrons:

$$^1/_2\, m v^2 = e V = h\nu - P = h(\nu - \nu_0).$$

Darin bezeichnet V die Voltgeschwindigkeit des Elektrons, P die Austrittsarbeit und ν_0 die Frequenz der langwelligen Grenze. Die Zahlenwerte für die Austrittsarbeit P in Volt und die langwellige Grenze λ_0 in mμ für einige Metalle sind nach Angaben von Gudden (*18*) in der Tabelle 2 zusammengestellt. Da die Messungen nicht immer einfach sind, überdies die Reinheit der Oberfläche und ihre Beladung mit Gasresten eine große Rolle spielt, sind die meisten Zahlen nur als ungefähr richtig zu betrachten.

Tabelle 2. Austrittsarbeit verschiedener Metalle.

Metall	P V	λ_0 mμ	Metall	P V	λ_0 mμ
Lithium	2,3	523	Silber	4,1	290
Natrium	2,0	600	Kadmium	3,9	313
Magnesium	2,8	350	Caesium	1,2	$>$1000
Aluminium	2,6	360	Barium	2,0	540
Kalium	1,6	650	Wolfram	4,9	260
Kalzium	2,5	390	Platin	5	250
Eisen	4,1	290	Gold	4,6	265
Zink	3,6	350	Quecksilber	4,4	270
Rubidium	1,2	$>$1000	Thorium	3,5	360

Bei einfarbigem Licht ist der Sättigungsstrom, d. h. die Zahl der tatsächlich ausgelösten lichtelektrischen Elektronen, der Lichtintensität streng proportional. Aber nicht jedes auffallende Lichtquant befreit auch ein Elektron. Zunächst ist hierfür offenbar die Absorption nötig, reflektiertes Licht also bewirkt von vornherein keinen Photoeffekt.

Auch das tief in dem Metall schließlich absorbierte Licht kann keinen meßbaren Photoeffekt hervorrufen, sondern nur sein an einer dünnen Oberflächenschicht absorbierter Bruchteil. Daher ist die lichtelektrische Empfindlichkeit im allgemeinen zahlenmäßig ziemlich gering. Den Quotienten aus Elektrizitätsmenge des Photostroms und Lichtenergie (C/cal) oder aus Photostrom und Lichtleistung (A/W) multipliziert mit einem für die lichtelektrische Wirksamkeit charakteristischen Faktor n bezeichnet man als Quantenausbeute. Dieselbe kann auf auffallendes oder auf reflektiertes Licht bezogen werden. Für wissenschaftliche Zwecke ist die letzte, für technische Anwendungen die erste Kennzeichnung zweckmäßiger.

132. Photokathoden. Bei den meisten metallischen Elementen nimmt mit zunehmender Frequenz — abnehmender Wellenlänge — des Lichts die Ausbeute monoton zu. Bei den Alkalimetallen und vielen aus Metallverbindungen zusammengesetzten Kathoden tritt jedoch ein selektives Maximum der Empfindlichkeit auf. Diese Beobachtung und die geringe Austrittsarbeit der Alkalimetalle haben dazu geführt, daß man dieselben in besonderem Maße als Photokathoden angewendet hat. Die Alkalizellen wurden von Elster und Geitel frühzeitig zu einem lange Zeit nicht übertroffenen Grade technischer Entwicklung gebracht. Wegen der starken chemischen Reaktionsfähigkeit muß man sie in evakuierte Glasgefäße einschließen; später sah man ein, daß dies allgemein zweckmäßig ist, weil der Zustand der Oberfläche, ihre Beladung mit Reaktionsprodukten und absorbierten Gasen eine große Rolle für den Photoeffekt und dessen zeitliche Konstanz spielen.

Die Zellen bekamen äußerlich die Form eines evakuierbaren Kolbens — aus Glas, soweit nicht dessen Absorption ein anderes Material erforderlich machte — mit zwei Einschmelzungen für Anode und Kathode. Das Alkalimetall wird aus einer Vorlage an einen Teil der Kolbenwand oder auf eine metallische Grundplatte aufdestilliert. Nach nochmaligem sorgfältigem Auspumpen wird die Zelle abgeschmolzen und ist gebrauchsfertig.

Die Hauptentwicklung auf dem Gebiet der Alkalikathoden ging in Richtung der Herstellung aktiver zusammengesetzter Oberflächen, die empfindlicher sind als das Alkalimetall selbst. Bereits frühzeitig (Elster und Geitel) wurde entdeckt, daß die Beladung einer Kaliumkathode mit ionisiertem Wasserstoff derartige Wirkungen hat. Diese Kaliumhydridkathoden werden meist durch kurzzeitige Glimmentladung in der zu diesem Zweck mit Wasserstoff von niedrigem Druck gefüllten Zelle hergestellt. Ihre Formierung, die Bedingungen dazu, Eigenschaften und Wirkungsweise dieser Kathoden sind Gegenstand zahlreicher Spezialuntersuchungen gewesen. Die hydrierten Kaliumkathoden, die bis vor etwa 6 Jahren das letzte Stadium der Entwicklung der für sichtbares Licht gut empfindlichen Photokathoden waren, sind inzwischen durch die sog. zusammengesetzten Caesiumkathoden wesentlich überholt worden. Diese nach dem Verfahren von Bainbridge, Koller, Ives u. a. hergestellten Schichten bestehen aus einer Grundlage von Silber, einer aus Oxyden von Silber und Caesium oder Mischungen solcher mit Sauerstoff aufgebauten Zwischenschicht und vermutlich einer oberflächlich adsorbierten sehr dünnen Caesiumschicht. Auch andere Substanzen sind zur Formierung derartiger Kathoden benutzt worden, z. B. CO_2, NO, NO_2 sowie organische Verbindungen, namentlich Farbstoffe (Pohl, Olpin). Die Erfolge sind verschieden, zur Zeit scheinen aber die ähnlich dem oben angegebenen Schema zusammengesetzten Caesiumkathoden die beste Ausbeute für sichtbares Licht und die am weitesten nach langen Wellen vorgeschobene Empfindlichkeitsgrenze zu haben. Hydrierte Kaliumkathoden haben ein selektives Maximum bei 440 mμ, eine Grenzwellenlänge bei etwa 500—600 mμ; zusammengesetzte Caesiumkathoden haben meist mehrere Maxima, darunter eines bei 600—800 mμ und eine langwellige Grenze im nahen Ultrarot bei etwa 1 μ.

Die beste Kennzeichnung für die Lichtempfindlichkeit von Photokathoden ist die Angabe der spektralen Empfindlichkeitsverteilung, gemessen in C/cal oder in A/W für alle Wellenlängen, auf die die Zelle anspricht. Hieraus und aus der spektralen Energieverteilung der Lichtquelle kann man die Photoströme für jeden Fall berechnen. Für die Praxis ist dies Verfahren meist zu umständlich. Eingebürgert hat sich die Angabe des Sättigungsstromes für einen bestimmten Lichtstrom (μA/Lumen), aber man darf nicht übersehen, daß diese Kennzeichnung nicht eindeutig ist. Wie von verschiedenen Autoren gezeigt worden ist (Koller, Ives, Kluge), hängt dieser Quotient stark von der Energieverteilung der Lichtquelle ab, so daß man ohne deren Berücksichtigung zu vollständig falschen Ergebnissen kommen kann. Wenn es sich um Kennzeichnung für praktische Zwecke handelt, genügt es indessen meist, diese Angabe für einen Temperaturstrahler (Glühlampe) mit bestimmter Farbtemperatur (2840^0 K) zu machen. Hydrierte Kaliumzellen haben Empfindlichkeiten von der Größenordnung 0,5—5 μA/Lm, Zellen mit Caesium-Silberkathoden der oben beschriebenen Bauart solche von etwa 20—60 μA/Lm.

Die hochgezüchteten Caesiumkathoden zeigen auch in Vakuumzellen gewisse Eigenschaften, die man sonst nur bei schlecht gepumpten Vakuumzellen, stark hydrierten Alkalizellen oder solchen mit Edelgasfüllung findet: Abweichungen von der Proportionalität zwischen Lichtstrom und Photostrom bei hohen Werten beider, Ermüdungs- und Erholungserscheinungen nach starken Beleuchtungen; sie müssen also etwas vorsichtig gehandhabt werden.

Bei der Herstellung der bisher erwähnten Kathoden bestand die Tendenz, eine möglichst weit hinausgeschobene langwellige Grenze und möglichst hohe Empfindlichkeit im langwelligen Teil des Spektrums zu erreichen. Diese Entwicklung wurde durch die industrielle Anwendung der Photozellen im letzten Jahrzehnt, besonders bei Tonfilm, Bildtelegraphie, Fernsehen und verschiedenen Arten technischer, lichtelektrischer Steuervorrichtungen gebieterisch gefordert und scheint sich jetzt einem Abschluß zu nähern. Daneben sind für photometrische Zwecke mitunter Zellen erwünscht, die in anderen Spektralgebieten, namentlich kurzwelligeren, empfindlich sind. Im Violett und nahen Ultraviolett sind geeignet reine Kalium-, Natrium- oder Lithiumkathoden, die selektive Maxima bei 430 (K; Farwig) 350 bzw. 280 (Na, Li; Pohl und Pringsheim) haben. Natriumkathoden sind auf elektrolytischem Wege in sehr reiner Form von Martón und Rostás und von Burt nach bereits früher von Warburg und von Pirani und Lax angegebenen Verfahren durch das Glas in die Zelle eingeführt. Solche Zellen mit reinen Natriumkathoden, sowie mit besonders präparierten Oberflächen stellt Tungsram, Budapest, her. Mit Hilfe besonderer Gläser sind auf diese Weise von Sewig auch Kaliumzellen elektrolytisch hergestellt worden. Auf eine sehr elegante Weise gelang es Forró und Patai elektrolytisch im Glas aufgespeicherte Alkaliionen im Hochvakuum als Metall wieder zurückzugewinnen. Dies Verfahren ist nicht auf Natrium und Kalium beschränkt.

Ein besonders wichtiges Gebiet für photometrische Messungen ist das des von Hausser und Vahle entdeckten ersten Hauterythemmaximums ($\lambda = 280$—$320\ m\mu$). Trotz augenscheinlicher Nachteile benutzt man hier meist Zellen mit Kathoden aus Kadmium (langwellige Grenze etwa $320\ m\mu$). Das kurzwellige Ultraviolett wird durch ein Zellenglas mit passendem Absorptionsverlauf (Uviolglas) oder bei Quarzzellen durch ein vorgeschaltetes Uviolglasfilter abgeschnitten. Die Quantenausbeute dieser Zellen ist gering, sie erfordern deshalb und wegen meist geringen zu messenden Lichtintensitäten empfindliche Meßmethoden (Elektrometer, Röhrengalvanometer, Mekapion). Die wahrscheinlich wesentlich besser geeigneten Lithiumzellen haben sich bisher nicht in die Praxis eingeführt. Weitere für Ultraviolettmessungen geeignete Photokathoden sind nach de Laszlo: Mg—Li-Legierung ($\lambda_0 = 410$, $\lambda_{max} = 250$, $Q = 6 \cdot 10^{-2}$); Mg ($\lambda_0 = 390$, $\lambda_{max} = 258$, $Q = 5{,}3 \cdot 10^{-2}$; Be ($\lambda_0 = 400$, $\lambda_{max} = 270$, $Q = 1{,}5 \cdot 10^{-4}$). Aluminium und Thorium sind weniger empfindlich. Zellen aus diesen und ähnlichen Kathoden für Ultraviolettmessungen werden von der General Electric Co. nach Angaben von Rentschler hergestellt.

133. Zellenaufbau. Elektrodenformen. Gasfüllung. Die Form der Kathode und der Anode und ihre gegenseitige Anordnung hat wesentlichen Einfluß auf den Verlauf der Stromspannungskennlinien der beleuchteten Zelle. Bei kleinen Feldstärken haben die Elektronen die Möglichkeit, infolge ihrer Austrittsgeschwindigkeit an der Anode vorbeizufliegen und z. B. auf der Glaswand zu landen. Hier können sie bei guter Isolation unter Umständen haften bleiben und ein Bremsfeld für neu austretende Elektronen bilden. Mit zunehmender Feldstärke kommen schließlich alle Elektronen zur Anode, es tritt Sättigung ein. Aber die Sättigungsspannung hängt stark von der geometrischen Anordnung ab. Es ist leicht einzusehen, daß eine Zelle mit zentraler, kleiner Kathode und käfigförmig allseitig darumgelegter Anode eine niedrige Sättigungsspannung hat, weil fast alle austretenden Elektronen sowieso auf der Anode landen. Ähnlich wird eine Zelle mit ebener Kathode und dicht gegenüber stehender, gleichfalls ebener engmaschiger Anode wirken, oder eine Zelle, bei der Kathode und Anode durchscheinend dünne metallische Belegungen auf den Innenflächen eines walzenförmigen Hohlraums sind (Goldschmidt). Die Abhängigkeit zwischen Strom und Spannung bei konstanter Belichtung einer derartigen Zelle hat den Verlauf der Kurve *a*, Abb. 5. Selbst bei kleinen bremsenden (negativen) Saugspannungen kommen einige Elektronen infolge ihrer Eigengeschwindigkeit zur Anode, die Sättigung wird bereits bei annähernd 0 V Saugspannung erreicht. Solche Zellen können auch ohne Saugspannung eine selbständige EMK liefern.

Ist das Feld zwischen Anode und Kathode stark verzerrt, oder sind die Abstände groß, so wird die Sättigung bei höheren Spannungen erreicht. Normale handelsübliche Zellen haben Sättigungsspannungen von 10—50 V (Kurve *b*, Abb. 5), große, zum Fernsehen benutzte Zellen unter Umständen von mehreren 100 V. Wenn man nicht aus besonderen Gründen, z. B. bei transportablen Geräten, in bezug auf die Saugspannung beschränkt ist, ist Form und Anordnung der Elektroden und die daraus resultierenden *U*-*J*-Kennlinie ziemlich gleichgültig. Bei gasgefüllten Zellen können sie aber sehr wesentlich sein.

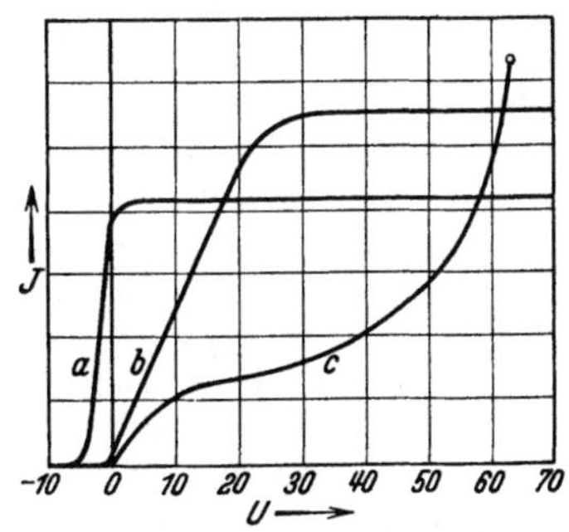

Abb. 5. *U*-*J*-Kurven einer Vakuumzelle mit kleiner (a) und großer (b) Sättigungsspannung und einer gasgefüllten Zelle (c).

Die von Elster und Geitel erfundene Füllung der Zellen mit einem inaktiven Gas (praktisch kommen nur Edelgase in Frage, früher nahm man gelegentlich auch Wasserstoff) hat den Zweck einer Verstärkung des Photostroms in der Zelle selbst. Die primär ausgelösten Photoelektronen bilden durch Stoßionisation eine mit zunehmender Saugspannung stark wachsende Anzahl von Ionenpaaren aus dem Gas und vergrößern dadurch den Stromtransport. Theoretisch läßt sich diese Verstärkung fast beliebig weit treiben, praktisch sind ihr jedoch ziemlich enge Grenzen gesetzt; der Verstärkerungsfaktor 10—100 dürfte meist das Äußerste praktisch Erreichbare sein. Die *U*-*J*-Kennlinien einer gasgefüllten Zelle zeigt Abb. 5, Kurve *c*. Der Aufwärtsknick bedeutet die Ionisierungsspannung des Gases; er kann je nach Art der Zelle über oder unter der Sättigungsspannung liegen, welche die Zelle ohne Gasfüllung haben würde. Das Ende der Kurve ist der Durchbruch der selbständigen Glimmentladung, die durch Licht nicht mehr steuerbar ist. Die Glimmspannung hängt vom Gasdruck, Kathodenmaterial und geometrischer Anordnung der Zelle, sowie von der Beleuchtung ab; bei dunkler Zelle ist sie höher, als bei belichteter. Bereits vor Erreichung der Glimmspannung treten unregelmäßige Schwankungen des Anodenstroms auf, die mit größerer Annäherung an die Glimmspannung immer stärker werden.

Wenn sich der Betrieb gasgefüllter Zellen mit hohen Saugspannungen schon aus diesen Gründen für Meßzwecke verbietet, sprechen noch andere Bedenken dagegen. Die Proportionalität zwischen Lichtstrom und Photostrom ist bei hohen Saugspannungen und bei größeren Lichtströmen nicht mehr erfüllt [vgl. Sewig (*47*)], es treten Ermüdungs- und Erholungserscheinungen, sowie ein langsames Absinken der Empfindlichkeit auf. Ursache hierfür ist die Beladung der Kathode mit adsorbierten Gashäuten und schließlich die durch die auf die Kathode auftreffenden positiven Ionen bewirkte Kathodenzerstäubung. Wenn man bedenkt, daß die hochaktiven Kathoden mit ihren nur eine oder wenige

Atomladungen dicken Oberflächenschichten eben diesen ihrer hohen Emission verdanken, kann man gerade bei diesen den schädlichen Einfluß der Kathodenzerstäubung verstehen.

Daß überdies gasgefüllte Zellen, wie jede andere Form der Gasentladungen nicht mehr trägheitslos arbeiten, also einen gewissen mit Beleuchtung und Saugspannung zunehmenden Frequenzgang zeigen, ist für photometrische Zwecke meist unerheblich, da dieser praktisch erst bei 1000—10000 Hz einsetzt.

Ein weit schwererer Nachteil ergibt sich aus dem schaltungsmäßigen Aufbau. Wenn es auf Messungen kleinster Photoströme ankommt (und nur dann braucht man ja gasgefüllte Zellen für Meßzwecke), benutzt man meist elektrometrische oder Verstärkermethoden. Dabei wird die Zelle mit einem hohen Ohmschen Widerstand in Reihe geschaltet und der Spannungsabfall des Photostroms an diesem gemessen. An der Zelle selbst ist dann nur die Differenz zwischen der angelegten Spannung und dem Spannungsabfall $J \cdot R_a$ am äußeren Widerstand R_a wirksam, und diese ändert sich mit J. Aus dem nicht linearen und sehr steilen Verlauf der U-J-Kennlinie gasgefüllter Zellen nahe der Glimmspannung (Abb. 5, Kurve *c*) ergibt sich, daß dies erhebliche Abweichungen von der Proportionalität zwischen Photostrom und Lichtstrom zur Folge hat [Kurrelmeyer (*74*)]. Die Eigenschaften verschiedener gasgefüllter Photozellen und die bestehende Patentlage ist referiert in einem Artikel von Hatschek (*21*). Besondere Beachtung ist hierbei den Betriebsbedingungen geschenkt, wo mit starker Stromvergrößerung durch Stoßionisation, also nahe der selbständigen Entladung gearbeitet wird. Hierfür sind auch besonders günstige Zellenformen (Dunoyer, Geffcken und Richter, Schröter und Michelssen) entwickelt worden, bei denen zum Teil zusätzliche Gitterelektroden eingeführt wurden.

Bei dem hohen Stand, den die Technik der Herstellung der Photokathoden heute hat, und bei den bequemen Möglichkeiten der Verstärkung, über die wir verfügen, ist und bleibt die gasgefüllte Zelle für Meßzwecke ein Notbehelf, zu dem man nur aus zwingenden Gründen greifen sollte. Ähnliches gilt übrigens für bauliche Vereinigungen von Photozellen und Verstärkerröhren in gemeinsamen evakuierten Röhren, wie sie zur Verringerung der Kapazität und der Isolationsverluste gelegentlich ausgeführt wurde. Meist wird bei einer derartigen Vereinigung weder die Zelle noch die Röhre gut, und man verliert mehr als man gewinnt.

134. Technische Zellen und ihre Eigenschaften. Die im Handel befindlichen Zellen unterscheiden sich — abgesehen von ihrer spezifischen Empfindlichkeit und deren spektraler Verteilung — durch den Aufbau der Systeme und deren Größe weitgehend. Einige verbreitete Zellenformen sind in den Maßskizzen der Abb. 6 und den Photos der Abb. 7a—d dargestellt. Die speziell für Tonfilmzwecke gebauten Zellen zeichnen sich durch geringe Abmessungen und Kapazitäten aus, bisweilen hat man sogar auf eine Sockelung verzichtet. Die Tonfilmzellen haben gleichzeitig die höchste heute erreichbare Empfindlichkeit für Glühlampenlicht. Für photometrische Zwecke beachte man, daß die Isolation durch den gedrängten Aufbau und die Einschmelzung beider Elektroden in einem Quetschfuß für hohe Ansprüche nicht immer genügt, und daß man mit hochempfindlichen Verstärkeranordnungen bei Messungen, bei denen die Zeitkonstante keine Rolle spielt, unter Umständen mit

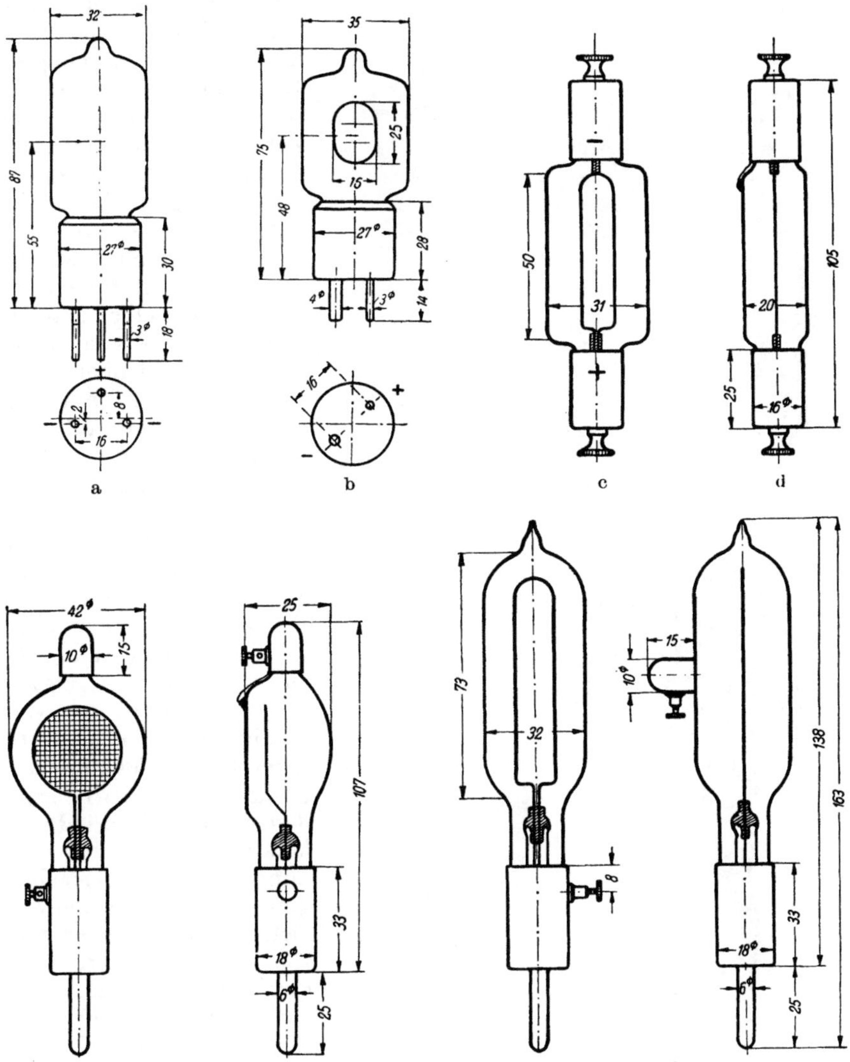

Abb. 6a–f. Maßskizzen gebräuchlicher Photozellen (Pressler).

einer besser isolierenden, aber unempfindlichen Zelle mehr erreicht. Zellen für Meßzwecke werden gelegentlich mit sehr langen Kriechwegen zwischen den Elektroden ausgeführt, oder mit Schutzringen um die Durchführungen herum, welche die Kriechströme vom Meßinstrument fernhalten. Bei den von Günther & Tegetmeyer in Braunschweig und dem Universitätsmechaniker Salzmann in Hamburg für lichtelektrische Schwärzungsmesser hergestellten Zellen ist diese Anordnung bevorzugt. Die äußere Isolation versucht man auch gelegentlich durch Überziehen des gut gereinigten Glaskolbens mit Paraffin, sowie durch Einbau der Zellen in geschlossene, mit Natrium oder Phosphorpentoxyd getrocknete Gehäuse zu verbessern.

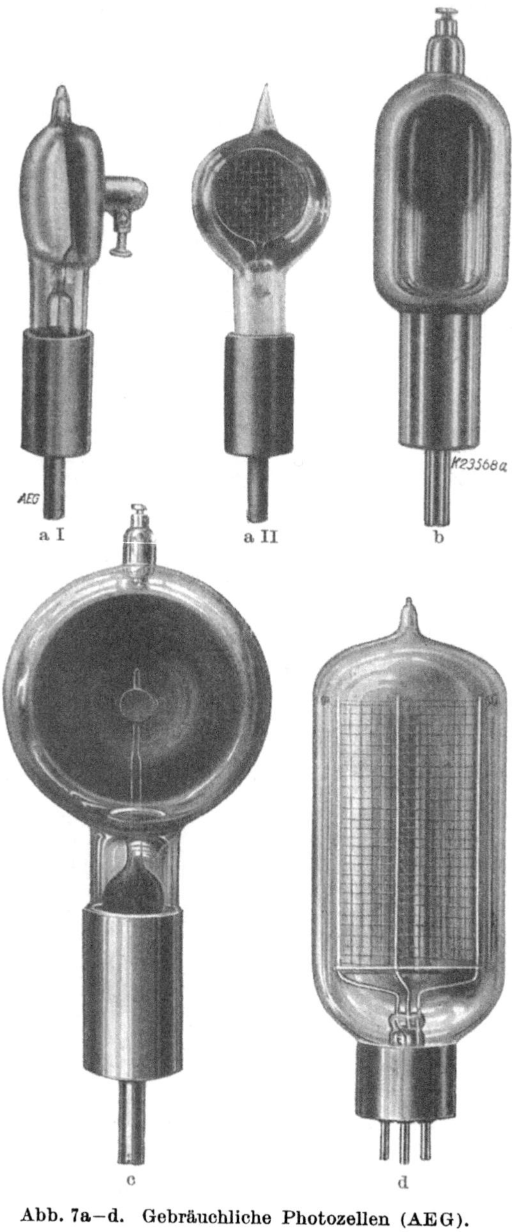

Abb. 7a–d. Gebräuchliche Photozellen (AEG).

Die Empfindlichkeit ist nicht an allen Stellen der Kathode dieselbe. Man erwarte also — von Reflexionsverschiedenheiten abgesehen — bei Bündelung des Lichtstroms auf eine kleine Zone und bei Ausleuchtung der ganzen Zellenoberfläche nicht den gleichen Meßwert. Daraus ergeben sich mancherlei Vorsichtsmaßregeln bezüglich des Einbaues der Zellen in den Apparat und der zu verwendenden Optik.

Die meisten der von namhaften Firmen heute hergestellten Vakuumzellen haben sehr gute Lebensdauer. Die Empfindlichkeit ändert sich bei vernünftigen Betriebsbedingungen über tausende von Betriebsstunden nur wenig. Als abnorme Betriebsbedingungen sind Beleuchtungsstärken über 5000 Lux und Erwärmung über 50 bis 100° C anzusehen. Hierauf reagieren Zellen verschiedener Bauart und Herkunft sehr verschieden. Ich habe z. B. eine hochempfindliche Caesium-Vakuumzelle (Osram) etwa 50 Stunden lang mit 0,5 bis 1 mA (!) belastet, ohne daß die Empfindlichkeit mehr als 10% zurückgegangen wäre.

Das dürfte aber eine Ausnahme sein. Daß die hochempfindlichen Caesiumkathoden in bezug auf Überlastung vorsichtig zu behandeln sind, ist bereits in 133 erwähnt worden. Die Proportionalität zwischen Lichtstrom und Photostrom ist bei guten Fabrikaten ebenfalls mit jeder wünschenswerten Genauigkeit erfüllt; eine Ausnahme bilden gleichfalls die erwähnten Hochleistungszellen bei großen Lichtströmen, wobei ähnliche Erscheinungen auftreten, wie an gasgefüllten Zellen. Gasgefüllte Zellen zeigen allgemein geringere Konstanz und Lebensdauer, auch wenn sie nicht überlastet werden.

Die am meisten interessierende Angabe, nämlich die Empfindlichkeit der Zellen, hier zahlenmäßig anzuführen, hat wenig Zweck, da die Typen verschiedener Herkunft dauernd weiter entwickelt werden. Zu einer vollständigen Kennzeichnung müßte überdies die spektrale Empfindlichkeitsverteilung angegeben werden. Es muß hierfür auf die Angaben der Herstellerfirmen verwiesen werden. Einige der bedeutendsten sind:

AEG, Berlin NW 7. — O. Preßler, Leipzig C 1. — Günther & Tegetmeyer, Braunschweig. — Gundelach & Co., Gehlberg (Thür.). — Rectron G.m.b.H., Berlin. — Bell Telephon Inc. — R. C. Burt, Pasadena, Cal. USA. — G. M. Laboratories Inc., Chicago Ill. USA. — N. V. Philips Gloeilampenfabriek, Eindhoven (Holland). — Tungsram, Budapest-Ujpest. — Westinghouse Electric and Mfg. Co. Newark, N.Y. USA. — The Grammophone Co. Ltd., London. — The General Electric Co. Ltd. London.

135. Spitzenzähler. Der Spitzenzähler nach Geiger und Müller besteht im wesentlichen aus einer Kammer mit zwei Elektroden von sehr ungleich großer Fläche, z. B. einer spitzen- oder drahtförmigen Elektrode in der Achse eines die andere Elektrode bildenden Zylinders, der Luft oder ein anderes Füllgas von etwa Atmosphärendruck enthält. Der Zähler liegt mit einer sehr hohen Gleichspannung und einem hohen Widerstand in Reihe und dient in der ursprünglichen Form zur Zählung von schnellen Elektronen (β-Strahlen radioaktiver Stoffe) oder sehr kurzwelliger Strahlung (γ-, harte Röntgenstrahlen). Seine Wirkungsweise besteht darin, daß jedes auf der Zählelektrode ausgelöste Elektron eine dessen Ladung um viele Zehnerpotenzen übertreffende Elektronen- und Ionenlawine auslöst, aber trotzdem ein Durchbruch zur selbständigen Entladung (Glimmentladung, Funkendurchbruch) nicht stattfinden kann.

Rajewsky (*40*) hat diesen Zähler durch Ausrüstung mit einer lichtempfindlichen Kathode auch zur Zählung von Lichtquanten brauchbar gemacht. Das Zählrohr von Rajewsky besteht aus einem innen mit lichtelektrisch empfindlichem Material (z. B. Cd) ausgekleideten Zylinder mit Lichteintrittsfenster, welcher für das zu untersuchende Spektralgebiet durchlässig sein muß, und einer axialen, drahtförmigen, mit hochisolierendem Überzug versehenen Elektrode. Zwischen die beiden Elektroden wird, wie oben angegeben, eine hohe Spannung in Reihe mit einem hohen Ableitwiderstand gelegt. Die Empfindlichkeit nimmt mit steigender Saugspannung stark zu. Der Zähler zeigt nicht nur absorbierte Lichtquanten an, sondern auch durch Höhenstrahlung und radioaktive Strahlung ausgelöste Elektronen, die einen intermittierenden Dunkelstrom von 30—100 Impulsen/min geben. Durch Abschirmung mit einer dicken Eisenschicht konnten diese bei verdunkelter Zelle vorhandenen Impulse auf 22—30 Stöße/min herabgesetzt werden. Zur Zählung der Impulse dient ein schnell schwingendes Fadenelektrometer, welches die Spannungsabfälle am Ableitwiderstand photographisch registriert. Bei starken Beleuchtungen überlagert sich den Dunkelimpulsen ein intermittierender Photostrom mit bei wachsender Intensität immer schneller folgenden Stößen, schließlich also ein nahezu stationärer Strom. Das Hauptanwendungsgebiet sind natürlich sehr schwache Intensitäten. Rajewsky hat den Zähler besonders zu Untersuchungen über die noch hypothetische, bei biologischen Vorgängen entstehenden Strahlung (mitogenetische Strahlung) benutzt. Er hat weiter dazu einen vierstufigen Verstärker gebaut, der neben der elektrometrischen Messung auch Registrierung mit einem Schreiber oder Zählung mit einem elektromagnetischen Zählwerk oder Abhören mit einem Lautsprecher erlaubt. Die erreichte Empfindlichkeit wird mit maximal etwa 12 Quanten/$cm^2 \cdot s$ angegeben. Das sind etwa $9 \cdot 10^{-11}$ erg/$cm^2 \cdot s$. Die Empfindlichkeit ist bei weitem höher als sonst mit Photozellen erreichbar. Ähnliche Versuche mit Spitzenzählern sind von Locher (*32*) in Verbindung mit Verstärker und Registrierapparaturen erfolgreich ausgeführt worden.

Natürlich hat der Zähler die Nachteile einer gasgefüllten, unter extremen Bedingungen betriebenen Photozelle in hohem Maße. Es scheint aber nicht ausgeschlossen, daß er für solche Sonderzwecke — Messungen extrem schwacher Strahlungen — bei weiterer konstruktiver Vervollkommnung noch eine Rolle spielen wird.

14. Photowiderstände.

141. Allgemeines. Es gibt Halbleiter, die ihre elektrische Leitfähigkeit unter dem Einfluß von Licht auch ohne Erwärmung in mehr oder weniger erheblichem Maße ändern. Die Erscheinung wird als innerer lichtelektrischer Effekt bezeichnet und hat mit dem äußeren lichtelektrischen Effekt (Kap. 13) gemeinsam die lichtelektrische Ablösung von Elektronen aus den Atomen bzw. Ionen des Gitterverbandes. Im Gegensatz zum äußeren Photoeffekt treten jedoch die Elektronen nicht aus dem Metall ins Vakuum aus, sondern wandern unter dem Einfluß einer an den Halbleiter angelegten EMK in der Richtung des Feldes. Eine selbständige EMK, wie sie bei Photozellen und Sperrschichtelementen auftritt, entsteht bei den Photowiderständen nicht, wenn auch gewisse Photowiderstände, wie bereits seit langer Zeit bekannt ist, gelegentlich selbständige EMKe liefern, die dann aber auf einen Sperrschichteffekt zurückzuführen sind.

Die bei Isolatoren und Einkristallen verhältnismäßig einfach einzuordnenden Erscheinungen des inneren Photoeffekts sind durch die Arbeiten von Gudden, Pohl und ihren Mitarbeitern weitgehend geklärt worden. So wurde festgestellt, daß die wesentlichen Kennzeichen des äußeren Photoeffekts: Erfüllung der Einsteinschen Gesetze, Sättigung bei genügend hoher Feldstärke, langwellige Grenze, Notwendigkeit der Absorption für das Zustandekommen des Effekts, auch beim inneren

Photoeffekt zu beobachten sind. Bei den technisch brauchbaren Photowiderständen, die aus Halbleitern von polykristalliner Form bestehen, sind jedoch die Verhältnisse ungleich komplizierter. Hauptsächliche Ursachen hierfür sind sekundäre Effekte, welche durch die in der Feldrichtung wandernden Elektronen verursacht werden und sich als Gitterstörungen äußern. Diese Gitterstörungen haben einen mit der angelegten Feldstärke stark zunehmenden und den lichtelektrischen Primärstrom meist um viele Größenordnungen übersteigenden Sekundärstrom zur Folge. Während der — weil schwach — nur schwierig zu beobachtende Primärstrom analog den Photoströmen der Photozellen den Lichtänderungen trägheitslos folgt, gilt dies für die praktisch stets zur Messung kommenden Sekundärströme nicht. Je nach den besonderen Bedingungen dauert vielmehr die Einstellung auf den einer bestimmten Beleuchtung entsprechenden Strom- bzw. Leitfähigkeitswert Zeiten von 10^{-3} s bis zu mehreren Minuten; entsprechende Zeiten sind zur Erreichung des stationären Wertes des Dunkelstroms bzw. der Dunkelleitfähigkeit nötig.

Bezüglich der näheren Beschreibung der noch keineswegs geklärten Verhältnisse des lichtelektrischen Effekts in Photowiderständen muß auf die diesbezügliche Spezialliteratur verwiesen werden. Die physikalischen Grundlagen sind ausführlich und zuverlässig in dem Buch von Gudden (*18*) beschrieben, die an technischen Photowiderständen ermittelten Eigenschaften, Charakteristiken und Fehlereinflüsse in sehr großer Ausführlichkeit in der Monographie von Barnard (*3*), dem umfangreichsten Sammelwerk über Selenwiderstände.

Die die Photowiderstände von den Photozellen und Sperrschichtelementen wesentlich unterscheidenden und für ihre praktische Anwendbarkeit bestimmenden Eigenschaften sind:

1. Der Dunkelstrom ist nicht Null, bzw. der Dunkelwiderstand nicht ∞.
2. Proportionalität mit dem Lichtstrom konstanter spektraler Verteilung besteht weder für den Photostrom, noch für die Leitfähigkeit oder den Widerstand.
3. Photostrom und Dunkelstrom nehmen mit zunehmender angelegter Spannung stark zu. Die obere Grenze ist durch die Belastbarkeit der Widerstände gegeben, sofern nicht die unter 4. aufgeführten Umstände schon früher eine Grenze ziehen.
4. Photostrom und Dunkelstrom sind temperaturabhängig, wobei sowohl die Umgebungstemperatur wie die durch Stromwärme erzeugte Übertemperatur zu berücksichtigen ist. Stärkere Übertemperaturen machen die Zelle unstabil und zerstören sie schließlich.
5. Bei höheren Spannungen — auch bei kleinen Lichtströmen — und bei großen Lichtströmen — auch bei kleiner Spannung —, sind die Photoströme schlecht reproduzierbar. Solche Betriebsbedingungen scheiden also für Meßzwecke aus. Die Photowiderstände zeigen dann Ermüdungserscheinungen, die sich teils bei längerem Lagern im Dunkeln wieder verlieren, teils bestehen bleiben. Kurzwelliges Licht bewirkt gelegentlich ähnliche Ermüdungserscheinungen.
6. Die meisten Photowiderstände altern mit der Zeit: ihre Empfindlichkeit und ihr Dunkelwiderstand ändern sich, auch wenn sie nicht benutzt werden. Öfteres Nacheichen ist nötig.

Alle diese Umstände zeigen eigentlich, daß Photowiderstände für Meßzwecke denkbar ungeeignet sind. Dennoch haben sie verschiedene Eigenschaften, die ihre gelegentliche Anwendung geraten erscheinen lassen; gegenüber Alkalizellen und Sperrschichtelementen ist dies besonders die hohe Empfindlichkeit in langwelligen Spektralbezirken

(Rot und nahes Ultrarot) und die hohe Stromempfindlichkeit selbst. Da die Sekundärströme die Primärströme um viele Größenordnungen übertreffen können, sind Stromausbeuten möglich, die ein Mehrfaches des Quantenäquivalents betragen, also des äußersten mit anderen Zellen erreichbaren Wertes. In dieser Beziehung, wie in den Sekundärerscheinungen (Zeitkonstante, mangelnde Proportionalität, Unstabilität und Ermüdungserscheinungen) sind die Photowiderstände den gasgefüllten Zellen ähnlich. Es handelt sich ja in beiden Fällen um Sekundärströme, also eine innere Verstärkung des primären Photostroms. Es ist zu überlegen, wieweit man bei besserer Genauigkeit die gleiche Empfindlichkeit durch sauber arbeitende Zellen mit Verstärkern erreichen kann. Eine bündige und für alle Fälle zutreffende Entscheidung hierüber gibt es nicht. Für einzelne Fälle ist versucht worden, die Zahlenverhältnisse zu erfassen, z. B. für die Ankopplung in Widerstandsschaltung an Verstärker durch Schröter und Ilberg (*43*). Der dort eingeführte Begriff der Steuerempfindlichkeit scheint geeignet zu sein, sinngemäß auf andere ähnliche Untersuchungen übertragen zu werden.

142. Selen- und Thallium-Photowiderstände. Praktische Bedeutung haben heute Photowiderstände, deren empfindliche Schichten aus Selen bzw. Selen—Tellurverbindungen oder aus Thalliumverbindungen bestehen. Photowiderstände mit anderen lichtempfindlichen Materialien, obgleich solche gelegentlich untersucht worden sind, gibt es wegen ihrer geringen Empfindlichkeit im Handel nicht.

Die Formgebung der Zellen ist durch folgende Überlegungen beeinflußt. Da einerseits ein möglichst großes Verhältnis von Dunkelwiderstand zu Hellwiderstand bzw. Hellstrom zu Dunkelstrom bei gleicher Lichtenergie anzustreben ist, darf die fast metallisch absorbierende Schicht der Halbleiter nicht zu dick genommen werden, vielmehr nur eine solche Schichtdicke haben, daß alles einfallende Licht praktisch gerade absorbiert wird. Eine dickere Schicht des nicht mehr durchstrahlten lichtempfindlichen Stoffes würde nur einen konstanten Parallelwiderstand zur Zelle darstellen, die Steuerempfindlichkeit herabsetzen und überdies noch andere Nachteile bewirken. Da andererseits z. B. bei Selen der spezifische Widerstand im Dunkeln bereits außerordentlich hoch und ein Widerstand der Zellen von mehr als 10^6—$10^7\ \Omega$ aus Gründen der Isolation und der elektrischen Zeitkonstante unerwünscht ist, muß man eine etwa rund 1 cm^2 große lichtempfindliche Schicht durch leitende Zuführungen — Brücken, Stege — etwa von der Form eines Querschnittes durch einen Plattenkondensator derart aufteilen, daß die gesamte darüber angebrachte Schicht aus vielen parallel geschalteten Flächenelementen von großer Breite (senkrecht zur Stromrichtung) und kleiner Länge (in der Stromrichtung) bestehen. Bei diesen Photowiderständen, der praktisch fast ausschließlich verwendeten Bauart, ist die Stromrichtung senkrecht zur Richtung des Lichteinfalls (Quereffekt). Prinzipiell kann man die dünne Schicht zwischen zwei großflächigen Platten ausbreiten, von denen die eine durchsichtig oder durchscheinend sein muß (Metall, auf Glas aufgestäubt), und durch diese Elektrode hindurch in der gleichen Richtung belichten, wie der Strom fließt (Längseffekt).

Zellen der erstgenannten Bauart bekommen heute meistens Elektrodenanordnungen, wie in Abb. 8 und 9 gezeigt ist. In Abb. 8 sind die Elektroden in eine Glasplatte eingebrannte breite Goldstreifen, die in kammartig ineinander greifenden Ansätzen enden. Eine derartige, von der Radiovisor Ltd., London, hergestellte Zelle ist in Abb. 10 wiedergegeben. Bei der in Abb. 9 schematisch gezeigten Anordnung bestehen die Elektroden aus dünnen Metallblechstreifen, die unter Zwischenlage von Isoliermaterial in geringem Abstand übereinander geschichtet sind und abwechselnd mit einer der beiden Stromzuführungen in Verbindung stehen. Diese Elektrodenform verwendet die Selenophon-A.-G., Wien, bei ihren nach Angaben von Thirring hergestellten Selenwiderständen, wie sie Abb. 11 in Ansicht zeigt. Die lichtempfindliche Schicht wird auf die Oberfläche der Goldraster (Abb. 8, 10) bzw. des kondensatorförmigen Elektrodenpakets (Abb. 9, 11) aufgeschmolzen oder sublimiert oder sonstwie aufgebracht.

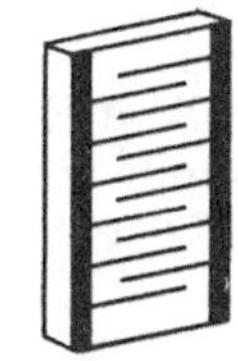
Abb. 8. Elektrodenanordnung bei Selenzellen (Radiovisor).

Das für Photowiderstände am meisten verwendete Selen kommt in drei allotropen Modifikationen vor: I. bei der Lösung von Selen aus Schwefelkohlenstoff ausfallende tiefrote Prismen von hoher Lichtbrechung; II. aus der Schmelze bei längerem Erwärmen über 200° C entstehende metallisch leitende Form; III. bei Erwärmung von glasigem Selen auf 100—150° C auftretende halbleitende Form von negativem Temperaturkoeffizienten des Widerstandes. III. ist möglicherweise keine einheitliche, sondern eine aus I. und II. zusammengesetzte Form, und ist Träger des praktisch bei den Selenwiderständen verwendeten lichtelektrischen Effekts.

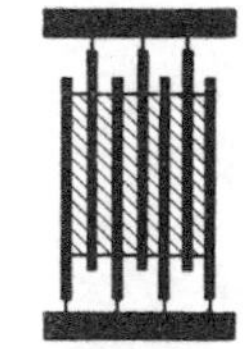
Abb. 9. Elektrodenanordnung bei Selenzellen (Thirring).

Die Herstellung der Selenwiderstände geschieht durch Aufschmelzen und Sublimieren

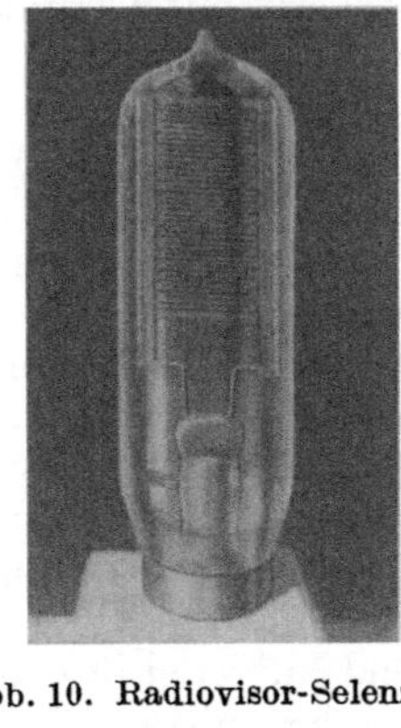
Abb. 10. Radiovisor-Selenzelle.

Abb. 11. Thirring-Selenzellen.

auf den Träger und nachfolgende Wärmebehandlung, sowie einen abschließenden Alterungsprozeß, deren Einzelheiten von den herstellenden Firmen natürlich nicht bekanntgegeben werden.

Ausgehend von atomtheoretischen Überlegungen haben Schröter und Michelssen (*44*) mit Erfolg versucht, die nach dem nahen Ultrarot ziemlich geringe Empfindlichkeit der Selenwiderstände durch Zusätze von Tellur zu verbessern und die langwellige Grenze weiter hinauszuschieben. Diese Zellen liegen in ihrer Empfindlichkeit zwischen den normalen Selen- und den Thalliumwiderständen.

Außer Selen und seinen Verbindungen kommt als lichtempfindliches Material für Photowiderstände eine Thalliumverbindung in Betracht, an der diese Eigenschaft 1917 von Case entdeckt wurde, von der aber nur bekannt wurde, daß sie aus Thallium, Schwefel und Sauerstoff besteht, und deren Herstellungsverfahren zunächst geheim gehalten wurde. Case brachte diese Widerstände unter dem Namen Thalofide Cell in den Handel. Später wurden durch Patentschriften und Veröffentlichungen von Rolla, Mazza und Ciani (*41*) und Majorana und Tedesco (*34*) Herstellungsverfahren dieser Widerstände bekannt; sie wurden nach verschiedenen Verfahren von Schröter und Michelssen und von Sewig hergestellt, und schließlich gab auch Case (*10*) seine Methode bekannt. Thalliumwiderstände haben größere Ultrarotempfindlicht als Selenwiderstände, im übrigen ähnliche Eigenschaften. Eine laboratoriumsmäßige Ausführungsform zeigt Abb. 12.

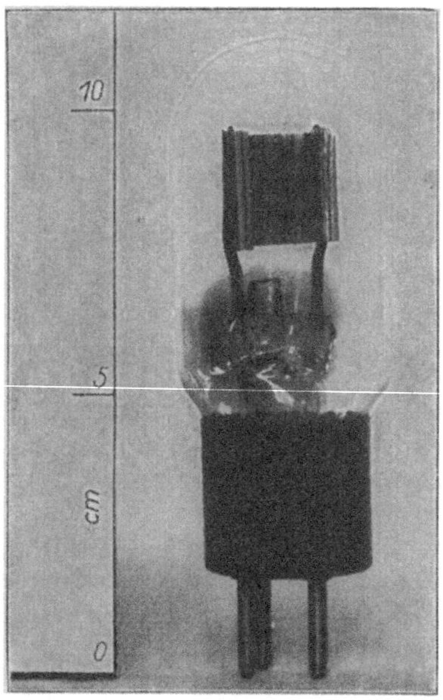

Abb. 12.
Thalliumzelle (Versuchsausführung).

Um atmosphärische Einflüsse abzuhalten, werden Selenwiderstände von einigen Herstellern mit Glimmer bedeckt und verklebt, von anderen in verkittete oder abgeschmolzene evakuierte Glasgefäße eingebaut. Bei Thalliumwiderständen ist wegen der größeren Angreifbarkeit der Schichten durch Feuchtigkeit und Luftsauerstoff der Einbau in abgeschmolzene Glaskolben allgemein üblich. Thalliumwiderstände, die durch kurzwellige sichtbare und ultraviolette Strahlung beschädigt werden, können nach einem Patent von Rolla, Mazza und Ciani in rotgefärbte, für diesen Spektralbezirk undurchlässige Kolben eingeschmolzen werden. Ähnlich verfährt man neuerdings auch bei hochempfindlichen Caesium-Photozellen, denen kurzwellige Strahlung schädlich ist.

143. Becquerel-Zellen. Wird eine Zelle, bestehend aus zwei in einen Elektrolyten tauchenden Elektroden, sichtbarer oder ultravioletter Strahlung ausgesetzt, so bilden sich zwischen den Elektroden Potentialdifferenzen aus. Besonders geeignet sind Kupferoxyd- oder Kupferoxydul- oder andere Cupri- oder Cuproverbindungen, z. B. der Halogenide, für die Elektroden. Durch Untersuchungen von Lifschitz, Waibel (*52*), Müller und Spector (*37*) ist wahrscheinlich, daß es sich um einen Sperrschichteffekt handelt. Da die Zellen jedoch meist mit einer Saugspannung in Reihe geschaltet, also als Photowiderstände betrieben werden, werden sie hier besprochen. Zweifellos spielt unter diesen Betriebsbedingungen, auch wenn primär ein Sperrschichteffekt vorliegt, der innere Photoeffekt der verwendeten Elektroden, bzw. die durch die Belichtung direkt oder indirekt eingeführte Leitfähigkeit der Zelle eine wesentliche Rolle. Auch sonst zeigen diese Zellen ähnliche Merkmale wie Photowiderstände der oben beschriebenen Bauart. Sie arbeiten nicht völlig trägheitslos, haben keine Sättigung, sondern stark mit der Spannung zunehmende Ströme, und bei Überlastung treten Ermüdungserscheinungen auf. Die Vorgänge selbst sind zu kompliziert, um hier näher besprochen zu werden.

Photowiderstände dieser Art werden z. B. von der Arcturus Radio Tube Co. in den Handel gebracht. Die Frequenzabhängigkeit scheint — nach den spärlichen hierüber veröffentlichten Mitteilungen zu urteilen — geringer zu sein als bei Selenwiderständen, wofür auch die gelegentliche Verwendung im Tonfilm spricht; die Stromausbeute ist, verglichen mit anderen Zellen, sehr hoch. Aus diesem Grunde kann die Zelle wohl für Nullmethoden, wo die mangelnde Proportionalität und die sekundären, zeitlichen Änderungen keine Rolle spielen, in Betracht gezogen werden.

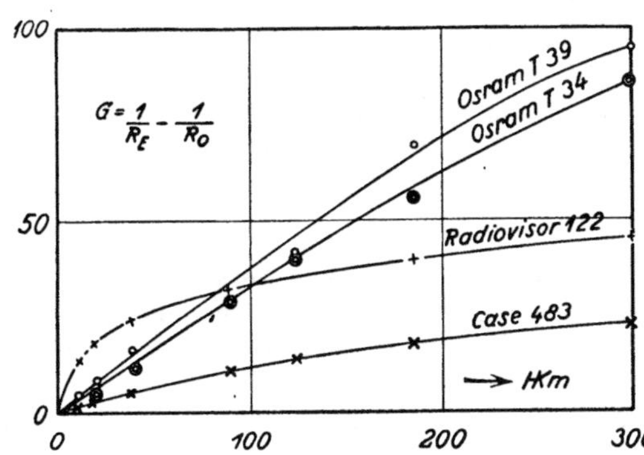

Abb. 13. $G = f(E)$ Kurven bei Se- und Tl-Zellen.

144. Eigenschaften von Photowiderständen. Zur Kennzeichnung der Empfindlichkeit von Photowiderständen ist weniger der stark von der Spannung abhängige Photostrom, als (nach Barnard) die Differenz der Leitfähigkeiten $1/R$ bei Belichtung und Dunkelheit geeignet. Nimmt man diese Leitfähigkeit

$$G = 1/R_E - 1/R_0 = f(E)$$

in Abhängigkeit von der Beleuchtungsstärke E bei konstanter spektraler Zusammensetzung des Lichtes auf, so ergibt sich bei Thalliumwiderständen bei kleinen Belichtungen annähernde Proportionalität mit E, bei Photowiderständen vom Typ der Becquerel-Zelle eine ähnliche Charakteristik, dagegen bei Selenwiderständen eine bei kleinen Beleuchtungen stark, bei großen Beleuchtungen flach ansteigende Kurve (Abb. 13). Noch deutlicher wird dieser Verlauf, wenn man die Größe $\frac{dG}{dE}$, die man als Empfindlichkeit der Zelle bezeichnen kann, über E aufträgt (Abb. 14). Die Kurven zeigen, daß der Selenwiderstand bei kleinen Belichtungen den anderen Zellen überlegen ist, bei größeren Belichtungen jedoch gute Thalliumzellen höhere Empfindlichkeiten aufweisen. Die beiden in der Abb. 13 mit T 39 und T 40 bezeichneten Thalliumlelemente sind von Sewig (*48*) in Versuchsausführung hergestellte Exemplare, wie sie in

Abb. 12 bildlich dargestellt sind. Analytisch läßt sich der Verlauf G über E nach der von Barnard angegebenen Interpolationsformel

$$G = A \cdot E^x$$

beschreiben, in welcher für Selenwiderstände die Koeffizienten A und x je nach Art des Selenwiderstandes verschiedene Werte annehmen

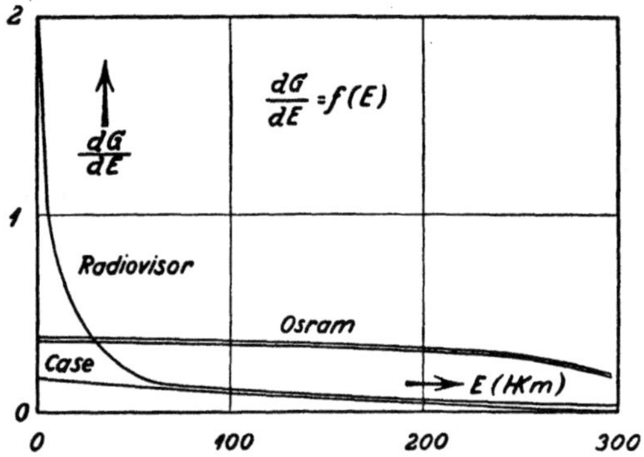

Abb. 14. $\frac{dG}{dE} = f(E)$ bei Photowiderständen.

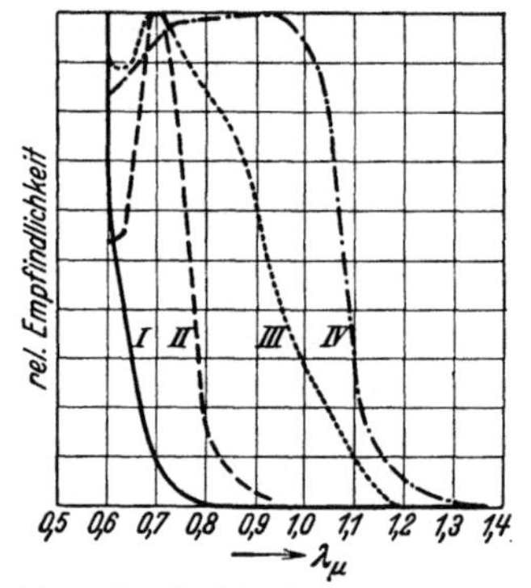

Abb. 15. Spektrale Charakteristik von Selen-, Selen—Tellur- und Thalliumwiderständen.

können. Für Thalliumwiderstände ist x angenähert 1, also die Empfindlichkeit konstant, für Selenwiderstände ist $x \sim 1/2$.

Alle Halbleiter-Photowiderstände haben einen stark negativen Temperaturkoeffizienten des Widerstandes. Temperaturen über 60—80° C führen meist zur Zerstörung der Zelle oder jedenfalls zu bleibenden Änderungen der Dunkelleitfähigkeit und Empfindlichkeit. Bei den meisten untersuchten Zellen nimmt mit wachsender angelegter Spannung der Widerstand ab. Da jedoch sicher sein dürfte, daß die Zellen keinerlei elektrolytische, sondern rein elektronische Leitfähigkeit haben, wird diese Beobachtung auf Temperaturerhöhung durch Stromwärme zurückzuführen sein.

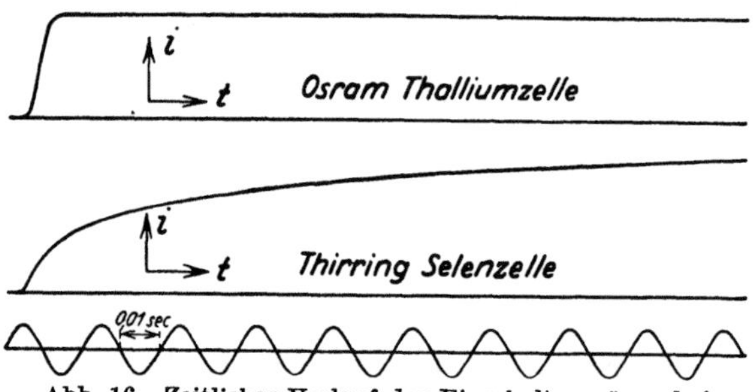

Abb. 16. Zeitlicher Verlauf der Einschaltvorgänge bei Selen- und Thalliumwiderständen.

Selen- und Selen—Tellurwiderstände haben das Maximum ihrer spektralen Empfindlichkeit (Abb. 15) im sichtbaren Gebiet bei etwa 700 mμ. Selenwiderstände (*II*) fallen in der Empfindlichkeit nach dem blauen Ende des Spektrums langsam, nach dem roten Ende schneller ab und haben die Grenze der Empfindlichkeit bei etwa 900 mμ. Selen—Tellurzellen (*III*) haben nach beiden Seiten des an der gleichen Stelle liegenden Maximums nochmals ansteigende Empfindlichkeit, und besonders nach längeren Wellen hin einen weniger steilen Verlauf, sowie eine bis

1,1—1,2μ hinausgeschobene langwellige Grenze. Thalliumwiderstände (*IV*) haben einen flachen Verlauf der Empfindlichkeit mit Maximum bei 900—1100 mμ, und einen langsamen Abfall nach kurzen Wellen, sowie einen steilen Abfall oberhalb 1 μ mit einer Grenzwellenlänge bei etwa 1,2—1,3 μ.

Die von der Zeit abhängigen Eigenschaften der Photowiderstände, besonders ihre Frequenzcharakteristik, sind in hohem Maße von der Konstruktion und der Güte der Herstellung abhängig. Namentlich die Dicke der Schichten scheint einen entscheidenden Einfluß auf den Frequenzgang zu haben. Allgemein stellen sich Thalliumwiderstände schneller auf einen stationären Endwert ein als Selenwiderstände. Ein diesbezügliches Oszillogramm zeigt Abb. 16. Der Thalliumwiderstand war eines der oben beschriebenen laboratoriumsmäßigen Exemplare, der Selenwiderstand eine Tonfilmzelle der Selenophon-A.-G., Wien. Bei Beleuchtung mit Wechsellicht ist die Wechselstromkomponente des den Photowiderstand durchfließenden Stroms von der Ermüdung in geringerem Maße abhängig als die Gleichstromkomponente. Die Frequenzabhängigkeit kann hinsichtlich Amplitude und Phase in einfacher Weise rechnerisch verfolgt werden, wenn man den experimentell gut bestätigten Exponentialverlauf des Stromanstiegs zugrunde legt (Runge und Sewig).

Selenwiderstände machen nach ihrer Formierung eine nach Wochen bis Monate zählende Alterungszeit durch, während welcher der Dunkelwiderstand stärker wächst als der Hellwiderstand, die Empfindlichkeit also zunimmt. Nach Angaben der Herstellerfirmen soll die Lagerfähigkeit, also die Lebensdauer der unbenutzten Zellen unbeschränkt sein, vorausgesetzt, daß schädliche atmosphärische Einflüsse ferngehalten werden. Hohe Temperaturen (über 80^0 C) sind auf alle Fälle zu vermeiden. Auch Thalliumwiderstände scheinen eine praktisch unbeschränkte Lagerfähigkeit und bei Vermeidung von Überlastungen gute Lebensdauer zu haben. Ermüdungserscheinungen treten besonders bei starker und bei Thalliumwiderständen auch bei kurzwelliger Beleuchtung auf. Sie gehen zum Teil beim Lagern im Dunkeln zurück, teils verlaufen sie irreversibel.

145. Anwendung. Schaltungen. Wegen der oben beschriebenen Eigenschaften ist der Anwendungsbereich der Photowiderstände für photometrische Zwecke beschränkt. Für Ausschlagsmethoden eignen sie sich wegen ihrer mangelnden Konstanz und der Abweichungen von der Proportionalität nur in Fällen, wo die Genauigkeit gegenüber der Empfindlichkeit ohne wesentliche Bedeutung ist, also sehr selten. Wegen ihrer verhältnismäßig hohen Strom- und Leistungsausbeute haben sie aber in Fällen, wo man auf diese Eigenschaften keinen Wert zu legen braucht, z. B. bei Substitutions- und Nullmethoden, große Vorteile. Wenn z. B. in zeitlich raschem Wechsel, etwa mittels einer automatischen Kompensationseinrichtung, zwei Lichtströme miteinander verglichen werden, also die Zelle als Nullinstrument in Verbindung mit einem geeichten Schwächungsmittel — Keil, Blende, Sektor — als eigentliches Meßgerät benutzt wird, können Photowiderstände wegen der einfacheren Meßgeräte Vorteile bieten, die nicht zu unterschätzen sind. In kurzwelligem Sichtbaren und im Ultraviolett sind sie sicher den Photozellen unterlegen, im langwelligen Sichtbaren und im nahen Ultrarot treten sie in Konkurrenz mit der Thermosäule.

Photowiderstände werden in Verbindung mit Verstärkerröhren zweckmäßig in ähnlicher Weise wie Photozellen mit einem hochohmigen Widerstand von passender Größenordnung in Reihe geschaltet, also die Spannungsabfälle der Photoströme an diesen Widerständen dem Verstärker zugeführt. Der Dunkelstrom bzw. sein Spannungsabfall am Ableitwiderstand muß wegkompensiert werden. Hierin liegt wegen der Inkonstanz des Dunkelstroms und seiner starken Abhängigkeit von der Betriebsspannung des Photowiderstandes eine Schwierigkeit. Bei rasch wechselnden niederfrequenten oder tonfrequenten Lichtimpulsen kann dagegen die Gleichstromkomponente durch einen Kondensator abgeriegelt werden.

Die für Photowiderstände am meisten verbreitete Schaltung ist die Brückenschaltung. Hierbei kann entweder ein Photowiderstand mit drei passenden festen Widerständen vorgesehen werden oder zwei in gegenüberliegenden Brückenzweigen liegende Photowiderstände, die beide belichtet werden, oder vier Photowiderstände, von denen zwei belichtet werden und zwei dunkel bleiben. Die zuletzt genannte Schaltung bietet den Vorteil eines gewissen Ausgleichs von Spannungsschwankungen der Batterie, die bei gleichartigen Photoelementen mit zahlenmäßig gleichem Potentialeffekt in erster Näherung herausfallen.

15. Sperrschicht-Photoelemente.

151. Sperrschichteffekt. Mit allen anderen lichtelektrischen Effekten hat der Sperrschichteffekt gemeinsam die unter dem Einfluß der Lichtabsorption eintretende Ablösung von Elektronen aus dem Atomverband. Während jedoch beim inneren Photoeffekt (Photowiderstände) diese Elektronen zwischen den beiden Klemmen des Photowiderstandes stets in demselben Medium, nämlich der makroskopisch einheitlichen lichtelektrisch empfindlichen Substanz verlaufen, treten beim Sperrschichteffekt die Elektronen in ein anderes, mit der lichtelektrisch empfindlichen Substanz in Berührung befindliches Medium über, welches nun nicht, wie bei den Photozellen, der evakuierte oder gasgefüllte Raum zwischen den Elektroden ist, sondern ein fester Körper. Damit diese Elektronen in einem äußeren Kreis als Strom- oder Ladungsverschiebungen nachweisbar sein sollen, muß zwischen den Elektroden eine Schicht mit unipolar bevorzugter Leitfähigkeit vorhanden sein, ähnlich wie bei Trockengleichrichtern. Solche Schichten werden nach dem Vorschlag von Schottky allgemein als Sperrschichten bezeichnet. Es wird im folgenden kurz über die Grundlage der Theorie dieser Sperrschichtelemente nach den Arbeiten von Schottky und seinen Mitarbeitern (Waibel, Duhme, v. Auwers und Kerschbaum) berichtet, und bewußt vermieden, auf die Arbeiten einzelner Autoren einzugehen, die sowohl für typische Sperrschichtelemente der unten beschriebenen Bauart, wie für Sonderausführungen (Einkristallzellen nach Dember), die Existenz der Sperrschicht als unnötig oder unwesentlich annehmen (Dember und Mitarbeiter) bzw. an gut arbeitenden Sperrschichtelementen keine Gleichrichtung, also auch keine wirksame Sperrschicht feststellen konnten [Deaglio (*11*), Borissow und Sinelnikow (*5*)]. Auf die hiermit in Zusammenhang stehenden Fragen einzugehen, erübrigt sich um so mehr, als in allen wesentlichen Fällen die Existenz der Sperrschicht sichergestellt ist und im übrigen die Eigenschaften dieser Photoelemente sich aus der Sperrschichthypothese in jeder Weise befriedigend erklären lassen.

Die ältesten Mitteilungen über eine bei Photowiderständen aus Selen auftretende selbständige EMK, also einen Sperrschichteffekt, liegen schon Jahrzehnte zurück (Adams und Day, Fritts, W. v. Siemens); später wurden ähnliche Beobachtungen auch an Kristallkombinationen gemacht, wie sie zur Gleichrichtung hochfrequenter Schwingungen dienen (Kristalldetektoren aus Molybdänglanz, Bleisulfid, Silberglanz), die auch neuerdings wiederholt untersucht wurden. Die ersten praktisch brauchbaren Photoelemente wurden von P. H. Geiger bei der Westinghouse Brake Co. hergestellt und patentiert. Selbst nachher sind noch unabhängig von mehreren Beobachtern Sperrschichteffekte entdeckt und beschrieben worden, z. B. von B. Lange und von Schottky und Mitarbeitern. Erst in letzter Zeit brachten besonders die im Siemens-Konzern ausgeführten Arbeiten einen raschen Aufschwung in der theoretischen Klärung des Effekts und demzufolge auch in der Herstellung brauchbarer Sperrschichtelemente. Nähere Angaben über die Geschichte der Sperrschichteffekte findet man z. B. bei Fleischer und Teichmann (*13*).

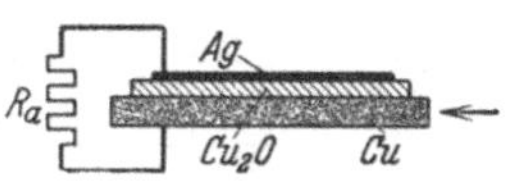

Abb. 17. Schema des Sperrschichtelements.

Grundsätzlich besteht ein Sperrschichtelement (Abb. 17) aus zwei metallischen Elektroden, von denen die eine die Zelle trägt (z. B. Kupfer) und die zweite lichtdurchlässig sein muß, also entweder als engmaschiges Gitter oder als durchscheinend dünner Metallüberzug (z. B. Silber oder Platin) ausgebildet ist. Zwischen den beiden Elektroden befindet sich ein Halbleiter (z. B. Kupferoxydul), welcher bei geeigneter Herstellung der Zelle auf dem Mutterkupfer mit einer intermediären Sperrschicht aufwächst. Bis auf die Durchsichtigkeit der einen Elektrode ist also der Aufbau der gleiche wie bei den bekannten Trockengleichrichtern und tatsächlich sind die geschichtlich wichtigen Beobachtungen an derartigen Trockengleichrichtern gemacht worden. Die im vorliegenden Fall zwischen Mutterkupfer und Kupferoxydul angenommene Sperrschicht hat die Eigenschaft, Elektronen vom Kupfer zum Oxydul leichter hindurchzulassen als umgekehrt.

Wenn nun durch Absorption von Licht im Oxydul in der Nähe der Sperrschicht Elektronen ausgelöst werden, so können einige davon infolge der durch Absorption zugeführten, die Ablösungsarbeit überschreitenden kinetischen Energie die Schicht in der Sperrichtung durchstoßen. Hierdurch bildet sich zwischen den beiden Elektroden des Elements eine Potentialdifferenz aus; ein Umstand, der die Photoelemente entscheidend von den Photowiderständen unterscheidet, der eine direkte Umwandlung von Lichtenergie in elektrische Energie darstellt und daher den Namen Photoelement rechtfertigt. Das weitere Schicksal der durch die Sperrschicht passierten Photoelektronen hängt von dem inneren Widerstand des Photoelementes in der Flußrichtung der Sperrschicht und dem des äußeren, zwischen den Elektroden angelegten Stromkreises ab. Der innere Widerstand besteht aus dem Flußwiderstand der Sperrschicht und dem der gleichfalls im Strompfad liegenden Halbleiterschicht und ist von einer etwa angelegten äußeren EMK ebensowohl abhängig wie von der EMK des Lichtelementes selbst. Da Sperrschichtelemente aus Zweckmäßigkeitsgründen wohl ausschließlich ohne zusätzliche äußere EMK betrieben werden, kann dieser Einfluß außer Betracht bleiben. Der Widerstand des Halbleiters hängt von dessen Dicke und spezifischem Widerstand ab, außerdem von der Form der Gegenelektrode; er ist nämlich verschieden, wenn etwa einmal eine netzförmige Gegenelektrode, ein andermal eine zusammenhängende Metallschicht verwendet wird. Gerade diese Einflüsse haben in den Arbeiten von Schottky u. a. viel zur Klärung des Sperrschichteffektes beigetragen. Jedenfalls ist der innere Widerstand der Photoelemente in der Größenordnung von $10^3\,\Omega$ oder mehr, also zwar klein gegenüber dem inneren Widerstand einer Photozelle, jedoch keineswegs zu vernachlässigen.

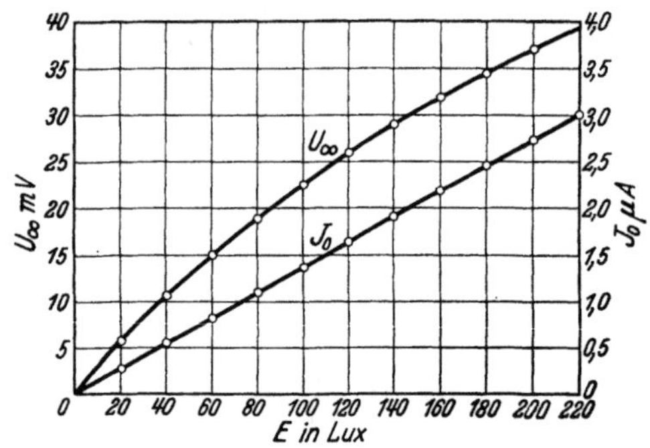

Abb. 18.
U_∞ und J_0 bei Tungsram-Sperrschichtelement.

Wenn man davon ausgeht, daß von einer bestimmten Anzahl absorbierter Lichtquanten bei gleichen Bedingungen in einem Photoelement immer ein konstanter Bruchteil zur Ablösung von Photoelektronen führt, die vermöge ihrer kinetischen Energie und der Lage ihres Ursprungs imstande sind, die Sperrschicht zu durchstoßen, und wenn man die Elektroden durch einen äußeren Stromkreis mit einem gegenüber dem Element vernachlässigbar kleinen Widerstand überbrückt, also praktisch kurzschließt, so werden alle Elektronen den äußeren Weg einschlagen. Es ist also zu erwarten, daß der Kurzschlußstrom dem absorbierten Lichtstrom völlig proportional ist, was sich bis auf besondere Fälle (s. u.) auch voll bestätigt hat. Anders, wenn äußerer und innerer Widerstand größenähnlich sind, oder gar der äußere Widerstand (z. B. ein Elektrometer) als unendlich groß angenommen wird. Dann fließen die Elektronen mindestens zum Teil, im stationären Fall ausschließlich, über die Sperrschicht zurück und bilden an dieser eine EMK aus. Da diese EMK auf die neu austretenden Photoelektronen bremsend wirkt, dürfen wir keine Proportionalität zwischen Photo-EMK und Lichtstrom erwarten. Das ist auch tatsächlich nicht der Fall (Abb. 18). Die gezeichneten Kennlinien, gemessen an einem Tungsram-Sperrschichtelement, zeigen völlige Proportionalität zwischen Kurzschlußstrom und Beleuchtungsstärke, dagegen für die Leerlaufspannung bereits bei geringen Beleuchtungsstärken deutliche Abweichungen vom linearen Verlauf.

152. Vorderwand- und Hinterwand-Photoelemente. Eine notwendige Bedingung für gute Wirksamkeit der Zellen, bezogen auf einfallendes Licht, ist eine genügend starke optische Absorption des Halbleiters in dem Spektralgebiet, in welchem die Zelle verwendet werden soll; denn es kommen ja nur die in unmittelbarer Nähe der Sperrschicht ausgelösten Elektronen zur Beobachtung, während die übrigen infolge von Selbstabsorption im Halbleiter die Sperrschicht nicht mehr erreichen. Bei der bisher beschriebenen und in Abb. 17 schematisch dargestellten Zelle liegt nun die Sperrschicht zwischen der kompakten Elektrode und dem Halbleiter, also — von der Lichteinfallsrichtung her gesehen — an der Hinterwand der Sperrschicht. Daher werden solche Zellen nach Schottky als Hinterwandzellen bezeichnet. Wegen der in ausgedehnten Spektralgebieten sehr starken Absorption wird ein großer Teil des Lichts beim Passieren durch den Halbleiter verschluckt, ohne einen meßbaren Photoeffekt hervorrufen zu können. Erst vom Gebiet langsam ansteigender Durchlässigkeit an (bei Kupferoxydul etwa bei $\lambda = 600\ \mathrm{m}\mu$) tritt ein kräftiger Sperrschichteffekt auf, der dann nach längeren Wellen hin analog dem normalen Photoeffekt infolge der immer kleiner werdenden Lichtquantenenergie eine langwellige Grenze besitzt. Man kann dieselbe beim Kupferoxydul bei etwa $1{,}5\ \mu$ annehmen. Frühere Messungen, die weiter hinausgeschobene Grenzwellenlängen ergaben, werden wahrscheinlich durch Streulicht im Monochromator vorgetäuscht worden sein.

Der Nachteil der Beschneidung des wirksamen Spektralbereiches durch die optische Absorption des Halbleiters ist von Schottky durch Konstruktion der Vorderwandzellen behoben worden. Ausgehend von der Beobachtung, daß sich Sperrschichten nicht nur zwischen dem Halbleiter und dem Grundmetall ausbilden, sondern auch an der Grenze des Halbleiters gegen die meisten irgendwie aufgebrachten Kontakte und speziell gegen eine aufgestäubte Metallschicht, verlegt er die Sperrschicht an eben diese Stelle und erhält damit eine Vorderwandzelle, deren spektrale Empfindlichkeitsverteilung grundsätzlich anders ist; gerade im Gebiet starker Absorption des Halbleiters (bei Kupferoxydul grün und blau) tritt ein starker Vorderwandeffekt auf.

Die Vorderwandelemente sind, was für photometrische Zwecke wichtig ist, der spektralrelativen Empfindlichkeit des Auges viel besser angepaßt als die Hinterwandelemente. Die Schwierigkeiten, das Entstehen einer Sperrschicht zwischen Halbleiter und metallischem Kontakt überhaupt zu vermeiden, erklärt das gelegentlich beobachtete Auftreten beider Effekte, also von Strömen beider Vorzeichen, an ein und demselben Element bei verschiedenen Lichtfarben oder an verschiedenen Stellen der empfindlichen Schicht [Poole und Atkins (*39*)]. Das Prinzip des Vorderwandeffekts machte übrigens erst die Verwendung besser geeigneter, im ganzen sichtbaren Gebiet fast metallisch absorbierender Halbleiter, z. B. des grauen Selens, möglich. Die Selen-Sperrschichtelemente, heute am meisten verbreitet und technisch am bedeutsamsten, arbeiten nach dem Vorderwandeffekt.

Auch für Röntgenstrahlen sind normale Sperrschichtelemente empfindlich, wie von Lange und Selényi (*27*), Scharf und Weinbaum (*42*), Gleason (*66*) gezeigt wurde. Dabei treten jedoch starke Trägheits- und Ermüdungserscheinungen auf, die vorläufig eine nützliche Verwendung der Sperrschichtelemente in diesem Spektralbezirk auszuschließen scheinen.

153. Technische Sperrschicht-Photoelemente. Hinterwand-Photoelemente sind im Handel kaum erhältlich. Trotzdem kommen sie unter Umständen wegen ihrer gedämpften Empfindlichkeit im kurzwelligen Gebiet und der relativ guten Ausbeute im tiefen Rot und im nahen Ultrarot für spektralphotometrische Zwecke in Betracht. Die meisten der im Handel befindlichen Elemente sind von der Vorderwandtype. Die Selenelemente sind hinsichtlich ihrer Ausbeute ziemlich stark, auch etwas nach ihrer spektralen Empfindlichkeitsverteilung verschieden. Die Ursache dürfte im Herstellungsverfahren, der thermischen Behandlung und Alterung der Platten und auch in der Verwendung von Zusätzen zu suchen sein, welche zum Teil in Patentschriften festgelegt, zum größeren Teil aber von den Herstellerfirmen geheim gehalten werden. Die gängigsten der im Handel erhältlichen Fabrikate sind im folgenden kurz zusammengestellt.

Süddeutsche Apparatefabrik (SAF), Nürnberg, baut nach Angaben von L. Bergmann Selen-Vorderwand-Elemente mit wirksamer Fläche von 2,8 bzw. 9,7 cm², die in eine mit radialen Polklemmen versehene ringförmige Hartgummifassung eingesetzt und gelegentlich durch eine Schutzscheibe abgedeckt sind (Abb. 19). Ferner stellt die Firma, gleichfalls nach Angaben von Bergmann, ein Differentialsperrschichtelement her, das aus einer normalen Selensperrschichtplatte mit in einem Durchmesser zerschnittener Schicht des Halbleiters und der Vorderwandelektrode besteht. Die beiden Vorderwandelektroden bilden dann die Zuleitungen zweier gegeneinander geschalteter halbkreisförmiger Photoelemente. Die Zelle kann als Null- oder Ausschlaginstrument bei der optischen Verstärkung von Galvanometerausschlägen (233) und auch zu anderen photometrischen Zwecken (*166*) benutzt werden.

Abb. 19. Verschiedene Sperrschichtelemente.

Electrocell G. m. b. H., Berlin, baut nach Angaben von Falkenthal Selenvorderwandelemente, in der Ausführung denen der SAF ähnlich, rund mit Durchmessern von 25, 47 und 67 mm, sowie rechteckig (22 × 40 mm) für Reihenschaltung mehrerer Elemente.

Weston Electric Co., Newark N. Y., USA., bringt in Europa durch die Firma D. Bercowitz & Sohn, Berlin, unter dem Namen „Photronic Cell" Selensperrschichtelemente in ähnlicher Ausführung mit etwas anderer Sockelung (dicker Hartgummiring mit Doppelstecker) auf den Markt. Die Zellen sind denen der SAF. im Verhalten sehr ähnlich und entstammen offenbar dem gleichen Fabrikationsprozeß. Bercowitz bringt die Photronic Cell in Verbindung mit einer von Dresler angegebenen Filterkombination heraus, welche die Spektralempfindlichkeit weitgehend der des menschlichen Auges anpaßt (313).

Tungsram, Budapest, baut unter dem Namen Tungsram-Lichtelement zwei 1,4 cm² große, runde Photoelemente mit verschiedener spektraler Empfindlichkeitsverteilung, und zwar Type C (Maxima bei

620 und 780 mμ, Grenze bei 1,2 μ nach Angaben der Firma). Die Zellen sind in Metallhülsen von 23 mm Durchmesser gefaßt, die auf der Rückseite Klemmen tragen (Abb. 19).

Radiosender A.-G., Berlin, liefert Kupferoxydulphotoelemente unter der Bezeichnung „Pyroxydzellen" in drei Typen: rund mit 5 bzw. 24 cm^2 wirksamer Oberfläche, ringförmig mit zentraler Bohrung. Diese Bauart eignet sich für Reflexionsabtastung mittels eines von hinten durch die zentrale Bohrung tretenden Lichtbündels.

Otto Preßler, Leipzig, liefert Selenphotoelemente der Bauart Falkenthal, rund, mit Doppelstecker. Nutzbare Fläche 27, 11, 3 cm^2. Spektrales Maximum bei rund 600 mμ, Grenzwellenlänge bei 800 mμ.

Angaben über die Allgemeinempfindlichkeit der Sperrschichtelemente für weißes Licht haben wenig Zweck, da vorläufig noch dauernd verbessert wird und entsprechend solche zahlenmäßige Angaben schnell veralten. Die sonstigen Eigenschaften der Zellen sind im nächsten Abschnitt besprochen.

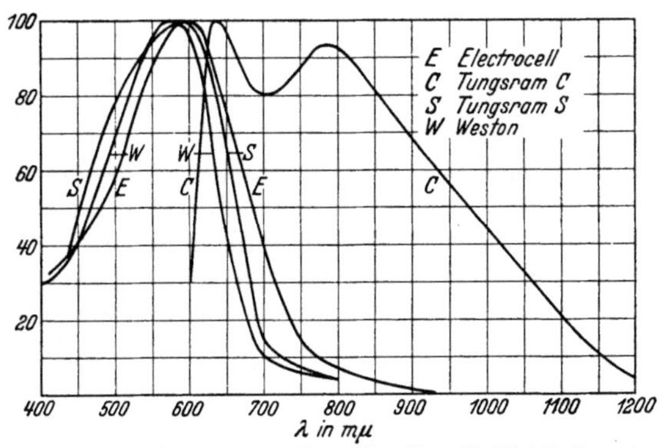

Abb. 20. Spektrale Verteilung der Empfindlichkeit von Sperrschichtelementen nach Firmenangaben.

154. Lichtstrom-Photostrom-Abhängigkeit. Die spektrale Verteilung der Ausbeute ist nach Material, Art und Dauer der Formierung, Alterung vor Gebrauch, Natur und Aufbringungsart der Gegenelektrode mehr oder weniger verschieden. Von einigen Elementen wird berichtet, daß sich die einzelnen Exemplare hinsichtlich ihrer spektralen Verteilung und Allgemeinempfindlichkeit nur wenig voneinander unterscheiden (z. B. Bloch, Krefft bei den SAF-Elementen); andererseits habe ich die Erfahrung gemacht, daß mehrere Erzeugnisse in verschiedenen Exemplaren stark voneinander abweichende Werte geben. Deshalb ist in der Abb. 20 die spektrale Empfindlichkeit einiger gängiger Typen nach Angaben der Herstellerfirmen zusammengetragen, die vermutlich aus einer größeren Zahl von Messungen gebildete Mittelwerte wiedergeben.

Die in Abb. 18 gezeigte Charakteristik des Kurzschlußstroms und der Leerlaufspannung eines Photoelements in Abhängigkeit von der Beleuchtungsstärke gibt Grenzfälle wieder, zwischen denen alle praktisch vorkommenden Bedingungen der Messung mit Sperrschichtelementen einzuordnen sind. Da grundsätzlich der Widerstand des äußeren Stromkreises — wenigstens theoretisch — nie zu vernachlässigen ist, da andererseits die Abweichungen von der Proportionalität mit wachsendem Lichtstrom stark zunehmen, darf für eine bestimmte geforderte Genauigkeit der Meßwerkwiderstand einen gewissen, von der maximalen Beleuchtungsstärke der Zelle abhängigen Wert nicht überschreiten, bzw. ist dann bei einem bestimmten Meßwerkwiderstand eine gewisse maximale

Beleuchtungsstärke zulässig. Wenn man, was praktisch meist genügt, eine Fehlergrenze von $\pm 1\%$, bedingt durch die Krümmung der Zellenkennlinie, zuläßt, so kann man für eine bestimmte Zelle die maximal zulässigen Meßwerkwiderstände bzw. Beleuchtungen ermitteln. Am Beispiel je eines von S. & H., der SAF und Tungsram stammenden

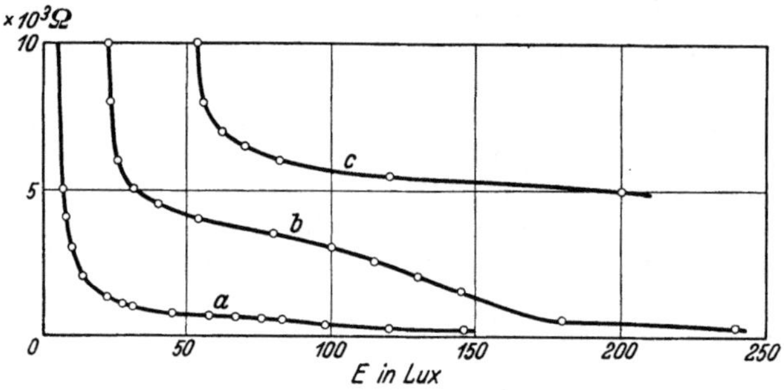

Abb. 21. ± 1%-Kennlinie nach Weise.

Lichtelementes ist diese Rechnung nach eigenen Messungen der Zellenkennlinien von K. Weise durchgeführt worden (Diplomarbeit T. H. Dresden 1932). Das Ergebnis zeigt Abb. 21. Die zwischen den Kurven und den Koordinatenachsen eingeschlossenen Gebiete entsprechen Betriebsbedingungen, die den Fehler von 1% nicht überschreiten. Man sieht daraus immerhin, daß die Sperrschichtelemente auch bei der Messung großer Lichtströme spannungsempfindliche Meßwerke verlangen und daß es auch bei großen Photoströmen nicht korrekt ist, mit unempfindlicheren Meßwerken zu arbeiten, welche einen hohen Eigenverbrauch haben. Bei hohen Beleuchtungsstärken überlagern sich allerdings der hier erfaßten Fehlerquelle andere Störungen, die noch wesentlicher sind.

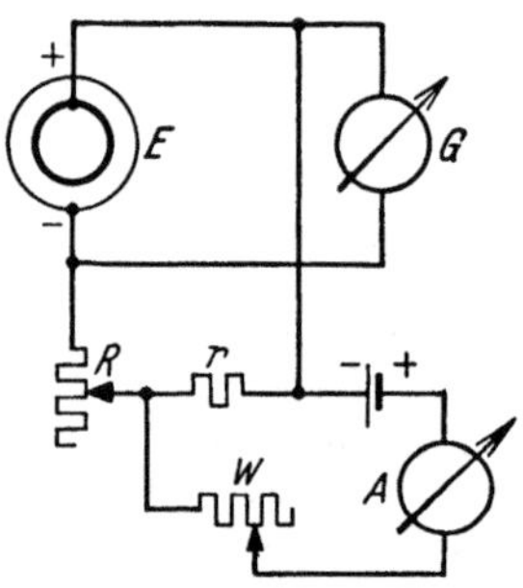

Abb. 22. Messung des wahren Kurzschlußstroms.

Der exakte Kurzschlußstrom bei Photoelementen läßt sich ermitteln aus einer Extrapolation des Stromverlaufs für kleiner werdende äußere Widerstände R_a bis zum Falle $R_a = 0$. Er läßt sich aber auch in einfacher Weise exakt messen, wenn man dem in einem empfindlichen Galvanometer beliebigen Widerstands fließenden Strom durch eine fremde, regelbare Stromquelle so kompensiert, daß kein Spannungsabfall an Element und Galvanometer bestehen bleibt. Dann ist der Kurzschlußstrom gleich dem bei geeigneter Schaltung mit ziemlich unempfindlichen Instrumenten zu messenden Hilfsstrom. Abb. 22 zeigt eine derartige Schaltung, die nach einer privaten Mitteilung der Firma Tungsram von Rosenberg, von Frommer und von Selényi erprobt und in ganz ähnlicher Form auch von Campbell und Freeth angegeben wurde.

Daß große Lichtströme bzw. Beleuchtungsstärken, soweit sie zu einer unzulässigen Erwärmung der Elemente führen, zu vermeiden sind, ist verständlich; aber selbst wenn dies ausgeschlossen ist, treten bei starken Belichtungen Sekundärerscheinungen auf, die schließlich zu einer oberen Grenze des Meßbereichs der Elemente führen. Hierauf ist von Dresler, Goldmann und Reeb (*12*), sowie von Grundmann und Kaßner (*17*) aufmerksam gemacht worden.

Dresler, Goldmann und Reeb gingen davon aus, daß man bisher — wenigstens für den Kurzschlußstrom — auch bei recht hohen Beleuchtungsstärken annähernde Proportionalität annahm. [Gewisse Abweichungen stellte ja bereits Bergmann (*123*) fest.] Nach ihren Messungen ist oberhalb etwa 10000 Lux Linearität nicht mehr vorhanden, weder bei sehr kleinen äußeren Widerständen ($\sim 10\,\Omega$), die praktisch dem Kurzschlußfall entsprechen, noch für die durch Extrapolation

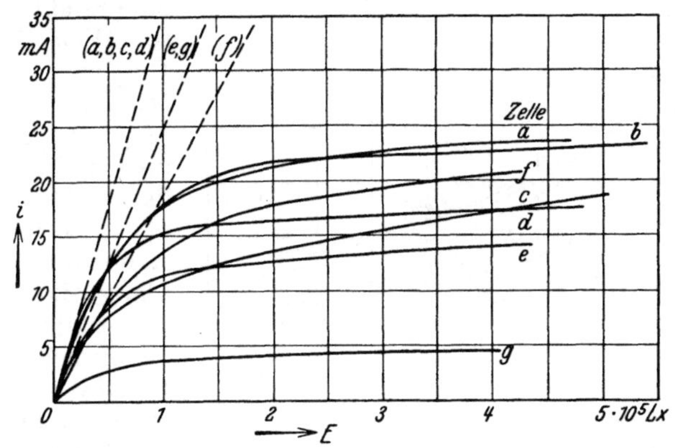

Abb. 23. Sättigungscharakter der Sperrschichtströme bei hohen Beleuchtungsstärken.

berechneten Kurzschlußströme selbst. Vielmehr zeigen die an sieben SAF-Zellen gemessenen Kennlinien nach hohen Beleuchtungsstärken hin ausgesprochenen Sättigungscharakter (Abb. 23). Sowohl die Punkte, bei denen augenfällige Abweichungen von der Proportionalität auftreten, wie die Krümmungen der anschließenden Sättigungscharakteristiken sind bei verschiedenen, sonst ähnlichen Zellen ganz unterschiedlich, wie man durch Vergleich der Kurven mit ihren (gestrichelt gezeichneten) Nullpunktstangenten sieht. So kommt es, daß die verschiedenen Kennlinien sich zum Teil überschneiden und daß von zwei Elementen das eine, bei kleinen Beleuchtungsstärken empfindlichere bei großen Beleuchtungsstärken unempfindlicher sein kann als das andere. Die Skala der Beleuchtungsstärken reicht bis etwa $5 \cdot 10^5$ Lux; es wurde stets nur gerade so lange belichtet, wie zur Ablesung nötig war, also langsam verlaufende Änderungen, die den Gegenstand der Mitteilungen von Grundmann und Kaßner bilden, ausgeschlossen. Eine etwas deutlichere Beschreibung dieser Erscheinungen ergibt sich aus der Betrachtung der Leistungsausbeute der Elemente, also ihres energetischen Wirkungsgrades.

Als solcher wird der Quotient $\eta = \frac{J^2 R_a}{\Phi}$ bezeichnet, worin J den Photostrom, R_a den äußeren Widerstand und Φ den Lichtstrom bezeichnet. Für konstanten Lichtstrom Φ hat η ein Maximum, wenn $R_a \approx R_i$ ist, eine aus der Schwachstromtechnik bekannte Beziehung. Diese Kurven $\eta = f(R_a)$, wie sie verschiedentlich mitgeteilt sind [vgl. Schwandt (*45*)] haben ein scharf ausgeprägtes Maximum und nach kleineren R_a steilen, nach größeren R_a flachen Abfall. Ähnlich ist der Charakter der Kurven, die Dresler, Goldmann und Reeb für $\eta = f(\Phi)$ bzw. $\eta = c \cdot f(E)$ auftragen, wobei als Parameter der äußere Widerstand R_a erscheint (Abb. 24). Man sieht daraus, daß für jedes R_a die maximale Leistungsausbeute bei einer anderen Beleuchtungsstärke erreicht wird, daß diese günstigste Beleuchtungsstärke bei abnehmendem äußeren Widerstand nach immer höheren Werten wandert, und daß auch die Höhen der absoluten Beträge dieser Maxima von η eine Funktion des äußeren Widerstandes sind. Die für einen konstanten äußeren Widerstand ($R_a = 10\,\Omega$) aufgenommenen Kurven $\eta = f(E)$ der sieben verschiedenen gemessenen Zellen stehen durchaus in Einklang mit den in Abb. 23 dargestellten Abweichungen von der Proportionalität, lassen aber zunächst die Frage nach dem Mechanismus dieser Abweichungen offen. Wieweit dafür der innere Photoeffekt des Halbleiters oder andere Ursachen, vielleicht Raumladungserscheinungen, verantwortlich zu machen seien, müssen weitere Untersuchungen lehren.

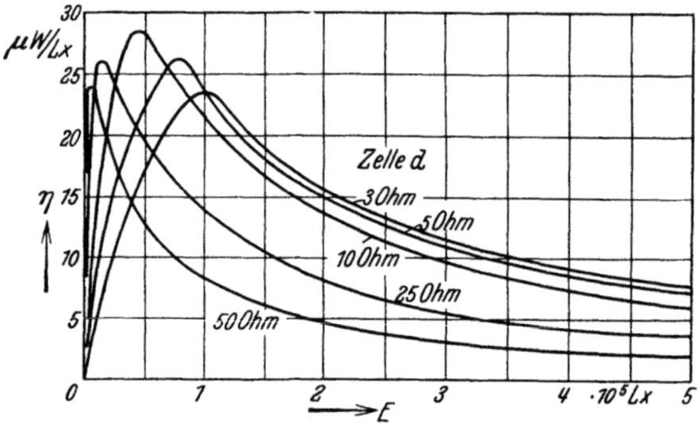

Abb. 24. Leistungsausbeute von Sperrschichtelementen nach Dresler, Goldmann und Reeb.

Grundmann und Kaßner (*17*) untersuchen namentlich Änderungen der Charakteristiken von Selen-Sperrschichtelementen, die sich über längere Zeiten erstrecken. Von ihren Ergebnissen ist zunächst eine zeitliche Hysterese zu erwähnen, die bei starken Beleuchtungen (über 1000 Lux) auftritt. Ein ungealtertes, stark belichtetes Photoelement liefert einen Photostrom, der sich nach einigen Tagen asymptotisch einem stationären Wert nähert, welcher von der verwendeten Beleuchtungsstärke und der Individualität des Elementes abhängt. Bei genügend langer Verdunklung (im allgemeinen unter 30 min) tritt eine vollständige Regenerierung der Elemente ein. Je nachdem, ob man von maximaler Beleuchtungsstärke oder von Dunkelheit ausgehend mit in schnellen Intervallen fallender bzw. steigender Beleuchtungsstärke oder mit jedesmaliger Zwischenverdunklung (Regeneration) die Kennlinien der Elemente aufnimmt, ergeben sich vollständig verschiedene Werte hinsichtlich Steilheit und Krümmung der Kennlinien. Bei jeder neuen Belichtung nach der Regenerierung durchläuft der Photostrom einen der Beleuchtungsstärke entsprechenden Alterungsprozeß, der sich jedoch bei bereits gealterten, also mindestens ebenso stark vorbelichteten Zellen in erheblich kürzeren Zeiten abspielt. Bei abnehmender Dauerbeleuchtungsstärke erfährt das Photoelement eine partielle Regenerierung. Diese durch sehr hohe Beleuchtungsstärken hervorgerufenen Änderungen im Verhalten der Selen-Photoelemente sind jedoch nicht als bleibende Schädigungen anzusehen, wie sie etwa durch unzulässig hohe Erwärmung auftreten. Eine zeitliche Änderung der Empfindlichkeit der im Dunkeln gehaltenen Elemente, also eine beschränkte Lagerfähigkeit, konnte von Grundmann und Kaßner ebenso wenig beobachtet werden, wie von anderer Seite. Auch sind mir keine Mitteilungen darüber bekannt geworden, daß Photoelemente bei normalen Belichtungen im Gebrauch einen nennenswerten Abfall der Empfindlichkeit zeigen, abgesehen von einer Anlaufzeit unmittelbar nach der Fertigstellung; die Gebrauchslebensdauer scheint recht hoch zu sein. Das erwähnte Verhalten der Photoelemente gegenüber hohen Beleuchtungsstärken, sowohl die momentan vorhandenen Abweichungen von der Linearität wie die zeitlich langsam sich abspielenden Ermüdungs- und Erholungsvorgänge deuten auf eine gewisse natürliche Grenze der Belastbarkeit.

Während man die ungünstigsten Eigenschaften von Sperrschichtelementen unter dem Einfluß abnorm hoher Belichtungen, auch wenn sie noch nicht in Einzelheiten geklärt sind, in Anbetracht der dabei auftretenden starken Elektronentransporte als dadurch bewirkte Sekundärerscheinungen immerhin plausibel finden kann, verdient eine kürzlich von Hamaker und Beezhold (*19*) gemachte Beobachtung nachdrücklichen Hinweis. Während Photozellen sich bei sehr kleinen Beleuchtungsstärken in jeder Hinsicht „normal" verhalten, also namentlich eine strenge Proportionalität zwischen Sättigungsstrom und Lichtstrom erfüllen, ist dies anscheinend bei Sperrschichtelementen nicht mehr der Fall. Beobachtet wurde nämlich, daß Selen-Sperrschichtelemente bei sehr schwachen Beleuchtungsstärken (Größenordnung der Photoströme 10^{-9} bis 10^{-8} A) und bei monochromatischer Bestrahlung Trägheitserscheinungen aufweisen, wie sie bei größeren Beleuchtungsstärken nicht beobachtet wurden. Der Stromanstieg verläuft über mehrere Sekunden deutlich meßbar exponentiell; selbst nach 2—4 min wurde noch Anstieg festgestellt. Die Trägheit ist bei kürzeren Wellenlängen erheblicher als bei langen. Bei konstant gehaltener Beleuchtung, aber veränderter Leuchtdichte auf der Oberfläche (Photoelement im Brennpunkt bzw. extrafokal im Strahlengang) ist die Trägheit sehr verschieden. Bei zunehmender Leuchtdichte (die zahlenmäßig sehr klein, aber nicht angegeben ist), wird die Trägheit erheblich geringer. Ferner wurde beobachtet, daß das Element nicht genau integriert, also bei gleichbleibendem Gesamtlichtstrom die Photoströme mit wachsender Leuchtdichte, also besserer Fokussierung zunehmen. Wie weit bei dieser letzten Beobachtung Verschiedenheiten in der örtlichen Verteilung der Empfindlichkeit der Platte und Reflexionsverluste eine Rolle spielen, bleibt in der erwähnten Mitteilung unerörtert. Immerhin liegen ähnliche Beobachtungen von anderer Seite [Lapique (*28*)] vor, wo festgestellt wurde, daß Kupferoxydulelemente, die bei Intensitäten J_1 (λ_1) bzw. J_2 (λ_2) Photoströme i_1 bzw. i_2 liefern, bei gleichzeitiger Belichtung mit $J_1 + J_2$ einen Photostrom geben, der größer ist als $i_1 + i_2$.

Die beschriebenen Erscheinungen sind noch nicht geklärt. Man kann überrascht sein, daß sie erst nach Jahren eingehender theoretischer und experimenteller Beackerung dieses Gebietes gefunden wurden. Jedenfalls sollte man sich durch die bei mittleren Beleuchtungsstärken so schönen Eigenschaften der Sperrschichtelemente ebenso wenig zu einer kritiklosen Extrapolation nach oben und unten hin verleiten lassen wie bei anderen Meßgeräten. Jedes Zeigermeßwerk hat durch Anschlag oder Erwärmung eine obere, durch elastische Nachwirkungen, Zapfenreibung oder Nullpunktsunruhe eine untere Grenze des Meßbereiches. An ähnliche Verhältnisse muß man sich also auch bei Photozellen jeder Art gewöhnen.

155. Temperaturabhängigkeit. Eine Temperaturabhängigkeit des Sperrschichteffektes ist sowohl theoretisch zu erwarten, wie tatsächlich beobachtet. Bei Kupferoxydulelementen hat Teichmann (*51*) eine sehr starke Zunahme der lichtelektrischen EMK und eine gleichfalls ziemlich starke Zunahme des inneren Widerstandes mit abnehmender Temperatur zwischen $+18{,}2^0$ und $-107{,}8^0$ C gefunden. Die EMK nahm in diesem Bereich von 0,5 auf 1130 relative Einheiten, der Widerstand von $0{,}9 \cdot 10^3$ auf $76 \cdot 10^3\,\Omega$ zu, der Photostrom wächst zwischen $+18^0$ und -80^0 auf das 25fache an und bleibt dann konstant.

An Selen-Sperrschichtelementen ist die Temperaturabhängigkeit zwischen -174^0 und $+80^0$ C gemessen worden. Leerlauf- und Stoppspannung und innerer Widerstand nehmen mit wachsender Temperatur monoton ab, der Photostrom durchläuft ein flaches, zwischen 0^0 und -20^0 gelegenes Maximum.

Solange man nicht — etwa für rein wissenschaftliche Zwecke — die Ausbeute eines Sperrschichtelementes stark steigern muß, sind diese Messungen zwar sehr interessant, aber praktisch unwichtig. Wesentlich ist dagegen die Abhängigkeit der Photo-EMK bzw. des Photostroms von der Temperatur innerhalb eines Bereiches, der normalen Temperaturschwankungen im Laboratorium oder Prüffeld oder gar im Freien bei meteorologischen Beobachtungen entspricht. Solche Temperatureffekte bieten Fehlermöglichkeiten, die zu beachten sind.

Grundsätzlich ist hinsichtlich der lichtelektrischen EMK und des Photostroms eine verschiedene Temperaturabhängigkeit zu erwarten, da der temperaturabhängige Widerstand des Halbleiters nur auf den Photostrom, nicht aber auf die Leerlauf-EMK von Einfluß sein kann. Dagegen sind die von der Temperatur abhängigen elektrischen Eigenschaften der Sperrschicht selbst auch auf die Leerlauf-EMK von Einfluß, wie ja aus den Messungen von Teichmann hervorgeht. Da für diesen Effekt noch keine zuverlässigen Deutungen existieren, müssen wir uns mit der Mitteilung experimenteller Tatsachen begnügen. Endlich kann auch ein thermoelektrischer Effekt, entstehend an den verschiedenen Grenzflächen von Metall und Halbleiter, bei Temperaturänderungen sowohl auf Photoströme, wie auf elektromotorische Kräfte der Sperrschichtelemente Einfluß haben. Eine Trennung beider Einflüsse wird experimentell nicht leicht durchzuführen sein.

Für praktische Zwecke ist die Temperaturabhängigkeit der Selensperrschichtelemente meist zu vernachlässigen, sofern man sich mit einer photometrischen Meßgenauigkeit von ± 1% zufrieden gibt und die Temperaturschwankungen nicht allzu hoch sind. Selbst bei hohen Beleuchtungsstärken und starken Temperaturschwankungen, wie sie bei technischen, in der Glühlampenfabrikation benutzten Photometern vorkommen, kann man sich durch häufiges Nacheichen helfen, da in diesen Fällen die Temperaturen, wenn auch hoch, so doch annähernd zeitlich konstant sind.

Bei Kupferoxydulsperrschichtelementen der Vorderwandtype stellte Bulian (*6*) fest, daß die Temperaturabhängigkeit des Photostroms weitgehend durch die Wahl des Materials der lichtdurchlässigen Vorderwandelektrode beeinflußt werden kann, wobei wieder offen bleibt, ob dieser Einfluß auf einen thermoelektrischen Effekt oder auf den Sperrschichteffekt selbst ausgeübt wird. Praktisch wichtig sind die sich aus diesen Untersuchungen ergebenden Möglichkeiten, den Temperaturkoeffizienten innerhalb des Temperaturbereichs, bei welchem die Elemente verwendet werden sollen, kleinzuhalten oder sogar zum Verschwinden zu bringen. So stellte Bulian fest, daß Kupferoxydulelemente mit Vorderwandelektrode aus Silber zwischen +10 und +40° C und solche mit Platinelektrode zwischen +40 und +85° C nahezu temperaturunabhängig arbeiten.

Wenn in Einzelfällen entweder genügende Temperaturkonstanz nicht zu erreichen ist oder ein geringerer Temperaturfehler angestrebt wird, als ihn handelsübliche Zellen zeigen, kann man sich in ähnlicher Weise helfen wie bei elektrischen Meßinstrumenten: indem man nämlich in den aus Photoelement und Galvanometer bestehenden Meßkreis einen Leiter oder Halbleiter mit passendem Widerstandsbetrag und Temperatureffekt als Vor- oder Nebenwiderstand einführt und dafür sorgt, daß das Element und der Kompensationswiderstand auf die gleiche Temperatur kommen. Auf einfache Weise läßt sich eine derartige Kombination durch Vereinigung von belichteten und dunkel gehaltenen gleichartigen Photoelementen in einer Brückenschaltung erreichen — in ähnlicher Weise wie man es bei Photowiderständen (144) tut — vorausgesetzt, daß die Erwärmung nicht durch die messende Strahlung bewirkt wird.

156. Frequenzabhängigkeit. Ersatzschema. Die Frequenzabhängigkeit der Sperrschichtelemente ist eigentlich für photometrische Zwecke eine Eigenschaft von untergeordneter Bedeutung. Da sie aber in speziellen Fällen, z. B. bei der Registrierung rasch verlaufender Lichtvorgänge, bei Untersuchungen an Gasentladungen immerhin eine störende Rolle spielen kann, soll hier kurz darauf eingegangen werden.

Der Primärvorgang der Auslösung lichtelektrischer Elektronen verläuft auf alle Fälle trägheitslos. Diejenigen lichtelektrischen Umformer, bei denen nur dieser Primärvorgang wirksam ist, also z. B. die normalen Photozellen, arbeiten infolgedessen auch trägheitslos und nachwirkungsfrei. Sobald aber durch die Photoelektronen sekundäre Prozesse ausgelöst werden, z. B. bei den Photowiderständen durch Änderungen im Gitteraufbau, beobachtet man einen von der Zeit abhängigen Ablauf des Photoeffekts. Das tritt auch bei Sperrschichtelementen ein, und ist hier einmal darauf zurückzuführen, daß auch der innere Photoeffekt des Halbleiters eine Rolle spielt, zum anderen, möglicherweise besonders bei hohen Lichtströmen, auf durch die Elektronen bewirkte Änderungen an der Sperrschicht selbst. Bei mäßigen Licht- bzw. Photoströmen ist jedoch ein anderer Umstand wesentlich für den Ablauf des Sperrschichteffekts, das ist die im Vergleich zu den Photozellen außerordentlich hohe Kapazität der Sperrschichtelemente in Verbindung mit einem keineswegs zu vernachlässigenden inneren Widerstand. Die beobachteten Frequenzabhängigkeiten der Sperrschichtelemente bei Tonfrequenz sind zum größten Teil hierdurch zu erklären.

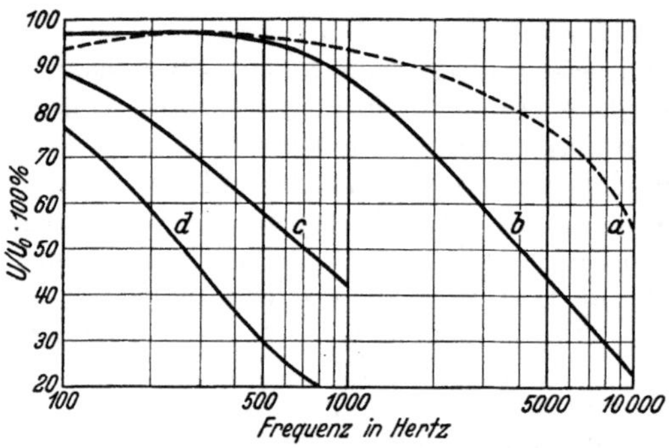

Abb. 25. Frequenzabhängigkeit von Sperrschichtelementen. a) S. & H. Vorderwand, b) SAF, nach Messungen von Görlich; c) SAF, d) Tungsram, nach Messungen von Weise.

Experimentelle Untersuchungen über die Frequenzabhängigkeit liegen vor von P. Görlich (*16*) und von K. Weise (Dimplomarbeit T. H. Dresden 1932). Einige Ergebnisse sind in Abb. 25 wiedergegeben. Die großen Abweichungen der verschiedenen Beobachter dürften auf verschiedene Versuchsbedingungen, eventuell Oberwelligkeit des periodisch veränderlichen Lichtstroms, sowie auf Verschiedenheiten der Schaltung zurückzuführen sein. Außerdem ist die Frequenzabhängigkeit der leerlaufenden und belasteten Elemente verschieden.

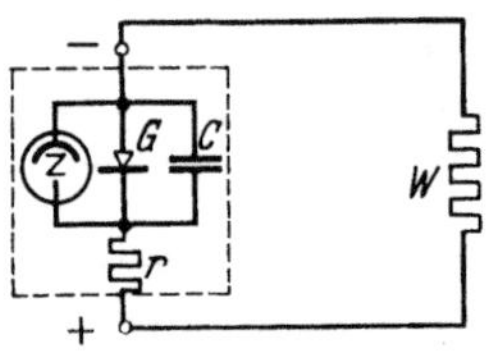

Abb. 26. Ersatzschema nach Körösy und Selényi.

Viele Eigenschaften der Sperrschichtelemente, für sich und in Verbindung mit anderen Schaltungselementen, können bis zu einem gewissen Grad theoretisch an Hand eines von Körösy und Selényi (*25*, *26*) angegebenen Ersatzschemas erfaßt und experimentell realisiert werden. Dieses Modell (Abb. 26) besteht aus einer bei 0 V gesättigten Vakuumphotozelle Z mit parallel geschaltetem Gleichrichter G und paralleler Kapazität C und mit diesem in Reihe liegenden Bahnwiderstand r; der Stromkreis ist über dem äußeren Widerstand W geschlossen. Dem Bild zugrunde liegt die Auffassung eines im Falle verschwindender Bremsspannung der Lichtintensität proportionalen lichtelektrischen Primärstroms, einer dem Einsteinschen Gesetz entsprechenden Maximalgeschwindigkeit der Photoelektronen und der von Schottky angegebenen Verteilung des Primärstroms auf einen den äußeren Verbraucher durchfließenden direkt meßbaren und einen in der Flußrichtung die Sperrschicht durchsetzenden inneren Rückstrom. Der experimentelle Aufbau dieses Modells mit den angegebenen Bauelementen ergab, teils qualitativ, teils zahlenmäßig richtig einige charakteristische Eigenschaften, die an Sperrschichtelementen festgestellt wurden: Vor allem den zur Sättigung neigenden Verlauf der Leerlauf-EMK und die

Abhängigkeit des allerdings nicht streng definierten Sättigungswertes von der Lichtfarbe, den charakteristischen Verlauf der Leistungsausbeute bei verschiedenen äußeren Widerständen und Belichtungsstärken und außerdem die bei hohen Beleuchtungsstärken tatsächlich (vgl. Dresler, Goldmann und Reeb, 154) festgestellten Abweichungen des Kurzschlußstromes von der Proportionalität. Die immerhin bestehenden Diskrepenzen zwischen modellmäßig berechneten, am Modell gemessenen und an Sperrschichtelementen selbst meßbaren Eigenschaften sind auf einen noch vorhandenen wesentlichen Mangel dieses Ersatzschemas zurückzuführen, nämlich die Verringerung des Sperrschichtwiderstandes bei der Belichtung.

Besonders interessant wird natürlich die Untersuchung derartiger Modelle und Ersatzschemata für die Frequenzabhängigkeit der Sperrschichtelemente, wie sie von Schottky und Deutschmann für das Ersatzschema des Sperrschichtgleichrichters angegeben und von L. A. Wood (*53*) für Sperrschichtphotoelemente, und zwar für die Weston Photronic Cell durchgeführt wurde. Diese Messungen beruhen auf der Feststellung der Bestimmungsstücke eines anderen Modells, nämlich Reihen- und Parallelwiderstand und Kapazität, durch Wechselstrommessungen bei verschiedenen konstanten Belichtungen. Es müßte möglich sein, aus solchen Messungen auch das Verhalten von Sperrschichtelementen gegenüber wechselnder Belichtung zu ermitteln und mit den sicher noch zu erwartenden experimentellen Ergebnissen zu vergleichen. G. Liandrat (*30*) hat festgestellt, daß die Frequenzcharakteristiken nach den Messungen von Wood (l. c.) unter der Annahme der Existenz je einer Vorderwand- und Hinterwandsperrschicht mit plausiblen Zeitkonstanten zahlenmäßig gut dargestellt werden können.

Ebensowenig, wie Abweichungen von der Proportionalität oder ein Temperatureffekt Eigenschaften der Photoelemente sind, mit denen man sich schlechthin abfinden muß und die in entscheidender Weise die Anwendungsmöglichkeiten von vornherein beschneiden, ist dies mit der Frequenzabhängigkeit der Fall. Auch hier bieten sich Möglichkeiten einer meßtechnischen Ausgleichung durch die Einführung von Kettenleitern mit passender Frequenzabhängigkeit des Widerstandes. Dadurch ist es zweifellos möglich, innerhalb eines Bereiches von 0—10^4 Hz den Frequenzgang meßtechnisch zu eliminieren. Nur taucht dann die Frage auf, ob Photoelemente dann noch entscheidende Vorteile gegenüber Photozellen haben. Für das Gebiet bis 10^4 Hz dürfte die Frage heute schon dadurch entschieden sein, daß sich keine Vorteile der Sperrschichtelementen gegenüber den Photozellen beim Tonfilm herausgestellt haben. Bei niedrigeren Frequenzen verschiebt sich aber diese Entscheidung mehr zugunsten der Sperrschichtelemente. Außerdem ist es möglich, daß die Herstellung von Photoelementen mit günstigeren Daten des Ersatzschemas bei gleicher oder größerer Ausbeute gelingt.

Auf die schaltungsmäßige Kombination von Sperrschichtelement und Meßgerät ist an anderen Stellen mehrfach hingewiesen. Grundsätzlich wird man wegen des gegenüber Photozellen kleineren inneren Widerstandes spannungsempfindliche, niedrigohmige Meßgeräte bevorzugen, also nicht Elektrometer und Röhrenverstärker, sondern Galvanometer oder Relaisgalvanometer. Legt man auf strenge Proportionalität Wert, so ist der Widerstand des Meßgerätes unteranzupassen, also der Kurzschlußfall anzunähern. Legt man auf große Empfindlichkeit Wert, so muß der Widerstand des Meßwerks dem des Elements annähernd angepaßt werden, aber Abweichungen von der Proportionalität in Kauf genommen und durch Eichung erfaßt werden. Eine Möglichkeit zur Messung von schwachen Sperrschichtströmen bietet sich noch durch Integrierung mittels elektrolytischer Zähler, was von verschiedenen Seiten vorgeschlagen und durchgeführt wurde.

2. Elektrische Meßinstrumente.

Die Verfahren und Instrumente zur Messung lichtelektrischer Ströme beruhen darauf, daß die von der lichtelektrischen Zelle bzw. ihrer Saugspannung gelieferte Energie entweder direkt einem Meßgerät zugeführt und zur Bewegung eines mechanischen Zeigers oder eines optischen Licht- bzw. Schattenzeigers benutzt wird (Galvanometer, Elektrometer), oder in einer nur sehr geringe Leistung erforderndern Weise sekundäre Energiequellen steuert (Elektronenröhrenverstärker, mechanische, thermoelektrische oder sonstige Relais). Die Auswahl unter den im folgenden beschriebenen Meßverfahren richtet sich weniger nach der erforderlichen Empfindlichkeit, als nach den Wünschen hinsichtlich Bequemlichkeit, Nullpunktsstabilität, Störungsunempfindlichkeit, Geschwindigkeit der Anzeige, Betätigung von Registriereinrichtungen, und fällt in immer höherem Maße zugunsten der indirekten Methoden aus, obwohl für die weitaus meisten Fälle die Empfindlichkeit der direkten Verfahren hinreichend ist.

Die lichtelektrische Zelle stellt, gegebenenfalls gemeinsam mit ihrer Saugspannung und einem Ohmschen Widerstand, einen Generator dar, der durch eine vom Lichtstrom abhängige EMK und einen oft ebenfalls vom Lichtstrom abhängigen inneren Widerstand R_i gekennzeichnet ist. Die Empfindlichkeit eines Meßgeräts wird dann am besten ausgenutzt, wenn sein Widerstand R_m dem Widerstand R_i dieses Generators angepaßt, d. h. größenordnungsmäßig gleich ist. Photozellen haben hohes R_i, Sperrschichtelemente und Thermoelemente vergleichsweise kleines R_i. Direkte Meßgeräte mit großem R_i (stromempfindliche Meßwerke) sind z. B. Elektrometer, solche mit kleinem R_i (spannungsempfindliche Geräte) die meisten Galvanometer. Verstärkermeßgeräte mit großem R_i sind die Röhrenverstärker, solche mit kleinem R_i z. B. die Galvanometerverstärker nach Sell, Bergmann, Moll und Burger.

Jedes Meßgerät — ob direkt oder indirekt — hat letzten Endes den Zweck, elektrische Werte (Ströme, Spannungen) in im allgemeinen proportionale Ausschläge eines mechanischen oder optischen Zeigers zu übersetzen, wobei fast immer Bewegungen mechanischer Teile auftreten. Die mechanischen Eigenschaften dieser Systeme: Masse bzw. Trägheitsmoment, Richtkraft bzw. Drehmoment und Gegenrichtkraft bzw. Gegendrehmoment, sowie die Dämpfung bestimmen die Trägheit bzw. Anzeigegeschwindigkeit oder Frequenzcharakteristik des Meßgeräts. Erhebliche

Einflüsse der Frequenzabhängigkeit der Anzeige ergeben sich, wenn das Tempo der Änderungen der zu messenden Ströme in die Nähe der Eigenschwingungszahl der Systeme kommt, und zwar um so stärker, je geringer dessen Dämpfung ist. Spiegelgalvanometer haben Eigenschwingungszeiten von 20—1 s, Quadrantenelektrometer von 10—2 s, Seitengalvanometer und Schleifenoszillographen von 10^{-1}—10^{-4} s, Kathodenstrahloszillographen sind praktisch trägheitslos. Aus der Frequenzcharakteristik und der erforderlichen Meßgenauigkeit ergibt sich die maximale Anzeige- bzw. Registriergeschwindigkeit, wenn man sich für ein bestimmtes Meßgerät entschlossen hat.

Die größenordnungsmäßige Anpassung der inneren Widerstände von Photozellen und Meßgeräten zwecks Erreichung maximaler Empfindlichkeit führt bei Sperrschichtelementen zu Abweichungen von der Proportionalität zwischen Photostrom und Lichtstrom, weil der äußere Photostrom nur bei sehr kleinen Widerständen im äußeren Stromkreis dem Lichtstrom proportional ist. Bei größeren zu messenden Lichtströmen wird man, falls gute Linearität erwünscht ist, das Element unter Einbuße an Empfindlichkeit unteranpassen, also einen Strommesser benutzen, dessen Widerstand klein gegen den des Sperrschichtelements ist. Das kann auch durch einen Nebenwiderstand zum Galvanometer oder durch eine Kombination von Vor- und Nebenwiderständen erreicht werden.

Die nachstehende Beschreibung elektrischer Meßgeräte ist keineswegs vollständig. Meßgeräte, die für die lichtelektrische Photometrie bisher weder benutzt wurden, noch voraussichtlich dafür in Frage kommen, bleiben unerwähnt. Andere Geräte wurden aufgezählt, die für unsere Zwecke geeignet erscheinen, auch wenn sie bisher nicht oder nur wenig Anwendung fanden.

21. Elektrometer.

Alle hier beschriebenen Elektrometer beruhen mit einer Ausnahme (214) auf der Anziehung bzw. Abstoßung geladener Leiter, die durch Coulombsche Kräfte verschoben, gedreht oder deformiert werden. Die Leistungen der Instrumente, die in stationärem Zustand und bei Gleichstrommessungen keinen Stromverbrauch haben, werden zweckmäßig durch die Einstellzeit, die erreichbare Spannungsempfindlichkeit (V/Skt) und die Kapazität gekennzeichnet. Aus Spannungsempfindlichkeit und Kapazität resultiert die Ladungsempfindlichkeit. Die erreichbare Empfindlichkeit für ein bestimmtes Meßwerk ist durch die optische Vergrößerung begrenzt. Für praktische Zwecke ist diese Grenze durch Beugungserscheinungen an der Ablesemarke (Zeiger) bei mikroskopischer Ablesung, im übrigen durch die Nullpunktsstabilität gegeben. Die Nullpunktsstabilität wird beeinträchtigt durch Erschütterungen, Schwankungen der Kontaktpotentiale und Thermokräfte der Meßschaltung und schließlich durch die Brownsche Bewegung und statische Schwankungen der Ladungsträger (Wärmegeräusch, Schroteffekt und verwandte Erscheinungen). Eine eindeutige Kennzeichnung der Instrumente durch eine Güteziffer ist bei Elektrometern ebenso wenig möglich wie bei

Galvanometern. Die angegebenen Zahlen gelten nur annähernd. Experimentelles Geschick kann zu besseren, ungünstige Bedingungen (Erschütterungen, Fremdfelder) zu schlechteren Resultaten führen.

211. Zweifaden-Elektrometer. Die Zweifadenelektrometer (Abb. 27a) sind konstruktive Verfeinerungen des klassischen Goldblattelektroskops. Zwei Fäden (Metalldrähte und metallisierte Quarzfäden) sind leitend verbunden und dicht nebeneinander, von elektrostatischen Fremdfeldern geschützt, in einem meist geerdeten Metallgehäuse von diesem isoliert aufgehängt. Die Richtkraft wird durch die Spannung der Fäden oder die eines aus Quarzfaden gebogenen Aufhängebügels geliefert. Im ersten Fall ist die Richtkraft stark, die Empfindlichkeit gering und der

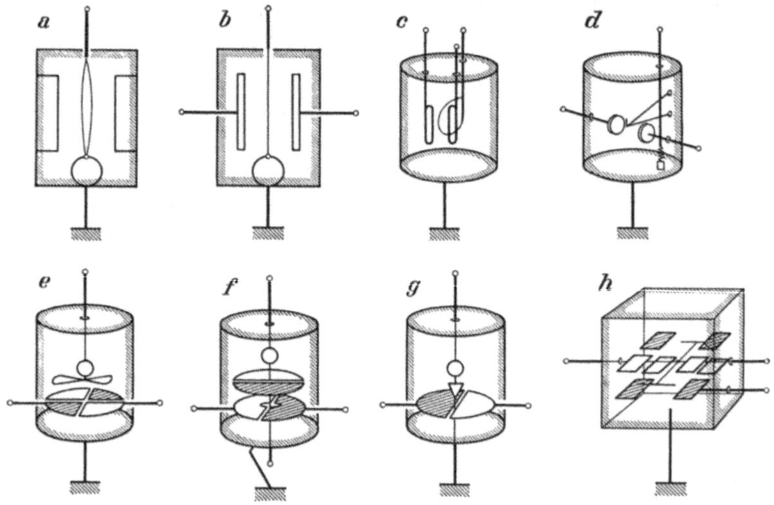

Abb. 27. Elektrometerkonstruktionen.

Ausschlagbereich durch die zulässige elastische Längsdehnung begrenzt. Im zweiten Fall kann die Richtkraft durch passende Anordnung des Quarzbügels erheblich verringert werden, gleichzeitig steigt die Empfindlichkeit und der zulässige Ausschlag, da Quarzbügel und Fäden nur auf Biegung beansprucht werden; entsprechend geht die Einstelldauer herauf.

Hilfsspannungen sind unnötig, die Kapazität ist gering, die Spannungsempfindlichkeit ebenfalls (etwa 1—10 V/Skt). Die Luftdämpfung macht das System bei einer nach Bruchteilen von Sekunden rechnenden Einstellzeit aperiodisch. Der Skalencharakter ist nahezu linear. Wegen der Einfachheit der Handhabung hat sich das Instrument bei Messungen im Freien, in Luftfahrzeugen usw. eingebürgert. Eine abgeänderte Ausführungsform enthält einen einzelnen, dicht neben einer Schneide ausgespannten und mit dieser verbundenen Faden.

Es gibt auch ähnliche, von den alten Blattelektrometern abgeleitete Konstruktionen, die gelegentlich noch verwendet werden; ihre Systeme bestehen aus einer festen Mittelschneide und seitlich pendelnden Fäden bzw. Blättchen. Eine sehr hübsche konstruktive Lösung stellt das Elektroskop nach Wiechert dar. Es hat zwei schräge Schneiden mit von diesen sich abspreizenden Quarzfäden. Durch eine Prismenanordnung erscheinen diese Fäden im Mikroskop gekreuzt, derart daß sich der Schnittpunkt bei Ausschlägen immer auf einer vertikalen Geraden bewegt, die mit der Skala zusammenfällt. Man braucht also für beide Fäden nur eine Ablesung.

Zur Ablesung dient ein Mikroskop mit Okularmikrometer oder ein kurzbrennweitiges Projektionsobjektiv.

Hersteller: E. Leybolds Nachf. AG., Köln (nach Angaben von Wulf); Spindler & Hoyer, Göttingen (nach Angaben von Wiechert u. a.). Günther & Tegetmeyer, Braunschweig.

212. Einfadenelektrometer. In einem geerdeten Metallgehäuse, welches statische Fremdfelder abzuschirmen hat, bilden zwei in regelbarem Abstand voneinander parallel aufgestellte Schneiden ein Feld, in dessen Mitte ein der Schneidenkante paralleler dünner leitender Faden (Metalldraht, Wollastondraht, metallisierter Quarzfaden) federnd ausgespannt ist. Die Kapazität ist nach der Schneidenstellung verschieden, meist höher als beim Zweifadenelektrometer; die Spannungsempfindlichkeit hängt von der Schaltung ab. Bei Gleichspannung und Nadelschaltung (217) kann sie bis 10^{-3} V bei Kapazitäten von 3—5 cm getrieben werden. Für Fadenaufhängung normaler Einfadenelektrometer und deren Dämpfung gilt das in 211 Gesagte.

Das Schemabild 27b entspricht der Konstruktion von Wulf-Leybold und Lutz-Cremer-Edelmann. Das im wesentlichen ebenso gebaute Instrument nach Pohl (Spindler & Hoyer) enthält zwei eingebaute, zwischen den Schneiden und deren Potentialzuleitungen liegende Schutzwiderstände, welche das Abbrennen des Fadens bei dem gelegentlich vorkommenden Anspringen an eine Schneide ausschließen.

Eine konstruktive Abwandlung ist das Schlingenelektrometer nach Kolhörster (Abb. 27c), welches einen U-förmig gebogenen platinierten Quarzfaden an einem festen Trägerdraht als bewegliches System enthält und etwas einfacher konstruiert, unempfindlicher und billiger ist als die oben beschriebenen Einfadenelektrometer. Ersetzt man den starren Trägerdraht der Schlinge des Kolhörster-Elektrometers durch einen gleichfalls leitend gemachten Quarzfaden, der bei Ausschlägen der Schlinge verdreht wird, so hat man das etwas trägere, aber sehr empfindliche Elektrometer nach Perucca (Abb. 27d).

Hersteller: M. Th. Edelmann, München (Edelmann, Lutz, Cremer); E. Leybolds Nachf., Köln (Wulf, Kolhörster); Spindler & Hoyer, Göttingen (Pohl); Dr. C. Leiß, Berlin-Steglitz (Perucca); Günther & Tegetmeyer, Braunschweig.

213. Quadranten- und Duanten-Elektrometer. Das feste System besteht aus viertelkreisförmigen bzw. halbkreisförmigen Platten, die voneinander isoliert und meistens paarweise zu einer geschlossenen, flachen Büchse vereinigt sind. Über den festen Belegungen bzw. in der von ihnen gebildeten Büchse schwingt eine Nadel, welche die Form eines Doppelsektors oder einer Lemniskate hat (beim normalen Quadrantenelektrometer, Abb. 27c) oder eine gleichfalls aus zwei halbkreisförmigen, in einer Ebene voneinander isoliert angebrachten Teilen bestehende Nadel (Duantenelektrometer nach Dolezalek, Abb. 27f.) oder ein einseitiges sektorförmiges Blättchen (Duantenelektrometer nach Hoffmann, Abb. 27g). Die Nadel ist mit einem Spiegelchen verbunden und an einem leitenden Torsionsfaden (Wollastondraht oder metallisiertem Quarzfaden) aufgehängt oder zwischen zwei solchen Fäden ausgespannt, die gleichzeitig den beweglichen Belegungen die Ladung zuführen. Feste und bewegliche Platten werden gelegentlich als Teile konzentrischer Kugelschalen ausgeführt. Die Kapazitäten der Systeme sind im allgemeinen etwas größer als die der Fadenelektrometer (3—30 cm), die Spannungsempfindlichkeit ist sehr hoch (bis $5 \cdot 10^{-5}$ V/Skt beim Duantenelektrometer nach Hoffmann). Das Hoffmann-Elektrometer ist in ein evakuierbares Gehäuse eingebaut, wodurch Störungen infolge von Luftströmungen und Ionisierung des Gasraumes vermieden werden. Die Aufhängung ist temperaturkompensiert, so daß Schwankungen der Umgebungstemperatur auf die Kapazität und Spannungsempfindlichkeit geringen Einfluß haben. Das Compton-Elektrometer ist ein empfindliches Quadrantenelektrometer mit zwei isolierten und zwei geerdeten Quadrantenpaaren, von denen ein Quadrant zwecks Regelung der Empfindlichkeit von außen her in vertikaler Richtung mittels Spindel verstellt werden kann. Wegen der größeren Massen der beweglichen Systeme ist die Einstellzeit größer als beim Einfadenelektrometer. Deshalb und wegen der Schwierigkeiten bei der Justierung verwendet man solche Elektrometer nur, wenn es auf höchste Spannungsempfindlichkeit ankommt.

Eine konstruktive Abart der Quadrantenelektrometer ist das von Lindemann angegebene Elektrometer (Abb. 27h), welches sich gut eingeführt hat. Es ist durch weitestgehende Verringerung des Gewichts- und Trägheitsmoments der Nadel gekennzeichnet, hat infolgedessen eine kurze Einstellzeit und kleine Kapazität bei trotzdem hoher Spannungsempfindlichkeit ($\sim 10^{-3}$—10^{-4} V/Skt), da auch die Richtkraft des Aufhängefadens dem geringen Trägheitsmoment entsprechend herabgesetzt werden konnte. An Stelle der Spiegelablesung tritt mikroskopische Beobachtung einer Nase an der Nadel.

Hersteller: E. Leybolds Nachf., Köln; Spindler & Hoyer, Göttingen; M. Th. Edelmann, München, Rubicon Co., Philadelphia Pa. USA., Cambridge Instr. Co.

214. Kapillar-Elektrometer. Bringt man zwischen zwei Quecksilbermassen einen Elektrolyten, z. B. verdünnte Schwefelsäure, derart, daß die Grenzflächen zwischen Quecksilber und Elektrolyt sehr verschieden große Flächen haben, und legt man zwischen die beiden Quecksilberelektroden eine Potentialdifferenz, so tritt eine Konzentrationsänderung der Merkuroionen an den beiden Grenzflächen auf, die bei kleinen Potentialdifferenzen dieser porportional ist und an beiden Elektroden im umgekehrten Verhältnis zu deren Oberflächen steht. Praktisch ändert sich also die Konzentration nur an der kleinen Elektrode. Die Änderung der Ionenkonzentration hat eine Änderung der Oberflächenspannung des Quecksilbers und damit der kapillaren Depression zur Folge. Diese Erscheinung kann zur Messung schwacher Potentialunterschiede benutzt werden.

Man verwendet hierzu eine Anordnung gemäß Abb. 28, bei der die in der Kapillare stehende Quecksilbersäule mit einer äußeren Säule kommuniziert; beim Anlegen der Spannung verschiebt sich der Faden soweit, bis die erhöhte Kraft der kapillaren Depression mit dem erhöhten Druck der im anderen Schenkel gehobenen Quecksilbersäule im Gleichgewicht steht. Den einen Schenkel kann man auch in der Höhe verschiebbar machen und durch Anheben die Nullstellung des Meniskus in der Kapillare wieder herstellen (Abb. 28a). Diese Ausführungsform stammt von Lippmann. Sie kann durch Verwendung einer Kapillare mit kegelförmig verlaufendem Querschnitt zu sehr hohen Empfindlichkeiten gebracht werden. Die einfacher zu handhabende Bauart nach Abb. 28b stammt von Wi. Ostwald und ist von R. Luther wesentlich verfeinert worden. Zur Erhöhung der Empfindlichkeit dient die schräge, annähernd horizontale Anordnung der Kapillare (Abb. 28c). Die Kapillare bekommt nach Luther zwecks Bildung eines stets gut verschiebbaren Meniskus und besserer Ablesbarkeit elliptischen Querschnitt, die große Achse parallel zur Beobachtungsrichtung. Gemessen wird mit Mikroskop und Okularmikrometer.

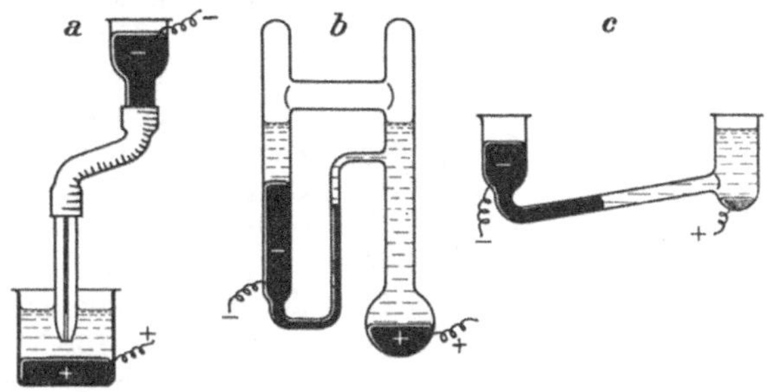

Abb. 28. Kapillar-Elektrometer.

Der Stromverbrauch des Kapillarelektrometers ist gering, seine Einstellgeschwindigkeit groß. Die Empfindlichkeit kann bis auf 10^{-3} bis 10^{-4} V/Skt gebracht werden. Die Kapazität ist allerdings recht erheblich, auch müssen beim Arbeiten gewisse Vorsichtsmaßregeln beachtet werden. Die kapillare Quecksilberkathode darf im allgemeinen nur kathodisch polarisiert werden, und dies auch höchstens bis 1 V. Umpolung bringt schon von einigen 10^{-2} V aufwärts Verunreinigungen und Kleben des Meniskus hervor, was allerdings durch Herüberdrücken eines Tropfens Quecksilber leicht wieder beseitigt werden kann. Obwohl das Elektrometer wegen des linearen Zusammenhangs zwischen Potential und Oberflächenspannung bei kleinen Spannungen diesen porportionale Ausschläge gibt, ist es eigentlich ein Nullinstrument. Gegen magnetische Fremdfelder ist es ganz, gegen statische weitgehend unempfindlich. Zur photographischen Registrierung dürfte es, solange die Spannungen klein sind, gut brauchbar sein. Obgleich das Instrument meines Wissens bisher für photometrische Messungen nicht benutzt wurde und überhaupt etwas in Vergessenheit geraten ist, verdient es doch wegen seiner Einfachheit und Billigkeit und der anderen oben erwähnten Eigenschaften mehr Beachtung, besonders bei behelfsmäßigen Apparaten.

Hersteller: Universitätsmechaniker Fritz Köhler, Leipzig.

215. Relais-Elektrometer. Aus der in 218 beschriebenen elektrometrischen Meßmethode — Bestimmung des Stromes durch die Lade- oder

Entladezeit eines Kondensators bzw. Bestimmung der Entladungsfrequenz bei periodischer Wiederaufladung — ergibt sich die Möglichkeit zur Automatisierung und Registrierung des Meßvorganges, wenn das Elektrometer nach Ablauf jeder Entladungsperiode einen Kontakt schließt und ein Zählwerk weiterschaltet. Dieser Gedanke liegt dem von Hammer angegebenen Röntgendosismeßgerät zugrunde. An die Stelle der Ionisationskammern des Röntgendosismessers kann natürlich eine Photozelle treten, womit diese Geräte nach entsprechender Umeichung zu Lichtdosismessungen und -registrierungen oder auch zu Intensitätsmessungen brauchbar werden. Das Hammerdosimeter enthält ein Elektrometersystem, dessen bewegliches Organ (Platten *12* in Abb. 29) an dem einen Pol und dessen Platten *9, 10* unter Zwischenschaltung der Ionisationskammer, bzw. Photozelle am anderen Pol einer Gleichspannung von 1000 V liegen. So bald die den Platten über Kammer oder Zelle zugeführte Ladung zum Betätigen des Kontaktes *12, 13* ausreicht, wird das Zählwerk *14* einen Zahn weitergeschaltet und gleichzeitig mittels eines Relais *15* die Ladung der Elektrometerplatten wieder abgeleitet, so daß das Spiel von Neuem beginnen kann. Die Anzeige ist intermittierend; die Schaltfrequenz ist unter gleichen Verhältnissen den Lichtströmen direkt, die Dauer eines Ablaufs ihnen also umgekehrt porportional. Für derartige intermittierende Geräte sind auch Registriervorrichtungen entwickelt worden (*173*). Das System muß natürlich sehr sorgfältig gebaut sein und ist entsprechend teuer.

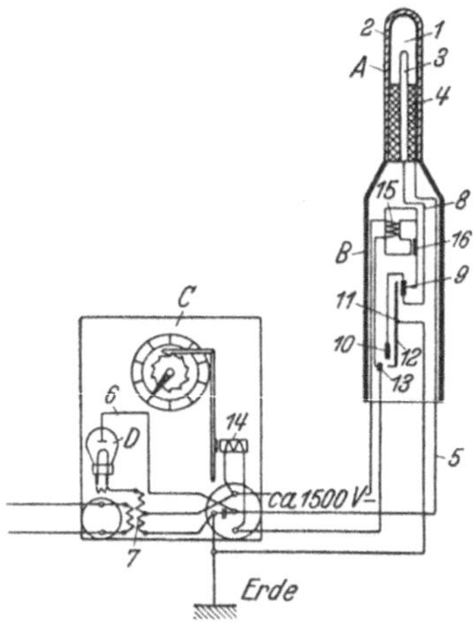

Abb. 29. Hammerdosimeter.

Hersteller: Physikalisch-technische Werkstätten Freiburg/Br.

216. Vibrations-Elektrometer. Das Vibrationselektrometer (Wilson, Greinacher) ist ein Resonanzinstrument, welches beim Anlegen einer Wechselspannung von der Frequenz der mechanischen Eigenschwingungen der Saite maximale Empfindlichkeit hat. Wie beim Vibrationsgalvanometer (226) erscheint auf der Skala ein verbreitertes Schattenbild des Zeigers, dessen Breite bei Resonanz und kleinen Ausschlägen der Amplitude proportional ist. Abstimmung auf Resonanz ist möglich durch Änderung der Fadenspannung. Da man bei lichtelektrischen Messungen gelegentlich, um bequem verstärken zu können, Wechselströme konstanter Frequenz einführt (251f.), kann dieses Instrument als Ausschlags- oder Nullinstrument verwendet werden. Ob es gegenüber anderen Geräten wesentliche Vorteile bietet, ist noch nicht untersucht; aber da der Energieverbrauch sehr klein ist, erscheint dies immerhin möglich. Da die Resonanzschärfe der Dämpfung umgekehrt proportional ist, ist bei großer Resonanzschärfe die Einstelldauer ziemlich groß.

217. Stationäre Elektrometerschaltungen. Die zur Bewegung des Fadens nötige Energie wird von der zu messenden Spannung (Ladung) aufgebracht. Die Schaltungen sind im allgemeinen einfacher als die

Tabelle 3. Elektrometer.

System	Autor	Ablesungs-Art[1]	Einstellzeit[2] s	Kapazität[3] $\mu\mu F$	Äußerste Empfindlichkeit[4] V/Skt	Preis[5] etwa RM.	Herstellerfirma
Zweifadenelektrometer .	Wulf	M	< 0,2	3,5	3	385.—	Leybold, Köln
Einfadenelektrometer . .	Lutz-Edelmann	M	< 0,2	1—10	$\sim 10^{-3}$	560.—	Edelmann, München
Einfadenelektrometer . .	Wulf	M	< 0,2	1—10	$\sim 10^{-3}$	490.—	Leybold, Köln
Schlingenelektrometer . .	Kolhörster	M	~ 0,5	2—5	$5 \cdot 10^{-2}$	320.—	Leybold, Köln
Schlingenelektrometer . .	Perucca	M	~ 0,8	2,5—4	$\sim 10^{-4}$	650.—	Leiß, Berlin
Quadrantenelektrometer .	Dolezalek	S	5—10	10—20	$\sim 10^{-4}$	200.—	Leybold, Köln
Duantenelektrometer . .	Dolezalek	S	5—10	~ 20	$\sim 10^{-4}$	285.—	Leybold, Köln
Duantenelektrometer . .	Hoffmann	S	5—10	~ 3	$5 \cdot 10^{-5}$	1200.—	Leybold, Köln
Duantenelektrometer . .	Hoffmann-Pforte	S	5—10	~ 5	$1{,}5 \cdot 10^{-4}$	475.—	Leybold, Köln
Quadrantenelektrometer .	Lindemann	M	~ 0,2	~ 3	$5 \cdot 10^{-4}$	300.—	Spindler & Hoyer, Göttingen
Quadrantenelektrometer .	Compton	S	5—10	~ 12	$5 \cdot 10^{-5}$		Rubicon; Cambridge
Kapillarelektrometer . .	Ostwald	M	0,2—2	$> 10^4$ (?)	$< 10^{-3}$	80.—	Köhler, Leipzig
Kapillarelektrometer . .	Lippmann	M	0,2—2	$> 10^4$ (?)	$< 10^{-4}$	500.—	Leybold, Köln

[1] M = Mikroskop; S = Spiegel und Fernrohr.
[2] Hängt von Einstellung und Schaltung ab, nur Größenordnung.
[3] Hängt um etwa eine Größenordnung von der Schaltung ab.
[4] Bei Mikroskopablesung bei einer Vergrößerung, die infolge Beugung $\sim 1/4$ Skt noch erkennen läßt; bei Fernrohrablesung für 1 mm der 1 m entfernten Skala.
[5] Preise je nach Zubehör verschieden, bei Mikroskopablesung einschließlich Optik.

später beschriebenen, da fremde Stromquellen und die Einrichtungen zu ihrer Regelung und Überwachung fehlen. Die Spannungs- und Ladungsempfindlichkeit ist bei den stationären Methoden kleiner als bei den unter 218 beschriebenen Entladungsverfahren.

Beim Zweifadenelektrometer liegt die zu messende Spannung zwischen Fadenpaar und Gehäuse, wobei dieses zweckmäßig zu erden ist. Wenn die übrige Schaltung keine Erdung zuläßt, kann das Zweifadenelektrometer mit einem Hilfskonduktor (Wulf) versehen werden, welcher einen in das zu erdende Gehäuse eingebauten Käfig darstellt. Diese Schaltung kann auch sonst Vorteile bieten. Die gewöhnliche Schaltung des Zweifadenelektrometers zur Messung von Photoströmen zeigt Abb. 30.

Beim Einfaden-, Duanten- oder Quadrantenelektrometer sind grundsätzlich drei Schaltungen möglich: a) Zu messendes Potential am Faden, beide Platten bzw. Plattenpaare geerdet. Der Faden wird nach der näheren Platte gezogen. (Wir denken bei den folgenden Beispielen

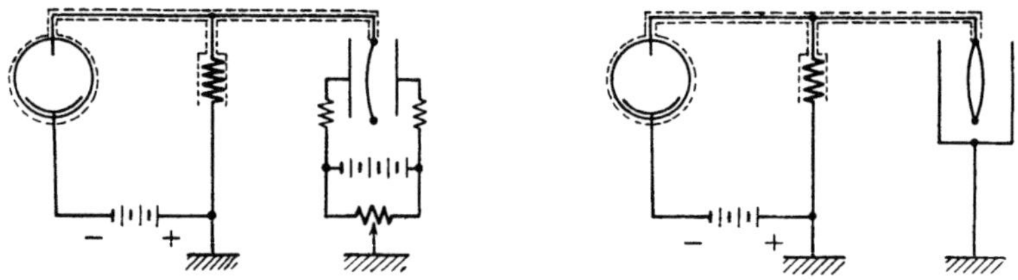

Abb. 30a und b. Stationäre Elektrometerschaltungen.

stets an das Einfadenelektrometer, die Betrachtungen sind sinngemäß auf die Schachtelelektrometer zu übertragen, denn man hat stets drei Schaltelemente: die Nadel und die beiden Duanten- bzw. Quadrantenpaare.) b) Zu messendes Potential an einer Platte, zweite Platte und Faden geerdet. Faden wandert zur geladenen Platte. c) Zu messendes Potential an Faden und einer Platte, zweite Platte geerdet. Die Schaltungen unterscheiden sich hinsichtlich ihrer Kapazität und Empfindlichkeit. Die geringste Kapazität hat a), die Empfindlichkeit unter sonst gleichen Umständen differiert nur um den Faktor 2—3 und ist beim Einfadenelektrometer etwa von der gleichen Größenordnung wie beim Zweifadenelektrometer, bei den Nadelelektrometern bei größerer Kapazität meist höher. Eine Variante von a), die hohe Empfindlichkeit ohne Hilfsspannung erreicht, ist die labile Schaltung von Wulf. Eine eingehende Diskussion der Vor- und Nachteile der Schaltungen, speziell für das Einfadenelektrometer findet sich bei Wulf (*68*) S. 78f.

Wenn der Hilfskonduktor beim Zweifadenelektrometer auf passendes Potential geladen wird, kann Meßbereich und Empfindlichkeit des Instruments weitgehend geändert werden. Das eigentliche Anwendungsfeld der Hilfsspannungen liegt jedoch bei den Einfaden-, Quadranten- und Duantenelektrometern. Hier kann die Empfindlichkeit gegenüber den vorher erwähnten Schaltungen um zwei bis drei Zehnerpotenzen gesteigert werden. Grundsätzlich bestehen wieder drei Möglichkeiten, analog den oben aufgeführten, praktisch wird aber für Gleichstrommessungen ausschließlich die Nadelschaltung angewendet: die beiden

Platten liegen an der Hilfsspannung, und zwischen Mitte der Hilfsbatterie und Faden die zu messende Spannung (Abb. 30b). Durch Erhöhen der Hilfsspannungen und Nähern der Platten kann die Empfindlichkeit allmählich bis nahe an die Labilitätsgrenze gebracht und so auf außerordentlich hohe Werte getrieben werden. Die gewöhnliche Anordnung der Nadelschaltung zur Messung von Photoströmen sieht man in Abb. 30b. Der Widerstand kann so hoch gewählt werden wie nötig, und wie die Isolation der Zelle, des Elektrometers und der Schaltungen zuläßt. Der Mittelabgriff an der Hilfsspannung wird zweckmäßig veränderbar gemacht (Spannungsteiler), damit Unsymmetrie in der Stellung der Nadel zu den Platten ausgeglichen und Nullpunktsschwankungen beseitigt werden können. Dieser Abgriff tut auch dann gute Dienste, wenn kleinprozentische Änderungen eines um einen Mittelwert schwankenden Photostroms zu messen sind. Bringt man für diesen Mittelwert der Fadenspannung durch Verschieben des Abgriffs den Faden wieder in die Mitte, so können die Plattenspannungen soweit erhöht bzw. die Platten einander so stark genähert werden, daß der volle Ausschlag im Gesichtsfeld den kleinen Schwankungen entspricht.

Zur Messung kleiner Wechselspannungen von konstanter Frequenz und Phasenlage kann man ähnlich verfahren. Dann tritt an Stelle der Hilfsbatterie eine dem gleichen Netz entnommene Hilfsspannung. Für die in 216 angedeuteten Zwecke kann ein Einfadenelektrometer mit synchroner Hilfsspannung ebenso wie das Vibrationselektrometer verwendet werden. Es ist auf Konstanz der Phase zu achten, da die Anzeige phasenempfindlich ist (Leistungsmesserschaltung).

218. Nichtstationäre Elektrometer-Schaltungen. Die in 217 beschriebenen Verfahren sind stationär: Die Messung geschieht praktisch augenblicklich mit einer nur durch die mechanischen Eigenschaften (Trägheit, Direktionskraft) des Systems und allenfalls durch die elektrische Zeitkonstante $C \cdot R$ der Schaltung bedingten Einstellzeit. Wenn man berücksichtigt, daß die zur Bewegung des Fadens nötige Energie wenigstens teilweise, manchmal ganz vom Meßstrom aufgebracht werden muß, und daß nach Einstellung des Fadens noch Energie in dem hochohmigen Widerstand verbraucht wird, kommt man leicht zu der Einsicht, daß es empfindlichere, wenn auch nicht mehr stationäre Verfahren gibt. Man kann den Ableitwiderstand fortlassen und die Zeit abwarten, bis das Elektrometersystem von dem zu messenden Photostrom auf ein bestimmtes Potential aufgeladen ist. Man integriert hierdurch die Wirkungen der Photoströme über diese Zeit und verwendet währenddessen ihre Arbeit restlos im Meßgerät. Es läuft prinzipiell auf dasselbe heraus, ob ein Kondensator über die Zelle entladen oder aufgeladen wird. In dieser einfachen Form der Methode ist nur das Ablesen des Fadendurchlaufs durch zwei Marken (definierte Potentiale) und Abstoppen der Durchgangszeiten erforderlich. Bei konstantem Strom ist die Ablaufzeit der Stromstärke umgekehrt proportional, denn aus $V = Q/C$ oder $dV = 1/C \cdot dQ$ und $Q = \int i\,dt$ folgt für $i = \text{const}$

$$V_2 - V_1 = \frac{i}{C} \cdot (t_2 - t_1)\,.$$

Mit Hilfe des in 215 beschriebenen Hammerschen Relaiselektrometers kann der Vorgang der Zählung und Registrierung der Impulse und der Wiederaufladung automatisch besorgt werden. Nach der Entlademethode, aber in Verbindung mit Verstärkerröhren bzw. Glimmrelais arbeiten das Mekapion [Strauß (*172*)] und der lichtelektrische Trübungsmesser nach Geffcken und Richter (*15*, S. 248).

219. Zubehör. Technik der elektrometrischen Messung. Für stationäre elektrometrische Messungen von Photoströmen braucht man konstante, hochohmige Ableitwiderstände. Für niedrige Werte (bis $10^7\,\Omega$) bewähren sich die in der Radiotechnik üblichen Widerstände, besonders die Karbowid-Widerstände von S. & H. Für hohe Beträge ($> 10^7\,\Omega$) sind Flüssigkeitswiderstände gebaut worden (Borsäure-Mannitlösungen nach Schering, Pikrinsäure-Toluolmischungen nach Gemant). Gegen Flüssigkeitswiderstände bestehen in der Praxis immer gewisse Bedenken. Gut bewährt haben sich die von Krüger, Greifswald, hergestellten Hochohmwiderstände, die aus Bernstein mit kathodisch aufgestäubter Platinschicht bestehen.

Ein nichtohmscher Widerstand mit Sättigungscharakteristik (über einer bestimmten Spannung konstanter, aber regelbarer Strom) ist das Uran-Standard nach Jaeger, hergestellt von S. Strauß in Wien, das man auch zum Eichen und für elektrometrische Kompensationsschaltungen verwenden kann.

Da bei Entlademethoden die Kapazität des Elektrometers selbst nicht konstant anzunehmen ist, sondern vom Ausschlag abhängt, und ferner zur Wahl der Empfindlichkeit schaltet man hochisolierte Kondensatoren dem Elektrometer parallel. Mit fester oder stetig einstellbarer Kapazität werden diese in Präzisionsausführung nach Angaben der PTR von O. Selinger, Berlin, nach Angaben von Wulf durch E. Leybolds Nachf., Köln, gebaut. Sie können auch zur Messung der Kapazität und Ladungsempfindlichkeit von Elektrometern benutzt werden [Wulf (*98*), S. 37f.].

Alle Elektrometerschaltungen müssen durch Einbau der Schaltungen in geerdete Metallkästen oder Einbau der Verbindungsleitungen und der Zelle in geerdete Rohre sorgfältig vor elektrostatischen Fremdfeldern geschützt werden. Die besonders gegen solche Felder empfindlichen und auf alle Fälle zu schützenden Teile sind in der Abb. 30 durch Umstrichelung gekennzeichnet. Die Leitungen müssen gegen die Panzer mit Bernstein oder Quarz hoch isoliert werden und genügenden Abstand haben, damit die Kapazität nicht unnötig vergrößert wird. Magnetische Fremdfelder stören im allgemeinen nicht, Kriechströme müssen gegebenenfalls durch geerdete Schutzringe von Zelle oder Elektrometer ferngehalten werden. Sorgfältige Reinigung der hoch isolierenden Teile ist stets erforderlich, Trocknung mit Phosphorpentoxyd oder metallischem Natrium gelegentlich zweckmäßig.

Wenn eine lichtelektrische Zelle in Verbindung mit einem hochohmigen Widerstand im Stromkreis liegt, oder durch ihre Ströme Kondensatoren ge- oder entladen werden, muß man berücksichtigen, daß die an der Zelle wirksame Saugspannung nicht konstant bleibt. Wenn man mit Vakuumzellen arbeitet und die Batteriespannung so hoch ist, daß der Spannungsabfall am Kondensator Q/C oder am äußeren Widerstand $J \cdot R_a$ nicht zu einer Unterschreitung der Sättigungsspannung führt, ist der Photostrom von Spannungsschwankungen unabhängig. Dagegen tritt bei gasgefüllten Zellen stets ein unter Umständen sehr beträchtlicher Einfluß auf, der eine Abflachung der Lichtstrom-Photostrom-Kennlinie mit steigender Belichtung und steigendem Strom und unter Umständen starke Abweichungen von der Proportionalität bringt, die durch Eichung erfaßt werden müssen [Kurrelmeyer (*74*)].

22. Galvanometer.

Die ersten Galvanometer waren Nadelgalvanometer, besser Drehmagnetgalvanometer, bei denen eine zwischen Spitzen gelagerte oder aufgehängte Magnetnadel durch das Feld der umgebenden stromdurchflossenen Spule abgelenkt wird. Obwohl die Drehmagnetgalvanometer heute in ihrer Bedeutung zurückgedrängt sind durch die Drehspulinstrumente, behaupten sie noch immer ihren Platz, wenn es auf äußerste Empfindlichkeit ankommt, und schwerwiegende Nachteile, vor allem die Empfindlichkeit gegen Fremdfelder und deren Schwankungen und die bei großer Empfindlichkeit hohe Schwingungsdauer in Kauf genommen werden können. Man hat früher an Hand theoretischer Überlegungen abgeleitet, daß die Empfindlichkeit der Drehmagnetgalvanometer prinzipiell weiter getrieben werden kann als die von Drehspulinstrumenten, wobei unter Empfindlichkeit im allgemeinen der Ausschlag des Lichtzeigers für eine gegebene EMK oder Stromstärke verstanden wird. Da man aber inzwischen gelernt hat, Galvanometerausschläge fast beliebig zu verstärken, spielt die so definierte Empfindlichkeit eine geringere Rolle als der geringste, noch meßbare Strom, der nicht im Störspiegel untergeht. Ursache für solche Störungen sind neben elastischen Nachwirkungen der Aufhängefäden besonders die Fremdfeldempfindlichkeit und das Reagieren auf Erschütterungen, sowie endlich die Molekularbewegung und die Wärmebewegung der Elektronen im Stromkreis.

Während die Beeinflußbarkeit durch mechanische Umstände und Fremdfelder durch die Konstruktion des Galvanometers weitgehend herabgedrückt werden kann, zieht die Brownsche Bewegung und die statischen Schwankungen des sog. Gleichstroms eine prinzipielle Grenze der Meßbarkeit, die allerdings noch von der Temperatur und den Verhältnissen im Stromkreis in gewisser Weise abhängt. Die der Brownschen Bewegung entsprechenden Schwankungen des quadratischen Mittelwerts von Strom J bzw. Spannung U, also die untere Grenze der Meßbarkeit beträgt bei Galvanometern im aperiodischen Grenzfall nach Ising:

$$\overline{\Delta J^2} = \frac{\pi k T}{R \Theta} \quad \text{oder} \quad \overline{\Delta U^2} = \frac{\pi k T \cdot R}{\Theta},$$

worin k die Boltzmannsche Konstante, T die Temperatur und R bzw. Θ Widerstand bzw. Schwingungsdauer (Periode) des Instruments bedeuten. Hieraus kann man für die Energiebeträge die einfache Beziehung herleiten:

$$\overline{\Delta J^2} \cdot R \cdot \Theta = \frac{\overline{\Delta U^2}}{R} \Theta = \pi k T.$$

Die durch diese Erscheinungen festgelegte Grenzempfindlichkeit des Galvanometers kann, wie Ising und Moll gezeigt haben, bei Drehspulgalvanometern geeigneter Bauart mit optischer Verstärkung der Ausschläge tatsächlich erreicht werden; ob sie bei Drehmagnetgalvanometern erreichbar ist, ist bisher nicht bekannt und erscheint auch zweifelhaft. Güteziffern für die Leistungsfähigkeit von Galvanometern anzugeben, ist ebenso wie bei Elektrometern Gegenstand zahlreicher theoretischer Untersuchungen gewesen, aber schwer durchführbar. Da eine derartige Diskussion weit über den hier gesetzten Rahmen hinausgeht, werden im folgenden nur praktische Gesichtspunkte besprochen und an Hand von Beispielen die Brauchbarkeit gewisser Galvanometertypen erörtert, welche für die Zwecke der objektiven Photometrie besonders geeignet erscheinen. Die theoretischen Grundlagen findet man bei Jaeger (*70*), Werner (*97*), Ornstein-Moll-Burger (*155*), sowie in zahlreichen, in diesen Büchern zitierten Einzelarbeiten.

221. Drehmagnetgalvanometer. Der zu messende Strom durchfließt eine Spule, deren Windungszahl, Querschnitt, Drahtdurchmesser und Widerstand den Verhältnissen angepaßt ist, und die im allgemeinen kein Eisen enthält, aber mit Hinsicht auf starke Zusammendrängung der Kraftlinien in einer mittleren kleinen Zone gebaut ist. Im Innern der Spule befindet sich ein System aus möglichst hoch magnetisierten Stäbchen oder blattförmigen Magneten, mit Ablesespiegel an einem Torsionsfaden aufgehängt. Das auf das bewegliche System ausgeübte Drehmoment ist gleich dem Produkt aus magnetischem Moment und Feldstärke. Die Feldstärke setzt sich vektoriell aus dem magnetischen Feld der Spule und äußeren Feldern zusammen, wozu besonders das Erdfeld zu zählen ist. Da die Richtkraft des Erdfeldes die der Spule bei den schwachen zu messenden Strömen meist um viele Größenordnungen übertrifft, muß ihre Wirkung beseitigt werden, was in einfachster Weise (Nobili) durch Anordnung astatischer Systeme geschieht. Das astatische Nadelpaar, welches in mehr oder weniger erheblichen Abänderungen in den meisten Nadelgalvanometern enthalten ist, besteht aus zwei parallel übereinander und senkrecht zum Aufhängefaden befestigten Magneten gleicher Länge und Polstärke. Auf ein derartiges System wird von äußeren homogenen Feldern kein Richtmoment ausgeübt; relativ zur stromdurchflossenen Spule werden jedoch die beiden Magneten so angeordnet, daß die beiden einzeln ausgeübten Drehmomente gleichsinnig wirken, also z. B. die eine im Innern, die andere außerhalb einer Spule oder in 8-förmigen Spulen mit entgegengesetztem magnetischen Feld.

Die zweite prinzipiell andere Möglichkeit zur Ausschaltung des Erdfeldeinflusses besteht in seiner Abschirmung durch Eisenpanzer (du Bois, Rubens, Paschen), die die magnetischen Kraftlinien zylinder- bzw. kugelförmig um das System herumleiten und nach innen hin schwächen. Vorteilhaft ist die Verwendung mehrerer durch Luftschichten getrennter magnetischer Schirme mit hoher Permeabilität und nach innen hin geringer werdender Dicke. Eine restlose Abschirmung ist unmöglich, so daß im allgemeinen noch eine äußere Astasierung vorgesehen werden muß.

Die resultierende, auf das System wirkende Richtkraft bestimmt seine Empfindlichkeit und seinen Skalencharakter. Prinzipiell ist es möglich, die stets vorhandene und durch den Aufhängefaden gegebene Richtkraft beliebig zu verkleinern (z. B. durch Verwendung sehr dünner Quarzfäden) und soweit zu astasieren, daß das restliche magnetische Erdfeld allein die Richtkraft abgibt. Da aber das Erdfeld bzw. seine allein zur Wirkung kommende Horizontalkomponente, stets gewissen Schwankungen unterworfen ist, die an sich klein sein mögen, sich aber bei nahezu 100%iger Astasierung voll auswirken, kommt auf diese Weise eine starke Nullpunktslabilität zustande, die sich in dem bekannten Umkippen des Systems bei immer weiter getriebener Astasierung äußert, selbst wenn andere magnetische Störfelder schwankender Intensität nicht vorhanden sind. Andererseits hat die Verwendung fast torsionsfreier Aufhängefäden den Vorteil, daß die Empfindlichkeit des Instruments in sehr weiten Grenzen einfach verändert werden kann (wenn man das Verfahren der Astasierung hochempfindlicher Drehmagnet galvanometer als „einfach" bezeichnen will!). Mit Verringerung der Richtkraft bei konstant gehaltenem Trägheitsmoment des drehbaren Systems, also mit höher getriebener Empfindlichkeit, vergrößert sich die Schwingungsdauer. Perioden von 10—30 s sind bei Instrumentwiderständen von 10 Ω und Empfindlichkeiten von 10^{-11}—10^{-12} A nichts Ungewöhnliches.

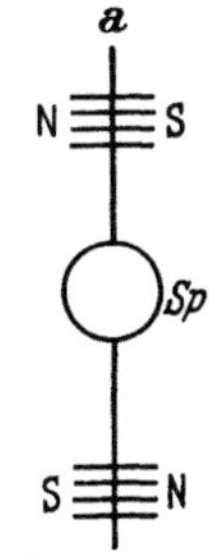

Abb. 31. Thomson-Galvanometer.

Empfindlichkeit und Schwingungsdauer werden entscheidend durch den Aufbau des Magnetsystems beeinflußt. Da bei gleicher Polstärke der Magnete das Trägheitsmoment mit einer höheren Potenz der Länge zunimmt als das magnetische Moment, ist es günstiger, einzelne kurze Magnetstäbchen zu verwenden, als ein langes. Außerdem kann in diesem Fall das magnetische Feld der Spule besser konzentriert werden. Eine Grenze der Dimensionsverhältnisse Länge/Querschnitt ist durch den Entmagnetisierungsfaktor gesetzt, der mit Abnahme dieses Größenverhältnisses zunimmt und schließlich das resultierende wirksame Magnetfeld so schwächt, daß eine weitere Verbesserung nicht mehr erreichbar ist. Derartig aufgebaute Systeme enthalten das Thomson-Galvanometer (Abb. 31) und das Instrument von Paschen, dessen Konstruktion durch geschickte Abmessungen der Größe der Magnete und des Spiegels gekennzeichnet ist und dadurch ein Optimum von Empfindlichkeit und Schwingungsdauer erreicht. Das Paschengalvanometer wird entweder mit einer einzigen Spule (Leybold) bzw. einer aus zwei Hälften bestehenden Spule, oder mit je einem Spulenpaar für beide weit auseinander liegenden Hälftendes astatischen Systems (Cambridge) gebaut. Die letzte Bauart bietet den Vorteil, daß der Widerstand des Instruments durch Parallel- und Reihenschaltung ohne Auswechseln der Spulen erheblich geändert werden kann. Abb. 32 zeigt das Paschen-Galvanometer in der Ausführung von E. Leybolds Nachf., Köln.

Die Galvanometer nach Thomson und nach Paschen haben relativ großen Abstand der Nadelsysteme und sind deshalb nicht immer leicht zu astasieren. Die Konstruktion von Nobili enthält dicht beieinander liegende Nadelsysteme mit einer allerdings schmalen, zur Hälfte dazwischen liegenden Multiplikatorspule. Vorteil: einfachere Astasierung; aber geringere Empfindlichkeit, da die Spule nicht so günstig gebaut werden kann. Auf kleines Trägheitsmoment bei gleichzeitig geringem Entmagnetisierungsfaktor zielt die Konstruktion von Broca (Abb 33), die zu beiden Seiten des Aufhängefadens, mit diesem parallel und in geringem Abstand davon, je zwei mit gleicher Polarität zusammenstoßende Magnetstäbchen enthält. Der erreichbare Astasierungszustand hängt wesentlich vom Aufbau des Systems ab, die Schwingungsdauer ist vergleichsweise klein, die erreichbaren Empfindlichkeiten mäßig. Das Instrument wird von der Cambridge Instr. Comp. gebaut.

Abb. 32. Paschen-Galvanometer (Leybold).

Im allgemeinen läßt sich bei hochempfindlichen Drehmagnetgalvanometern die Astasierung nur schwer soweit treiben, daß man auf Panzerung überhaupt verzichten kann. Und selbst, wenn dies möglich erscheint, wie bei dem Galvanometer von Jaeger und Nernst, wird unter Umständen trotzdem eine Panzerung zur Abschirmung unhomogener Fremdfelder durch benachbarte, stromführende Leitungen am Platze sein. Bei der von S. & H. gebauten Ausführungsform des Jaeger-Nernstschen Galvanometers wurde auf Panzerung verzichtet. Das Instrument besteht aus einem Paar nahe übereinander liegender astatischer Nadeln und einer Multiplikatorspule und ist durch zwei um senkrecht aufeinander stehende Achsen drehbare kleine Kompensationsmagnete gekennzeichnet. Mit diesen Kompensationsmagneten wird unter Zuhilfenahme einer künstlichen magnetischen Störung (starker Stabmagnet in einigen Metern Abstand) die Unsymmetrie des magnetischen Moments in zwei Komponenten — beide senkrecht zur Drehachse — abgeglichen und das resultierende magnetische Moment des gesamten Gehänges zum Verschwinden gebracht. Zur letzten Feineinstellung dienen außen am Schutzrohr des Systems verstellbare Eisenringe.

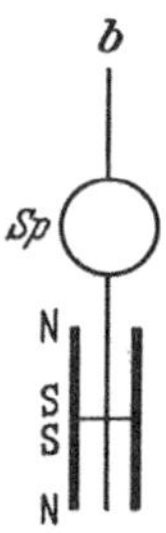

Abb. 33. Nadelgalvanometer nach Broca.

Die magnetische Dämpfung der Drehmagnetgalvanometer ist meist so klein, daß sie praktisch kurzgeschlossen werden können, ohne überaperiodisch einzuschwingen. Bei leichten Systemen der Ausführungen von Thomson und Jaeger-Nernst ist aperiodische Dämpfung bei kleinem äußeren Widerstand möglich. Sonst wird zusätzliche Luftdämpfung — entweder durch einen großen Spiegel, oder durch Flügel — in Anspruch genommen. Die größte Leistungsempfindlichkeit erreicht man bei Anpassung des äußeren Widerstandes auf den Betrag des

Galvanometerwiderstandes. Ob die theoretische Grenzempfindlichkeit (Ising) mit Drehmagnetgalvanometern tatsächlich erreicht werden kann oder innerhalb des Störspiegels bereits verschwindet, bedarf noch näherer Untersuchung.

Die erreichbaren Werte der Einstellzeit und Geschwindigkeit hängen stark vom äußeren mechanischen und magnetischen Störspiegel und von der Geschicklichkeit beim Astasieren ab. Um einigermaßen vergleichbare Zahlen für die Empfindlichkeit verschiedener Bauarten von Drehmagnetgalvanometern zu geben, ist nachstehend ein Auszug einer bei Werner (*97*) zusammengestellten Tabelle wiedergegeben. Die darin vorkommende Maßbezeichnung „Normalempfindlichkeit" bezeichnet denjenigen Ausschlag in Millimetern, der bei 1 m Skalenabstand durch 1 μA hervorgebracht wird, wenn der Spulenwiderstand 1 Ω und die Schwingungsdauer 1 s beträgt. Unter Benutzung einfacher Ableitungen, die man a. a. O. nachlesen kann, errechnet sich hieraus die Stromempfindlichkeit für eine andere Schwingungsdauer T und Spulen anderen Widerstandes R nach der Gleichung:

$$S_i = \frac{1}{100} \cdot S_n \cdot T^2 \cdot \sqrt{R}.$$

Tabelle 4. Nadelgalvanometer.

Bauart	Hersteller	Magnetischer Schutz	Normal-empfind-lichkeit S_n
Paschen	Cambridge Instr. Comp.	astatisch mit Eisenpanzer	4000
Coblentz	Leeds & Northrup		3000
Downing	Cambridge		35000
du Bois-Rubens (leichtes Gehänge) . . .	Siemens & Halske	nicht astatisch mit Eisenpanzer	800
Broca-Weiß	Cambridge	astatisch ohne Eisenpanzer	150
Nernst	Siemens & Halske		100
du Bois-Rubens (schweres Gehänge)	Siemens & Halske	nicht astatisch mit Eisenpanzer	80

Weitere Hersteller von Drehmagnet-Spiegelgalvanometern sind z. B. Edelmann-München, und die Berliner Physikalischen Werkstätten.

222. Drehspulgalvanometer. Drehmagnetgalvanometer, sowie die in 223 und 224 beschriebenen Abarten der Spulengalvanometer kommen nur für Messung schwacher und schwächster Ströme in Frage. Das Universalinstrument dagegen, welches sowohl für Messung mittlerer wie kleiner Ströme für unsere Zwecke in Betracht kommt, ist das Drehspulgalvanometer. Seine hauptsächlichen konstruktiven Merkmale sind so bekannt, daß sich eine Beschreibung erübrigt.

Drehspulgeräte sind die genauesten und zuverlässigsten unter den zeigenden und schreibenden elektrischen Meßwerken. Sie sind bei richtiger Ausführung durch gute Empfindlichkeit (hohes Verhältnis Ω/V), fast völlige Unabhängigkeit von Fremdfeldern und Temperaturschwankungen, völlig proportionale Skalenteilung und große Eichgenauigkeit gekennzeichnet. Die Präzisionsinstrumente der Klasse *E* erreichen Genauigkeiten von 0,1—0,2% vom Skalenendwert, gute Schalttafelinstrumente von 0,5—1% vom Skalenendwert. Als Beispiel handelsüblicher Präzisionsinstrumente zeigt Abb. 34 das 10 Ω-Instrument von S. & H., welches einen Meßbereich von 45 mV bzw. 4,5 mA und Erweiterungen für Spannungsmessung (mittels eingebauter Vorwiderstände) bis 300 V, für Strommessungen (mittels eingebauter Nebenwiderstände) bis 15 A hat. Ähnliche Instrumente werden von zahlreichen Großfirmen der Meßinstrumentenbranche hergestellt (Hartmann & Braun, AEG, Abrahamsohn, Neuberger, Nadir, Weston usw.). Beliebt sind neuerdings kleine Drehspulgeräte mit etwas geringer Genauigkeit (0,5—1% vom Skalenendwert) besonders solche mit zahlreichen eingebauten oder ansteckbaren Vor- und Nebenwiderständen. Als Beispiel derartiger Meßgeräte zeigt Abb. 35 das Vielfachinstrument der AEG mit großem, radförmig in das Meßwerk gelegtem Wahlschalter für die Meßbereiche, Abb. 36 das „Multavi II" von Hartmann & Braun, welches auch einen eingebauten Trockengleichrichter für

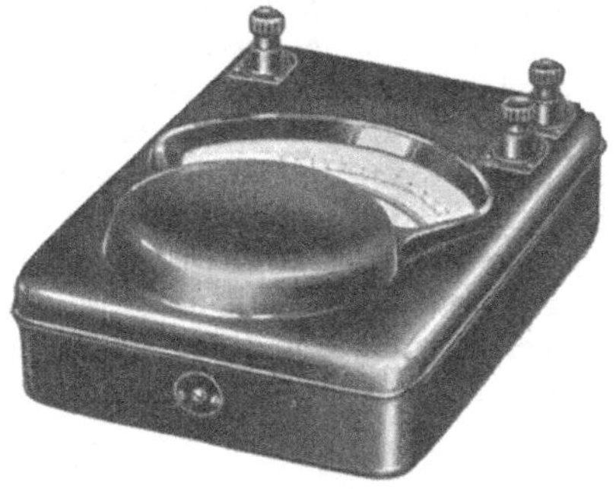

Abb. 34. Drehspulinstrument Klasse E (S. & H.).

Abb. 35. Drehspul-Vielfachinstrument (AEG).

Wechselstrommessungen enthält. Ähnliche Instrumente bauen S. & H. (Z-Type), Gossen (Mavometer) und manche andere Firma. Diese kleinen handlichen und verhältnismäßig genauen Instrumente haben sich als schätzenswerte Hilfsmittel in Laboratorium und Betrieb eingebürgert. Nicht zuletzt war dafür der Preis maßgebend, der einen geringen Bruchteil von dem eines Präzisionsinstruments beträgt.

Drehspulmeßwerke haben meist Wicklungen aus Kupferdraht und demzufolge von der Temperatur abhängige Anzeige. Zur Kompensation kann entweder ein temperaturempfindlicher magnetischer Nebenschluß oder ein Vor- bzw. Nebenwiderstand aus Materialien mit passendem Temperaturkoeffizienten verwendet werden. Bei den handelsüblichen Präzisionsinstrumenten wird meist das letztere Hilfsmittel angewendet. Der Fremdfeldfehler ist wegen des stark konzentrierten Feldes und dessen großer Intensität in allen praktischen Fällen zu vernachlässigen.

Der Eigenverbrauch kann bei gegebener Konstruktion durch Verringern des Gütefaktors $\eta = \frac{10 \cdot \text{Drehmoment}\,(90^0)}{(\text{Systemgewicht})^{1,5}}$ (Keinath) auf Kosten der Einstellsicherheit, also Genauigkeit verringert werden. Für gute Schalttafelinstrumente der Drehspultype ist $\eta \sim 0{,}5$—$1{,}0$; auch für spitzengelagerte Präzisionsinstrumente zweckmäßig nicht kleiner als 0,5. Normale Präzisionszeigerinstrumente haben bei einem Spannungsabfall von etwa 60 mV einen Widerstand von 2—10 Ω. Stromempfindliche Zeigergalvanometer (also solche mit hohem Spulenwiderstand) können mit Empfindlichkeiten bis etwa 10 μA für vollen Skalenausschlag bei einem Instrumentwiderstand von 3000 Ω und einem aperiodischen Grenzwiderstand von 50000 Ω hergestellt werden. Für niedrigohmige, also spannungsempfindliche Galvanometer bis zu einem inneren Widerstand von etwa 10 Ω herab gelten analoge Zahlen. Eine kurze Übersicht über die Theorie der Drehspulgalvanometer mit besonderer Berücksichtigung ihrer Anwendung ist von Mörder (77) gegeben worden.

Abb. 36. Drehspulinstrument Multavi II (Hartmann & Braun).

Eine erhebliche Vergrößerung der Empfindlichkeit ist durch Änderung der Lagerung möglich, also hängende oder gespannte Fäden oder Bänder, die gleichzeitig der Stromzuführung dienen. Die durch Lagerreibung stets gegebene Unsicherheit der Einstellung fällt dann fort, und man kann bei ähnlichem Aufbau der Spule und des Magneten durch Verringerung der Direktionskraft der Aufhängung, allerdings gleichzeitig bei Vergrößerung der Schwingungsdauer (Einstellzeit) wesentlich größere Empfindlichkeiten erreichen, besonders wenn man die minimalen Ausschläge durch Spiegelablesung (Skala mit Fernrohr oder Projektion eines Lichtzeigers) oder durch andere Methoden (231—233, 245—247) geometrisch vergrößert. Neuerdings gewinnen Lichtzeigergalvanometer an Beliebtheit, die mit Spiegelablesung und kurzem Lichtzeiger ausgerüstet sind, und bei denen ein Niedervoltglühlämpchen, eine Zeigermarke und die Skala mit in dem Instrumentgehäuse eingebaut sind. Derartige Galvanometer werden z. B. von Leeds & Northrup

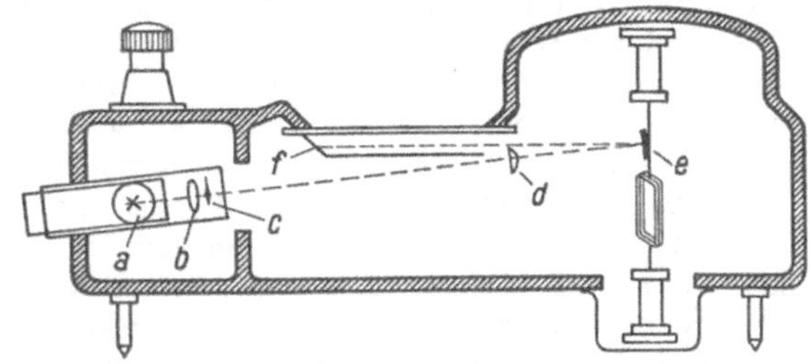

Abb. 37. Lichtmarkengalvanometer (S. & H.).

und in einer sehr eleganten Ausführung von S. & H. geliefert. Die Konstruktion von S. & H. (Abb. 37) hat ein nicht arretierbares Spannbandsystem und eine flach kegelförmige Skala, auf der die Lichtmarke bis zum Rand hin hell und scharf abgebildet erscheint, so daß auch im verdunkelten Raum Viertelskalenteile der 200teiligen Skala sicher geschätzt werden können. Das Instrument wird mit Rähmchen von verschieden großem Widerstand ausgerüstet; die verschiedenen Ausführungen und ihre Eigenschaften sind aus der folgenden, einer Firmenmitteilung entnommenen Tabelle 5 ersichtlich.

Tabelle 5. Lichtmarkengalvanometer (S. & H.).

Ausführung	Meßbereich	Skalateilstriche	Stromkonstante $1^0 =$	Spannungskonstante $1^0 =$	Systemwiderstand etwa	Äußerer Grenzwiderstand etwa	Spannungsabfall beim Grenzwiderstand
Galvanometer und Mikroamperemeter	1 μA	100	0,01 μA		1850 Ω	100000 Ω	100 mV
	3 μA	150	0,02 μA		500 Ω	10000 Ω	30 mV
	4,5 μA	150	0,03 μA		22 Ω	1500 Ω	7,5 mV
	10 μA	100	0,1 μA		100 Ω	1000 Ω	10 mV
	30 μA	150	0,2 μA		12 Ω	100 Ω	3 mV
	100 μA	100	1 μA		9 Ω	1 Ω	1 mV
						eingebauter Voltwiderstand etwa	Stromverbrauch etwa
Millivoltmeter	1 mV	100		0,01 mV	9 Ω	1 Ω	100 μA
	3 mV	150		0,02 mV	12 Ω	100 Ω	30 μA
	10 mV	100		0,1 mV	100 Ω	1000 Ω	10 μA
	30 mV	150		0,2 mV	500 Ω	10000 Ω	3 μA

Hinsichtlich der Konstruktion hochempfindlicher Spiegelgalvanometer mit Drehspulsystem treten ähnliche Probleme auf wie bei den Drehmagnetgalvanometern. Zunächst muß auch hier darauf hingewiesen werden, daß die Nullpunktsstabilität eine entscheidende Rolle spielt, daß also nicht der stärkste Winkelausschlag für eine gegebene EMK, bzw. Stromstärke entscheidend ist, sondern der geringste Wert dieser Meßgröße, der sich aus den spontanen und langsamen Schwankungen des Nullpunkts mit Sicherheit heraushebt. Das wird besonders dann klar, wenn man berücksichtigt, daß wir heute in den unten ausführlicher beschriebenen Methoden der proportionalen Verstärkung der Ausschläge von Spiegelinstrumenten fast Beliebiges erreichen können. Wodurch entstehen nun bei Spulengalvanometern höchster Empfindlichkeit Nullpunktsschwankungen?

Zunächst durch Erschütterungen. Grobe Gebäudeerschütterungen können auch durch die zweckmäßigste Konstruktion nicht unschädlich gemacht werden. Wenn man also nicht über sehr ruhige, tragende Wände oder gewachsenen Boden als Aufstellungsort verfügt, müssen die unvermeidlichen Erschütterungen durch dämpfende Aufstellungen (263) verringert und auf ein tragbares Maß herabgedrückt werden. Weiter ist der äußere Stromkreis (Leitungen, lichtelektrischer Umformer) durch

Verdrillung der Leitungen, statischen und magnetischen Schutz vor den Wirkungen elektrischer und magnetischer Felder schwankender Intensität zu schützen. Im Instrument selbst sind, besonders bei sehr dünnen Aufhängefäden, die elastischen Nachwirkungen derselben eine Ursache für Nullpunktsschwankungen. Von den in Frage kommenden Materialien hat Quarz die geringsten Nachwirkungen, wird also dann immer gern verwendet, wenn der Faden selbst nicht als Stromzuführung dienen muß. Durch Versilberung oder Platinierung leitend gemachte Quarzfäden sind zwar leidlich nachwirkungsfrei, haben aber einen hohen zusätzlichen Widerstand und können deshalb nur bei hochohmigen Systemen oder bei gewissen baulichen Abwandlungen der Spulengalvanometer verwendet werden, wie sie in den nächsten Abschnitten besprochen werden. Ein oft verwendetes Material für Aufhängedrähte sind Phosphorbronzelegierungen, auch Platin oder Silber wird gelegentlich genommen. Nachteilig für die Konstanz des Nullpunkts sind die geringsten Beimengungen ferromagnetischer Stoffe in den Metallteilen und Isolatoren von Spule, Aufhängung und Zuleitungen. Man geht heute, so weit daß die verwendeten Leiter, Kupfer und seine Legierungen besonders soweit sie im konzentrierten Magnetfeld liegen, aus völlig eisenfreiem Material hergestellt werden, welches während des ganzen Prozesses seiner Verarbeitung vom Rohmaterial bis zum fertigen Instrument mit keinem eisernen Werkzeug in Berührung kommt. In ähnlicher Weise sind die Isoliermaterialien ausgesucht. Die Seidenumspinnung der Drähte, die schwer eisenfrei zu erhalten ist und außerdem Wickelraum kostet, wird immer mehr durch eine aufgebrannte Lackschicht verdrängt.

Das die Spule tragende Rähmchen, vorzugsweise aus Aluminiumblech bestehend, welches gleichzeitig die Funktion einer dämpfenden Kurzschlußwicklung übernimmt, wird neuerdings oft fortgelassen und die Spule freitragend gewickelt. Bei schmalen, länglichen Spulen, die kleines Trägheitsmoment und demgemäß geringe Schwingungsdauer haben (Moll-Galvanometer), wird zur weiteren Verringerung der schwingenden Masse noch die Fassung des Spiegelchens weggelassen, und dieses zwischen die Spulenwicklung eingeklebt. Das geht natürlich nur, wenn der das Feld konzentrierende Kern aus weichem Eisen fortgelassen wird. Zur Vergrößerung der Stabilität der Ruhelage wird das System häufig nicht nur an einem Faden aufgehängt, sondern zwischen zwei Fäden ausgespannt, die dann gleichzeitig die Stromzuleitungen bilden. Die handelsüblichen Spiegelgalvanometer enthalten meist ein oder mehrere der hier angegebenen konstruktiven Merkmale und andere Feinheiten, die z. B. auf Veränderbarkeit der Grenzwiderstände (leicht auswechselbare Systemeinsätze oder veränderbarer magnetischer Nebenschluß), Schutz gegen Transportbeschädigungen (aufdringlich sichtbare Warnungsscheibe, mit Arretierhebel gekuppelt), und ähnlichen, bei der Messung sympathisch empfundenen Komfort zielen.

Als Prototyp derjenigen Drehspulspiegelgalvanometer, die unter sorgfältigster Berücksichtigung aller theoretischen Erkenntnisse und experimentellen Erfahrungen und mit äußerster Sorgfalt in der Auswahl der Materialien, der Konstruktion und der mechanischen Ausführung hergestellt werden, sind die von Kipp & Zonen in Delft gebauten

Moll-Galvanometer mit ihren Eigenschaften in der untenstehenden Tabelle 6 beschrieben. Sie sind ursprünglich gerade für die am Utrechter Physikalischen Institut ausgearbeiteten Methoden der objektiven Photometrie entwickelt worden und für thermoelektrische und lichtelektrische Messungen hervorragend geeignet, ohne an dieses Anwendungsgebiet allein gebunden zu sein. Die Reihe dieser für die verschiedensten Zwecke bestimmten Galvanometer enthält das Mollsche „Original"-Galvanometer, sowie die Instrumente mit hoher Strom- und Spannungsempfindlichkeit, alle drei von ziemlich ähnlicher Bauart; ferner das durch kleine Schwingungsdauer (0,2 s) ausgezeichnete Mikrogalvanometer, das noch schneller (0,01—0,02 s) schwingende Torsionsfadengalvanometer (vgl. 225) und endlich das Zernike-Galvanometer.

Über die vom Hersteller angegebenen Eigenschaften verschiedener hochempfindlicher Drehspulgalvanometer unterrichtet die vorstehende Tabelle 6. Außer von Kipp & Zonen werden hochempfindliche Drehspulgeräte noch gebaut von Siemens & Halske, Hartmann & Braun,

Tabelle 6. Spiegelgalvanometer von Kipp & Zonen.

Modell	Vollperiode[1] in s	Innerer Widerstand in Ω	Äußerer Widerstand in Ω	EMK in 10^{-8} V für 1 mm Ausschlag der 1-m-Skala[2]	Strom in 10^{-10} A für 1 mm Ausschlag der 1-m-Skala[2]	Durchmesser des Spiegels in mm	Preis[3] in Deutschland in RM
Mollsches „Original" Galvanometer							
	1,3	55	1 40 160[4]	59 76 122	105 80 57	6	425.—
Galvanometer hoher Stromempfindlichkeit							
A	7	340	2000 20000 70000 200000[4]	40 120 210 400	1,7 0,6 0,3 0,2	5	595.—
B	3,5	340	700 5000 20000 70000[4]	83 185 400 700	8 3,5 2 1	5	595.—
Galvanometer hoher Spannungsempfindlichkeit							
	2 3 5	25	1 70 200[4]	13 12 9	50 13 4	5	640.—
Mollsches Mikrogalvanometer							
	0,2	20	1 15 55[4]	84 115 185	400 330 250	3	510.—

[1] Zeit für volle Schwingung ist im aperiodischen Grenzfall fast gleich der Einstellzeit.
[2] Magnetisches Feld durch Nebenschluß so reguliert, daß kritische Dämpfung (Aperiodizität) erreicht ist.
[3] Nach Angaben der deutschen Vertretung: E. Leybolds Nachf., Köln.
[4] Höchster äußerer Widerstand, bei dem das Galvanometer noch aperiodisch einschwingt.

Tabelle 6 (Fortsetzung).

Modell	Vollperiode[1] in s	Innerer Widerstand in Ω	Äußerer Widerstand in Ω	EMK in 10^{-8} V für 1 mm Ausschlag der 1-m-Skala[2]	Strom in 10^{-10} A für 1 mm Ausschlag der 1-m-Skala[2]	Durchmesser des Spiegels in mm	Preis[3] in Deutschland in RM
			Zernike-Galvanometer				
			1	18	250		
Za	1,3	7	20	30	110	8	630.—
			50[4]	40	70		
			1	5	50		
Zb	3	10	50	15	25	8	680.—
			200[4]	30	15		
			15	3,6	12		
Zc	7	15	100	8	7	8	730.—
			400[4]	16	4		
			80	25	25		
Zd	3	25	550	58	10	8	765.—
			2000[4]	100	5		
			200	11	5		
Ze	7	25	1000	25	2,5	8	765.—
			3000[4]	45	1,5		
			Torsionsfaden-Galvanometer				
			1	380	4000		
			50	1600	2750		
TSA	0,02	8,5	100	2200	2000	0,8 × 1,5	425.—
			∞[4]	—	1670		
			1	480	8000		
			50	3000	5500		
TSB	0,01	5	100	5000	4800	0,8 × 1,5	425.—
			∞[4]	—	4300		
			Mollsches Studentengalvanometer				
			1	170	210		
	2,5	80	50	220	170	8	187.—
			150[4]	310	130		

Cambridge Instr. Comp., Edelmann, Leeds & Northrup, Ruhstrat u. a. In der bevorzugten Behandlung der Galvanometerkonstruktionen von Kipp an dieser Stelle liegt ein bewußtes Werturteil des Verfassers. Wenn man alle Umstände berücksichtigt, die den praktischen Gebrauchswert eines Galvanometers ausmachen, so gehört dazu nicht nur die hohe Empfindlichkeit, sondern auch Unempfindlichkeit gegen Erschütterungen, Nullpunktsstabilität und Kriechfreiheit, bequeme Justierbarkeit, rasche Einstellung und weitgehende Anpassung an den äußeren Widerstand. Gewiß leisten auch Erzeugnisse anderer Herkunft vorzügliches; aber selten findet man alle guten Eigenschaften in so vollkommener Weise vereinigt.

Die hochgezüchteten Drehspulspiegelgalvanometer erfüllen in gewisser Hinsicht überhaupt das äußerste, was man von einem Strommesser verlangen kann; sie erlauben nämlich — in Verbindung mit genügend starker

[1, 2, 3, 4] Fußnoten siehe S. 62.

geometrischer Vergrößerung der Skalenausschläge (242) — die Erreichung der Isingschen Grenze. Dies ist in eindrucksvoller Weise von Ornstein, Moll und Burger (*155*, S. 17) an einem Moll-Galvanometer in Verbindung mit einem Thermorelais gezeigt worden: Registrierkurven von kurzen Gleichstromstößen von 10^{-5}—10^{-8} V wurden bei variierter Ausschlagsverstärkung derart registriert, daß die gezeichneten Ordinaten immer die gleiche Höhe hatten. Dann sieht man bei geringer Empfindlichkeit eine vollständig scharfe Nullinie, bei den höchsten Empfindlichkeiten bereits deutlich die durch die spontanen Schwankungen des Spiegels entstandenen Unregelmäßigkeiten der Nullinie.

Bezüglich der Methode des Messens wird unter anderem von den holländischen Physikern das Registrieren empfohlen, andere Beobachter ziehen die okulare Betrachtung vor. Beide Verfahren haben ihre Vor- und Nachteile. Für die visuelle Methode spricht die erleichterte Diagnose der Ursachen plötzlich auftretender Störungen, für die Registrierung die Unabhängigkeit von Ermüdung oder Zuverlässigkeit des Beobachters, die laufende Kontrolle der Nullinie, Eliminierung von Schwankungen und Mittelung über große Zeitdauer (was sich zum Teil, wenn auch unbequemer, visuell ebenfalls erreichen läßt). Grundsätzlich ist ja in der Nähe der theoretischen Leistungsgrenze der Galvanometer die Beobachtung über längere Zeiten und Mittelung der Ergebnisse die einzige prinzipielle Möglichkeit, mit leidlicher Genauigkeit zu messen.

223. Saitengalvanometer. Saitengalvanometer, auch Fadengalvanometer genannt, können als konstruktive Abwandlungen der Drehspulgalvanometer betrachtet werden. Der stromdurchflossene Leiter, der in einem stark konzentrierten, fast linearen Magnetfeld von der Form eines schmalen Rechtecks schwingt, hat die Form einer gespannten Saite und führt keine Drehung aus, sondern erfährt, dem Biot-Savartschen Gesetz zufolge, eine Ausbiegung senkrecht zur Stromrichtung und zur Richtung des magnetischen Feldes. Die Richtkraft wird vorwiegend durch die Längselastizität der Saite, in geringerem Maße durch ihre Biegungselastizität gebildet; Trägheitsmoment und Masse sind, mit den Spulengalvanometern verglichen, ungewöhnlich klein. Da bei beweglichen Leitern von sehr kleinen Abmessungen der Drehspiegel zu Trägheitsmoment bzw. Masse einen unzulässig hohen Beitrag liefern würde, läßt man ihn bei Saitengalvanometern fort und stellt die Lage des Fadens durch mikroskopische Ablesung fest. Auf diese Weise ist die Erreichung sehr hoher Eigenfrequenzen und kurzer Schwingungsdauer bei hoher Empfindlichkeit möglich.

Wegen der kleinen Zahl der Amperewindungen sowohl als wegen der angestrebten großen Empfindlichkeit ist ein sehr starkes Magnetfeld nötig, welches sich bei der Verwendung eines linearen dünnen Leiters und geringer maximaler Auslenkung durch Verwendung von Stahlmagneten mit hoher Koerzitivkraft und Remanenz oder von mit Gleichstrom gespeisten Elektromagneten erreichen läßt. Die Feldstärke im Luftspalt dürfte bei handelsüblichen Konstruktionen zwischen 10 und 30 Kilogauß liegen (!). Die Polschuhe müssen zur Beleuchtung und Beobachtung des Fadens durchbohrt werden, was bei richtiger Konstruktion keinen nachteiligen Einfluß auf die Homogenität des Feldes hat.

Das Material der Saite beeinflußt wesentlich Empfindlichkeit, Dämpfung und Eigenschwingung. Sehr günstig ist Aluminium, welches bis zu Fäden von 2 μ Durchmesser herunter hergestellt werden kann. Gold und Kupfer lassen sich nicht soweit herunterziehen, so daß trotz des größeren Leitvermögens, allerdings auch wegen des höheren spezifischen Gewichts, die erreichbare Stromempfindlichkeit geringer bleibt. Platin läßt sich nach dem Wollaston-Verfahren bis zu sehr kleinen Durchmessern herunter bequem herstellen und wird zur Zeit trotz seines hohen spezifischen Gewichts für Saitengalvanometer am meisten verwendet. Für höchste

Abb. 38. **Großes Saitengalvanometer mit Elektromagnet (Edelmann).**

Ansprüche in bezug auf Stromempfindlichkeit nimmt man platinierte Quarzfäden, die allerdings einen sehr hohen Widerstand haben (bei 2,5 μ Dicke etwa 150000 Ω/m), aber leicht und ziemlich frei von elastischen Nachwirkungen sind. Die Fadenspannung kann in den zulässigen Grenzen durch stark untersetzte Schraubengetriebe verändert werden. Starke Fadenspannung verringert Trägheit und Empfindlichkeit, ist aber durch die Dehnung des Materials begrenzt; bei zu schwacher Fadenspannung gibt es schließlich Unsicherheiten der Nullage und Ausbiegungen des Fadens aus der normalen Schwingungsebene, die sich in zunehmender Unschärfe des mikroskopischen Bildes am Rande des Gesichtsfeldes äußern.

Die mikroskopische Vergrößerung der Fadenbewegungen findet ihre Grenze erstens an dem Abstand zwischen Frontlinse des Objektivs und Faden; zweitens in der geringen Tiefenschärfe kurzbrennweitiger Mikroskopobjektive; drittens in der durch Biegung entstehenden Unschärfe des Fadens. Vergrößerungen von 100—500 sind das übliche, 1000fache Vergrößerung sicher die obere Grenze.

Saitengalvanometer werden von der Cambridge Instr. Comp. und von Edelmann-München in sehr guter Qualität hergestellt. Die Empfindlichkeiten, Widerstände und Einstellzeiten sind je nach Art des Materials, der Saitenspannung und nach der Stärke des Feldes verschieden. Edelmann baut je ein großes Instrument für höchste Ansprüche mit permanentem und Elektromagnet (40 W, Abb. 38) und je ein kleines Instrument für geringere Ansprüche mit permanentem (Abb. 39) und Elektromagnet. Das auf höchste Empfindlichkeit gezüchtete große Instrument mit Elektromagnet gibt bei 10000 Ω innerem Widerstand und schwacher Fadenspannung bei 1000facher Vergrößerung Empfindlichkeiten bis 10^{-11} A/Skt. Bei den anderen Instrumenten liegt je nach Fadenmaterial und -spannung bei inneren Widerständen zwischen 50 und 100000 Ω und aperiodischer Dämpfung bei 100facher Vergrößerung die Stromempfindlichkeit zwischen 10^{-7} und 10^{-9} A, die Einstellzeit zwischen 0,01 und 0,1 s. Kleinere Einstellzeiten (bis etwa 0,001 s) sind durch Erhöhung der Saitenspannung möglich. Das große Instrument von Edelmann (Abb. 38) kostet RM. 1350.—, das kleine (Abb. 39) mit einfachem Mikroskop RM. 310.—.

Abb. 39. Kleines Saitengalvanometer mit Dauermagnet (Edelmann).

Der Vorteil der schnellen Einstellung sollte für die Zwecke der objektiven Photometrie, besonders wenn es sich um Registriermethoden handelt, in erhöhtem Maße berücksichtigt werden, namentlich wenn die Instrumente mit genügend schnell schreibenden Registrierapparaten ausgerüstet werden. Die kurze Einstellzeit wirkt sich besonders auf die Meßgeschwindigkeit bei Massenmessungen (z. B. bei der Spektralphotometrie und Schwärzungsmessung von Spektrallinien) aus und hat darüber hinaus auch bei der Aufnahme schnell schwankender oder inkonstanter Vorgänge Bedeutung.

224. Schleifengalvanometer. Ebenso wie die Saitengalvanometer haben die Schleifengalvanometer mit den Drehspulinstrumenten einen sich in einem konstanten Magnetfeld bewegenden stromdurchflossenen Leiter gemeinsam. Es existieren zwei Konstruktionen: die eine wird nach Angaben von Mechau von Carl Zeiß, Jena, gebaut, die andere nach Deubner von Leybold, Köln.

Abb. 40 zeigt schematisch den Aufbau des Zeiß-Galvanometers. Das Feld wird von zwei mit den ungleichnamigen Polen dicht gegenüberstehenden kräftigen Stahlmagneten von Hufeisenform gebildet, zwischen deren Schenkel — durch Drehung justierbar und herausnehmbar — das System eingesetzt wird. Das System hat die Form einer Schleife (dünnes Kupferband), die U-förmig gebogen ist, an den Enden eingespannt und in der Mitte mit einer Marke versehen ist. Bei Stromdurchgang werden beide Schenkel von den Feldern der beiden Magnete im gleichen Sinne

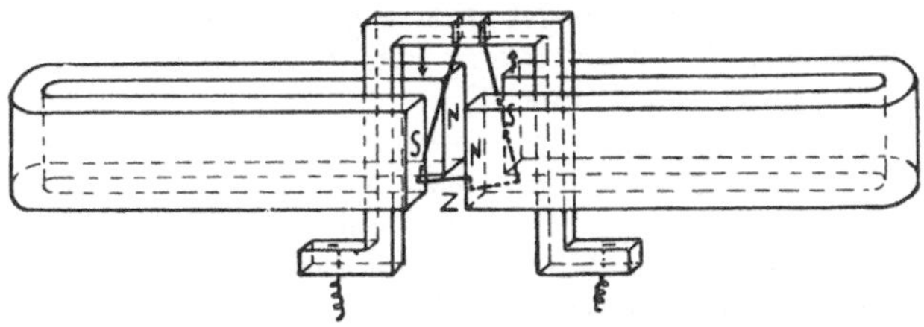

Abb. 40. Schleifengalvanometer (Zeiß).

seitlich geschwenkt; die Stellung der mittleren Marke wird mikroskopisch abgelesen. Die Richtkraft wird durch die Torsion der eingeklemmten Schleife und zum Teil durch ihr Gewicht gebildet. Das gesamte Instrument kann in der Stativgabel (Abb. 41) um 180° geschwenkt werden, wobei die Schleife in hängende bzw. stehende Lage kommt. Wegen der geringeren Richtkraft ist in der weniger stabilen stehenden Lage die Empfindlichkeit etwa fünfmal größer, die Einstellzeit entsprechend ebenfalls größer, aber immer noch unter 1 s. Das Mikroskop gestattet 80 bzw. 640fache Vergrößerung. Der Schleifenwiderstand beträgt nur 6—10 Ω, die Stromempfindlichkeit liegt bei etwa 10^{-7}—10^{-8} A/Skt.

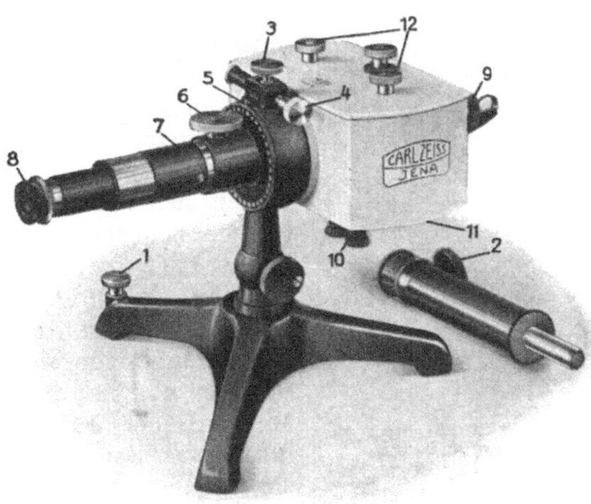

Abb. 41. Schleifengalvanometer (Zeiß).

Das von Leybold hergestellte Schleifengalvanometer nach Deubner hat eine etwas andere Form des Magnetfeldes. Der eine Pol des Dauermagneten endet mit einer Zunge in einer Höhlung des anderen Pols (Abb. 42). Dadurch entstehen zwei schmale Zonen mit hoher und homogener Liniendichte, in denen die beiden Teile der Schleife schwingen. Der innere Widerstand ist 5 Ω, die Stromempfindlichkeit wird zu 10^{-7} A/Skt angegeben. Die Einstellzeit beträgt bei geschlossenem Stromkreis 0,4 s, bei offenem Stromkreis 0,2 s. Die Schleifengalvanometer sind also infolge ihrer starken Eigendämpfung vom äußeren Widerstand weitgehend unabhängig und stets aperiodisch gedämpft. Der Preis des Leyboldschen Instruments beträgt mit Mikroskop und Beleuchtungsvorrichtung RM. 560.—.

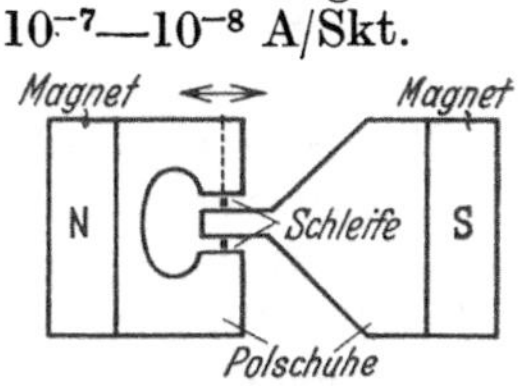

Abb. 42. Schleifengalvanometer nach Deubner (Leybold).

225. Registrierinstrumente. Oszillographen. Wenn die Einstellzeit eines Galvanometers unter 1 s liegt, kann dieser Vorteil bei visueller Beobachtung nicht mehr ausgenutzt werden. Andererseits wird die schnelle Schwingungsdauer und kleine Einstellzeit bei allen Instrumenten mit bewegten Massen durch eine Einbuße an Empfindlichkeit erkauft. Die Anwendung sehr schnell arbeitender Instrumente in Verbindung mit lichtelektrischen Umformern setzt natürlich bei diesen eine mindestens vergleichbar geringe Trägheit voraus. Für die Registrierung von Thermoströmen braucht man nicht die völlige Trägheitslosigkeit eines Kathodenstrahloszillographen, nicht einmal die eines Schleifenoszillographen. Wenn man andererseits mit einer Photozelle die Lichtstärkeschwankungen einer mit technischem Wechselstrom betriebenen Glühlampe messen will, so darf man nicht einen langsamen Tintenschreiber verwenden, sondern mindestens einen Schleifenoszillographen.

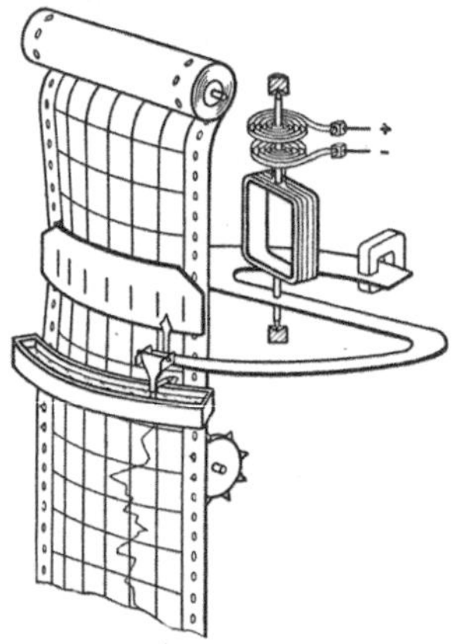

Abb. 43. Linienschreiber (Hartmann & Braun).

Als Zeiger bzw. Schreiber für Registrierinstrumente kommt entweder eine mechanische Schreibfeder oder ein Lichtstrahl oder ein Elektronenstrahl in Frage. Tintenschreiber eignen sich nur für langsam verlaufende Vorgänge; sie arbeiten entweder mit kontinuierlicher oder mit punktweiser Aufzeichnung. Starken, besonders unregelmäßigen Schwankungen unterworfene Vorgänge können mit einem Punktschreiber nicht registriert werden, sondern nur mit einem Linienschreiber. Das Meßwerk ist im allgemeinen, für die hier interessierenden Zwecke fast ausschließlich, ein Drehspulsystem. Den Aufbau eines derartigen Instruments (Hartmann & Braun, Frankfurt) zeigt Abb. 43. Der Papierstreifen ist zylindrisch gekrümmt, so daß der Krümmungsmittelpunkt mit der Systemachse zusammenfällt. Es wird in rechtwinkligen Koordinaten registriert. Andere Bauarten (S. & H.) haben eben geführte Registrierstreifen und eine kinematische Umwandlung der Drehbewegung des Zeigers in geradlinige Bewegung des Schreibstiftes bei trotzdem weitgehender Proportionalität zwischen Drehwinkel und geschriebener Ordinate, sind aber entsprechend komplizierter. Allgemein ist der Energiebedarf der Linienschreiber wegen der Reibung des Schreibstiftes auf dem Papier wesentlich größer als der von zeigenden Instrumenten; man kommt auch bei starken Photoströmen infolgedessen nicht ohne Verstärkung aus.

Ältere, heute selten verwendete Bauarten von Linienschreibern hatten deshalb keine Tintenfeder, sondern markierten den Linienzug durch Funkeneinschläge in einem berußten Streifen. Auch elektrochemische Registrierung wird gelegentlich benutzt: ein Hilfsstrom geht vom Schreibstift auf das angefeuchtete Papier über und markiert die jeweilige Stellung durch Abscheidung einer stark gefärbten Komponente (z. B. Jodverbindung) aus dem mit einer passenden Lösung getränkten Papier. Der

Reibungswiderstand dürfte aber kaum geringer sein als bei Tintenschreibern. Es werden auch Tintenschreiber mit großem Richtmoment der Drehspule und entsprechendem Eigenverbrauch für kleine Zeigerausschläge gebaut, die Einstellzeiten von 0,1—0,5 s haben und als „Störungsschreiber" bekannt sind (S. & H., AEG, Metrawatt).

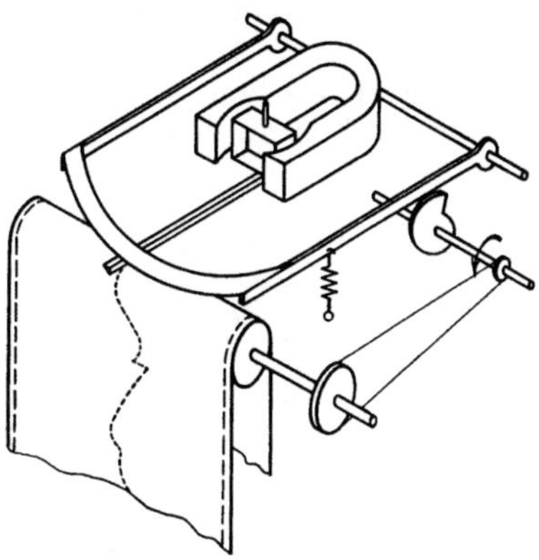

Abb. 44. Fallbügelschreiber.

Die Ursache für die geringe Empfindlichkeit der Linienschreiber liegt in der hohen Reibung des Schreibstiftes auf dem Papier. Eine Möglichkeit, den Meßvorgang durch hochempfindliche Instrumente zu besorgen, und die Schreibarbeit durch eine fremde Energiequelle leisten zu lassen, ist im Fallbügelschreiber gegeben, dessen Prinzip Abb. 44 zeigt. Die durch Uhrwerk oder Elektromotor angetriebene Welle mit dem Nockenrad drückt in zeitlichen Abständen, die etwa der Einstelldauer des Meßwerks entsprechen, mit Hilfe des Fallbügels den sonst frei schwingenden Zeiger auf das Registrierpapier, wo er mittels des dazwischen gelegten Farbbandes einen Punkt schreibt. Die Empfindlichkeit kann ebenso groß sein, wie bei spitzengelagerten oder Spannband-Zeigerinstrumenten; ein Nachteil ist in der intermittierenden Anzeige zu erblicken, die jedoch bei langsamen Schwankungen der zu messenden Größe in Kauf genommen werden kann.

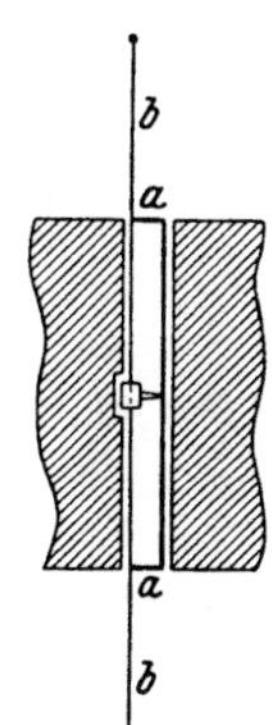

Abb. 45. Torsionsfadengalvanometer nach Moll und van Dyck (Kipp).

Hochempfindliche und dennoch schnell arbeitende Registrierinstrumente kann man bauen, wenn man auf den schweren und trägheitsbehafteten mechanischen Zeiger verzichtet und auf Lichtzeiger übergeht. Hier gibt es eine ganze Skala von verschiedenen Instrumenten, deren Einstellzeit zwischen $\sim 10^{-1}$ und 10^{-4} s liegen. Je geringer die Einstellzeit, um so kleiner ist im allgemeinen die Empfindlichkeit. Hohe Empfindlichkeit mit einer immerhin schon beachtlich kurzen Einstellzeit verbindet das in Abb. 45 schematisch dargestellte Torsionsfadengalvanometer nach Moll und van Dyck (Kipp & Zonen, vgl. Tabelle 6). Das bewegliche System besteht aus einem dünnen Torsionsfaden, an den die aus einem Bügel, also einer halben Windung bestehende Spule aus dickerem Draht angelötet ist. Wegen des geringeren Widerstands des dicken Leiters durchfließt diesen der größere Teil des Stromes. Das Spiegelchen ist auf einer mittleren Brücke über beide Fäden aufgekittet. Infolge des geringen Widerstandes und starken Magnetfeldes ist selbst bei offenem Stromkreis die Dämpfung hinreichend.

Instrumente mit noch schnellerer Schwingungsdauer bezeichnet man als Oszillographen. Die am meisten verbreitete Bauart (Duddell) besteht aus einer über zwei Stege oder eine Rolle gespannten Schleife dünnen Bandes, die in der Mitte ein meist unter 1 mm^2 großes Spiegelchen trägt und im Felde eines starken permanenten oder Elektromagneten schwingt. Schleifenoszillographen werden namentlich von S. & H. und Cambridge gebaut, auch von kleineren Firmen, z. B. Dr.-Ing. H. Rumpf in Bonn. Abb. 46 zeigt die moderne Ausführung des Sechs-Schleifenoszillographen von S. & H. mit permanenten Einzelmagneten für jede Schleife, Öldämpfung, Zeitmarkierung durch Stimmgabelsummer, sowie

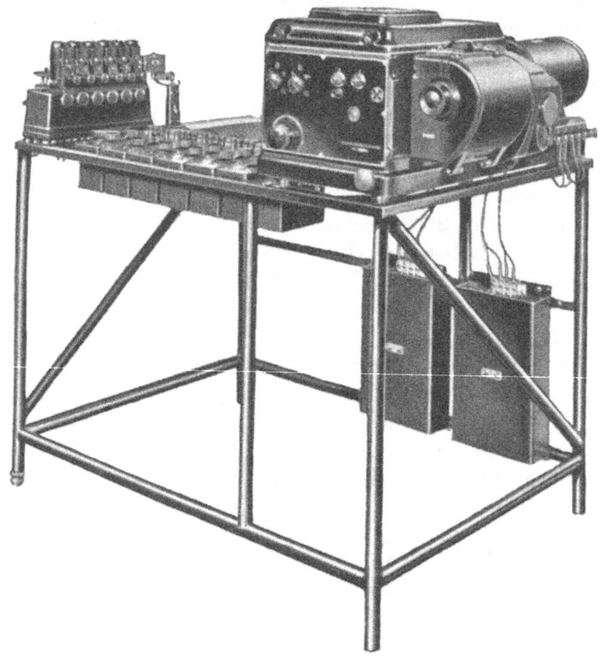

Abb. 46. Sechsschleifenoszillograph (S. & H.).

Betrachtungs- und Registriervorrichtungen. Je nach Empfindlichkeit werden die Systeme für Eigenfrequenzen von 450—20000 Hz bei Empfindlichkeiten von 2.10^{-5}—2.10^{-3} A/mm Ausschlag auf dem Registrierstreifen hergestellt.

Ein offenbar auch recht leistungsfähiger Oszillograph, der im Gegensatz zu diesen Schleifen- also Drehspulsystemen ein elektromagnetisches Meßwerk enthält, ist von Dubois (*63*) entwickelt worden. Die Eigenfrequenz ist etwa 20000 Hz, die Empfindlichkeit geringer als bei guten handelsüblichen Schleifenoszillographen. In der Praxis scheint er sich vorläufig noch nicht eingebürgert zu haben.

Wegen des ziemlich kleinen inneren Widerstandes der Schleifenoszillographen ist die Stromempfindlichkeit nicht so hoch, wie man es z. B. für die Oszillographierung von Strömen aus Verstärkerröhren wünschen möchte. Die Anpassung durch Transformatoren ist immer mit Verzerrungen der Amplitude und Phase verbunden und für sehr langsam verlaufende Vorgänge unmöglich. Daher braucht man auch Oszillographen mit geringem Stromverbrauch, die höhere Betriebsspannungen erfordern können. Interessante Lösungen dieses Problems sind die auf dem Kerreffekt und dem piezoelektrischen Effekt beruhenden Konstruktionen. Kerreffektoszillographen sind wiederholt beschrieben, aber in die Praxis bisher nicht übergegangen, weil die Umwandlung der elektrooptischen Doppelbrechung der Kerrzelle in die Amplitudensteuerung eines Lichtzeigers Schwierigkeiten macht. Dagegen ist der piezoelektrische Oszillograph über das erste Versuchsstadium bereits hinaus. Nach Angaben von Philippoff (*82*) wird ein solcher von Dr. Steeg & Reuter in Homburg gebaut.

Der am meisten verbreitete Oszillograph, der kleine Ströme, aber hohe Spannungen erfordert, ist die Braunsche Röhre (Kathodenstrahloszillograph); sie beruht auf der statischen Ablenkung eines eng gebündelten Elektronenstrahls durch Kondensatorplatten oder durch

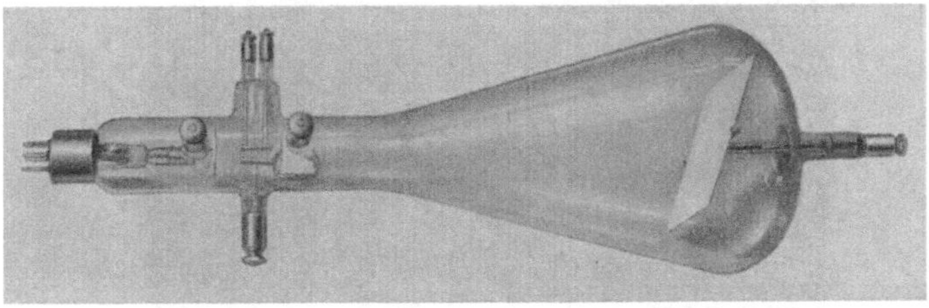

Abb. 47. Braunsche Röhre mit nullpunktsfehlerfreiem Ablenksystem (v. Ardenne).

Spulen. Der Strahl markiert seine Lage entweder auf einem Fluoreszenzschirm (für photographische Registrierung von außen) oder direkt auf der ins Vakuum eingeführten photographischen Platte. Nur die erste Ausführungsform braucht hier besprochen zu werden. Bei den modernen Kathodenstrahloszillographen wird entweder der Elektronenfaden durch eine verdünnte Gasfüllung oder durch ein sog. elektronenoptisches System aus statischen und magnetischen Feldern konzentriert. Ganz stromlos arbeiten sie auch nicht, namentlich die gasgefüllten Röhren. Durch Ionisation ist immer ein gewisser Stromübergang zwischen den Platten vorhanden. Durch die Fernsehtechnik ist der Kathodenstrahloszillograph in wenigen Jahren zu einem hohen Stand von Vollkommenheit entwickelt worden, wobei gewisse Kinderkrankheiten beseitigt werden mußten. Hierzu gehören besonders Abweichungen von der Proportionalität zwischen Steuerspannung und Ablenkung des Fluoreszenzflecks, sowie astigmatische Abbildungsfehler, die durch geeignete Anordnung und Formgebung der Platten behoben wurden. Auch die Eigenschaften der Fluoreszenzschirme und die Lebensdauer der Kathoden sind in den letzten Jahren wesentlich verbessert worden, so daß aus dem Kathodenstrahloszillographen ein nützliches, verhältnismäßig preiswertes und sehr universell verwendbares Meßgerät geworden ist. Eingehende Beschreibung und Literaturangaben findet man in den Quellenwerken von Alberti (*55*) und v. Ardenne (*56*).

Kathodenstrahlröhren verschiedenster Bauart stellen unter anderem her: AEG, M. v. Ardenne (Vertrieb durch E. Leybolds Nachf., Köln), Radio-A.-G. D. S. Loewe-Berlin, O. Preßler-Leipzig, Gundelach-Gehlberg Weston Electric Comp.-Newark. Für die Praxis sehr vorteilhaft ist der Zusammenbau der Röhre mit einem Netzanschlußgerät für alle Betriebsspannungen und einem (meist mit Kippschwingungen arbeitenden) Zusatzgerät für zeitlich linear ansteigende Spannungen, die auf ein zweites Plattenpaar gegeben werden und die Beobachtung periodisch verlaufender Vorgänge durch Synchronisierung der Hilfsfrequenz ermöglicht. Abb. 47 zeigt eine moderne Braunsche Röhre mit nullpunktsfehlerfreiem Ablenkungssystem nach v. Ardenne, Abb. 48 einen modernen Kathodenstrahloszillographen der AEG, welcher Röhre, Netzanschlußgerät und synchronisierbares Gerät für die Zeitablenkung enthält.

Abb. 48. Kathodenstrahloszillograph (AEG).

Über andere Formen photographischer Registrierapparate für langsam verlaufende Vorgänge wird in 264 berichtet.

226. Wechselstromgalvanometer. Wechselstromgalvanometer kommen für Zwecke der objektiven Photometrie nur in seltenen Fällen zur Anwendung. Bei der Verstärkung sehr schwacher Photoströme mit Hilfe von Glühkathodenröhren (vgl. Abschnitt 24 und 25) hat sich unter anderem das Verfahren der Modulation einer konstanten Trägerfrequenz, z. B. durch einen rotierenden Sektor, deshalb bewährt, weil Schwankungen der Betriebsspannungen bei mehrstufiger Verstärkung sich bei einem Gleichstromverstärker nachteiliger auswirken als bei Wechselstromverstärkung mit induktiven oder kapazitiven Kopplungsgliedern. Obgleich es wohl immer möglich ist, die verstärkten Ströme wieder gleichzurichten und mit einem der oben beschriebenen Gleichstromgeräte zu messen, kann gelegentlich die Anwendung ausgesprochener Wechselstromgalvanometer Vorteile bieten.

Sehr beliebt sind neuerdings für Wechselstrommessungen Drehspulinstrumente mit vorgeschaltetem Trockengleichrichter in Doppelwegschaltung. Die Instrumente haben die hohe Empfindlichkeit der Drehspulmeßwerke, sind aber von der Temperatur, der Frequenz und der Kurvenform des Wechselstroms abhängig; sie zeigen den arithmetischen Mittelwert an, können aber für oberwellenfreien Wechselstrom auch auf den quadratischen Mittelwert (Effektivwert) geeicht werden.

Zur Gleichrichtung schwacher Wechselströme eignen sich Thermoelemente, entweder in der Form des Thermokreuzes (dünndrähtiges Thermoelement, mit dem vom zu messenden Wechselstrom durchflossenen Heizdraht zusammen in ein evakuiertes Gefäß eingeschmolzen) oder in Form von Thermoumformern aus mehreren Thermoelementen, wie sie von Schering, Moll u. a. angegeben wurden. Eine bauliche Vereinigung von Thermoelement und Drehspulmeßwerk ist das sehr empfindliche Thermogalvanometer nach Duddell, das in der Hochfrequenzmeßtechnik früher eine Rolle gespielt hat. Zur Messung stärkerer Wechselströme kommen handelsübliche Instrumente mit Dreheisen-, Hitzdraht- oder dynamometrischem Meßwerk in Frage.

Eine Sonderstellung nehmen die Vibrationsgalvanometer ein, die ein mechanisch abgestimmtes, schwingungsfähiges Drehspul- oder Drehmagnetsystem enthalten und bei Betrieb mit Wechselstrom von eben dieser Frequenz sehr empfindlich sind. Sie eignen sich besonders zur Eliminierung parasitärer Gleichstromstöße und Wechselströme anderer Frequenz infolge ihrer Frequenzselektivität. Die Dämpfung ist bei Resonanz um so kleiner, je größer die Resonanzschärfe ist, entsprechend lange dauert die Einstellung. Abgestimmt wird entweder mechanisch durch Änderung der Fadenspannung oder der Fadenlänge des beweglichen Systems oder allgemein der Direktionskraft (Duddell, Zöllich) oder elektromagnetisch durch Änderung der Richtkraft des Feldes (Schering-Schmidt). Hersteller von Vibrationsgalvanometern sind Hartmann & Braun und Siemens & Halske (Type Schering-Schmidt), Kipp & Zonen (Type Moll), Cambridge Instr. Co. (Type Duddell), E. Leybolds Nachf. (Type Meißner und Adelsberger, mit innerhalb eines gewissen Frequenzbereichs frequenzunabhängigem Ausschlag).

227. Kompensationsapparate. Die klassischen Instrumente für Messung von Gleichströmen[1] höchster Genauigkeit sind die Kompensationsapparate. Sie bestehen aus einem geeichten, meßbar veränderbaren Widerstand in Form eines Schleifdrahtes oder eines Widerstandssatzes mit meist mehreren Dekaden, einem Nullgalvanometer und einem Normalelement zum Eichen bzw. zur Einstellung eines definierten Meßstroms. Ihre Vorteile gegenüber zeigenden Meßgeräten bestehen: a) in der stromlosen Messung; im Fall des Abgleiches wird die messende EMK durch den Kompensator nicht belastet. b) In der großen Eichgenauigkeit und Konstanz der Widerstandssätze, die bei sorgfältiger Herstellung geringeren Schwankungen unterworfen sind, als zeigende Meßgeräte. c) In der Möglichkeit, eine höhere prozentuale Meßgenauigkeit zu erreichen, als mit Zeigerinstrumenten. Zeigerinstrumente mit 100- oder 200teiliger Skala und normalen Dimensionen gestatten eine Ablesegenauigkeit von höchstens 0,1% vom Skalenendwert, also auch höchstens 10^{-3} des zu messenden Wertes. Es gibt aber Kompensationsapparate mit fünf

[1] Es gibt auch Kompensationsapparate für Wechselstrom, die aber aus den in Abschnitt 262 dargelegten Gründen hier nicht betrachtet werden brauchen.

Dekaden von Widerstandssätzen, die direkt Ablesung von fünf zählenden Ziffern des Resultats und Interpolation der sechsten Stelle gestatten. Das sind allerdings Hochleistungen der Meßtechnik, die man für die objektive Photometrie nur selten braucht.

Kompensationsapparate sind z. B. erforderlich bei der Messung und Eichung von Normallichtquellen für Pyrometer. Als solche werden namentlich Wolframbandlampen in Verbindung mit Glühfadenpyrometern benutzt. Um selbst bei visuellen Messungen (Einstellung auf gleiche Leuchtdichte) innerhalb der photometrischen Kontrastempfindlichkeit des Auges zu bleiben, ist die Einstellung der Ströme von Normallampe und zu messender Lampe mit dem Kompensationsapparat deshalb nötig, weil die Genauigkeit zeigender Instrumente hierfür nicht ausreicht.

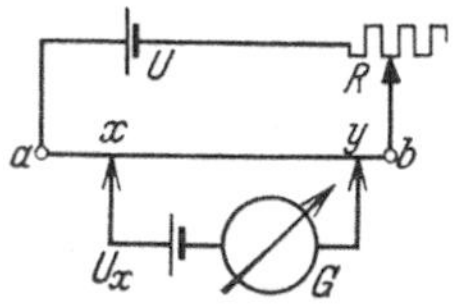

Abb. 49. Kompensationsschaltung.

Grundsätzlich eignet sich als Kompensator jeder gut kalibrierte Brückendraht, der an allen Stellen über der Längeneinheit konstanten Widerstand hat. Die einfachste Kompensationsschaltung zeigt Abb. 49. Die konstante Stromquelle U erzeugt, eingestellt mittels Regelwiderstands R, an einem Brückendraht a, b einen konstanten Spannungsabfall, von dem beliebige, an der Skala ablesbare Beträge zwischen den Schleifkontakten x, y abgegriffen werden können. Zwischen x und y liegen in Reihe die unbekannte EMK U_x und das Nullgalvanometer G. Im Fall der Stromlosigkeit ist der zwischen x und y abgegriffene Spannungsabfall gleich U_x. Geeicht wird die Anordnung, indem man an Stelle von U_x ein Normalelement einschaltet.

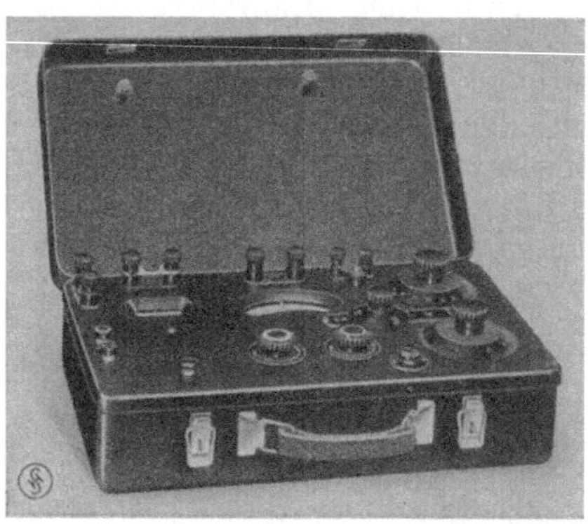
Abb. 50. Technischer Kompensator (S. & H.).

Ein handlicher technischer Kompensator (Abb. 50) wird von S. & H. gebaut. Er hat Meßbereiche von 0—22, 0—110, 0—1100 mV und zwischen 15 und 100% des Meßbereichs eine Genauigkeit von $\pm$ 0,3% vom Sollwert. Technische Kompensatoren enthalten meist außer dem Brückendraht noch Dekadensätze von Widerständen, die die meßbaren Dezimalen erweitern, oder derartige Widerstandssätze allein. Bei Anwendung von mehr als zwei Dekaden müssen diese Widerstandssätze doppelt vorhanden sein und durch doppelte, mechanisch gekuppelte Schiebe- oder Drehkontakte betätigt werden, damit der Gesamtwiderstand im Stromkreis bei der Änderung der Abgriffe konstant bleibt. Bei mehr als drei Dekaden macht das erhebliche schaltungsmäßige Kunstgriffe, sorgfältige Abgleichung der Widerstandssätze und gute Kontakte zur Vermeidung von Thermokräften und Übergangswiderständen nötig. Wegen ihrer vollendet sorgfältigen Ausführung berühmt sind die Kompensatoren des

Berliner Mechanikers O. Wolff, die sich in allen Feinmeßlaboratorien der Welt finden. Die Zusatzapparate, Spannungsteiler für die Erweiterung des Meßbereichs nach oben, sowie Vorrichtung zur Einstellung des Meßstroms mit dem Normalelement, sind entweder eingebaut oder als Zusatzgerät erhältlich.

Der Hauptnachteil der Kompensationsapparate in der beschriebenen Form ist die starke Beteiligung des Beobachters, der ja den Abgleich zu besorgen hat, am Meßvorgang, und die von der Geschicklichkeit abhängige Zeit zur Durchführung einer Einzelmessung, die bei Massenmessungen sowohl wie bei rasch veränderlichen Vorgängen als unangenehm empfunden wird. Man hat daher bereits seit langem versucht, den Vorgang der Kompensation automatisch besorgen zu lassen und diese Vorrichtung gleich zur Registrierung der gewonnenen Meßwerte heranzuziehen. Bereits vor mehr als zwei Jahrzehnten ist eine derartige Konstruktion von Callendar angegeben und von der Cambridge Instr. Co. hergestellt worden, die schon die gleichen wesentlichen Merkmale zeigt, wie unsere heutigen registrierenden Potentiometer. Ähnliche Instrumente werden von Leeds & Northrup, der Brown Instr. Co., der Wilson-Maeulen Comp., der Bristol-Comp. und neuerdings auch von Siemens & Halske gebaut. Die Unterschiede der verschiedenen Bauarten liegen in konstruktiven Einzelheiten. Ihre mehr oder weniger gemeinsame Wirkungsweise wird an Hand der Abb. 51 erklärt, die den Kompensograph von S. & H. darstellt.

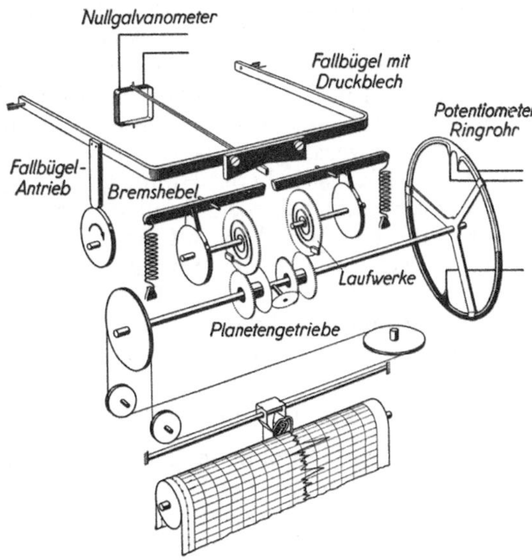

Abb. 51. Kompensograph (S. & H.).

Die Arbeitsweise ist intermittierend, ähnlich der des oben beschriebenen Fallbügelschreibers, mit dem das Instrument die Anordnung des Nullgalvanometers und des Fallbügelmechanismus gemeinsam hat. Sobald Abweichungen des Abgleiches vorkommen, schlägt das Nullgalvanometer nach einer Seite aus; beim nächsten Hub des alle 3 s niedergedrückten Fallbügels wird dann einer der beiden Bremshebel gelüftet, und zwar verschieden lange Zeit, je nach der Größe der Abweichung vom Nullpunkt (man beachte die schräge Druckplatte am Fallbügel!); die durch den Bremshebel ausgelösten, in der Abbildung nicht gezeichneten Laufwerke verstellen dann über ein Planetengetriebe ein Potentiometerringrohr (bauliche Abänderung eines Schleifdrahtwiderstandes, mit Quecksilber gefülltes Ringrohr mit eintauchender Platindrahtspirale) und besorgen so automatisch den Abgleich der verschieden gewesenen Spannungen. Mit der Bewegung des Ringrohrs mechanisch gekuppelt ist der Antrieb der Schreibfeder, die diesen Vorgang sukzessive auf dem langsam ablaufenden Registrierpapier aufzeichnet. Die Instrumente haben eine hohe Meßgenauigkeit, können bis zu einer Empfindlichkeit von 6 mV für vollen Skalenausschlag gebaut und mit verschieden großen Vorschubgeschwindigkeiten ausgerüstet werden.

Praktisches Beispiel für die zweckmäßige Anwendung eines registrierenden Potentiometers für ein Problem der objektiven Lichtmessung: die auf das sichtbare Spektralgebiet entfallende Strahlung des diffusen Tageslichts soll über eine lange Periode registriert werden. Hierfür eignet sich z. B. ein Sperrschichtphotoelement, das nach dem Verfahren von Dresler (313) auf die spektrale Empfindlichkeitsverteilung des Auges angepaßt ist. Die Zelle der vollen Strahlung des Himmels und der Sonne auszusetzen verbietet sich aus den in 154 dargelegten Gründen. Deshalb und zugleich zwecks guter Integrierung über den oberen halben Raumwinkel (gesamter sichtbarer Himmel) setzt man die Zelle in eine Milchglashalbkugel und schwächt vielleicht außerdem noch den Lichtstrom soweit, daß etwa 1000 Lux auf der Zellenoberfläche nicht überschritten werden. Dann reicht die Energie des Photostroms nicht mehr zur Betätigung eines gewöhnlichen Tintenschreibers aus, wohl aber für einen Kompensographen, ohne daß man komplizierte und Überwachung erfordernde Verstärkereinrichtungen dazwischenschalten muß.

23. Optische Verstärkermethoden.

Bei Instrumenten ohne langen materiellen Zeiger kann die Ablesung kleiner Verschiebungen oder Drehungen des Systems auf mikroskopischem Wege (Saiten- und Schleifengalvanometer, Fadenelektrometer) oder durch Spiegelablesung mit Fernrohr und Skala (Spiegelgalvanometer, Schachtelelektrometer) geschehen. Die Vergrößerung dieses optischen Hebelarmes hat nur Sinn, wenn die kleinsten noch zu beobachtenden Meßwerte nicht im Störspiegel untergehen. Sobald die durch Erschütterungen, Fremdfelder, elastische Nachwirkungen, Systemunruhe, Lagerungsfehler oder ähnliche Ursachen erzeugten Schwankungen mit den Meßwerten proportional vergrößert sich abbilden, ist eine weitere Verstärkung zwecklos; auf alle Fälle wird sie dann illusorisch, wenn die „natürliche", durch die Brownsche Bewegung und den Elektronentanz gegebene untere Grenze der Meßbarkeit erreicht ist; was allerdings nur mit wenigen guten Konstruktionen gelingt.

231. Geometrische Multiplikation. Die mikroskopische Ablesung der Bewegungen eines dünnen, am System befestigten Zeigers oder bei Fadeninstrumenten des Fadens selbst hat eine praktische Grenze bei etwa 600—1000facher Vergrößerung a) durch die geringe Tiefenschärfe der kurzbrennweitigen Objektive, die eine genaue Ausrichtung der optischen Achse senkrecht zur Schwingungsebene erfordert und bei kleinen Kantungen des Systems aus dieser Ebene heraus unscharfe Abbildung verursacht, b) durch die infolge der Beugung am Zeiger eintretende Unschärfe der Abbildung. Man kann zwar die Verschiebungen der Beugungsfransen ablesen, aber wegen deren Unschärfe leidet dann die Genauigkeit.

Die Spiegelablesung ist bei gegebener Größe des Spiegels durch die bei größeren Abständen geringer werdende Leuchtdichte der Skalenbilder und durch die Abmessungen der Räume auf etwa 10 m Abstand zwischen Fernrohr und Instrument beschränkt. Bei extrem kleinen Spiegeln (Oszillographen) kommt außer der geringen Apertur noch die Beugung am Spiegel als obere Grenze des Hebelarmes in Frage, so daß man auch da über einen Abstand von etwa dem 1000fachen Betrag des Spiegeldurchmessers nicht hinauskommt. Soweit die räumliche Entfernung zwischen Fernrohr und Spiegel als lästig empfunden wird, kann man sich durch mehrfache Reflexion des Lichtbündels an dem Drehspiegel und einem dicht gegenüberstehenden festen Spiegel helfen. Prinzipiell kommt man aber damit, wie Turlyghin (*94*) gezeigt hat,

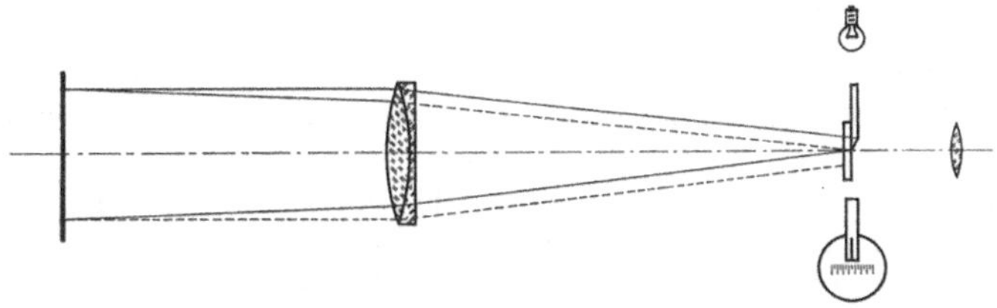

Abb. 52. Autokollimations-Ablesefernrohr nach Gehlhoff.

auch nicht wesentlich weiter; auch macht es nicht unerhebliche Schwierigkeiten, eine solche Anordnung zu justieren.

Eine hübsche Lösung des Problems der Spiegelablesung mit Fernrohr ist das Autokollimationsfernrohr von Gehlhoff. Den Strahlengang zeigt Abb. 52. In der Brennebene des Fernrohrobjektivs steht ein Mikrometer mit 100teiliger Skala (etwa 0,15 mm pro Teilstrich), die von der Okularlupe betrachtet wird. Unter der Skala, gegen das Okular durch ein kleines Beleuchtungsprisma mit möglichst geringem Abstand von der Skalenplatte abgedeckt, ist ein feiner Strich eingeätzt. Der Prismenstreifen ist rückwärtig verspiegelt und lackiert, um störendes Nebenlicht zu vermeiden. Am äußeren Ende des Prismenstreifens ist ein zur Beleuchtung des Skalenstriches dienendes Glühlämpchen angebracht. Der Planspiegel des abzulesenden Instruments entwirft ein hell beleuchtetes Bild der Strichmarke auf der Skala des Mikrometers. Die Vergrößerung ist nach einmaliger Justierung von der Entfernung zwischen Spiegel und Objektiv unabhängig; Instrument und Ablesefernrohr können also dicht beieinander, sogar auf einem Wandkonsol montiert werden. Die erreichbare optische Vergrößerung entspricht bei größerer Leuchtdichte der Bilder und bei einem Fernrohr von 30 cm Brennweite der von normalen Ablesefernrohren in 3—4 m Entfernung. Über Einzelheiten des nützlichen Instruments vgl. Gehlhoff (*64*).

232. Differential-Thermoelemente. Alle Methoden der geometrischen Multiplikation, die auf der Beobachtung projizierter Bilder beruhen, sind durch die optische Beschaffenheit dieser Bilder (Güte der Abbildung) begrenzt. Die im folgenden beschriebenen Methoden der Messung geringer Ausschläge mit Hilfe von Thermoelementen oder Photozellen sind von dieser Einschränkung frei und erlauben eine fast beliebig hohe Verstärkung der Ausschläge von Lichtzeigerinstrumenten.

Abb. 53 zeigt schematisch, Abb. 54 in der Ansicht die von Moll angegebene Vorrichtung, bestehend aus einem dünnen, dreiteiligen Streifen Thermoblech; die äußeren beiden Teile bestehen aus Konstantan,

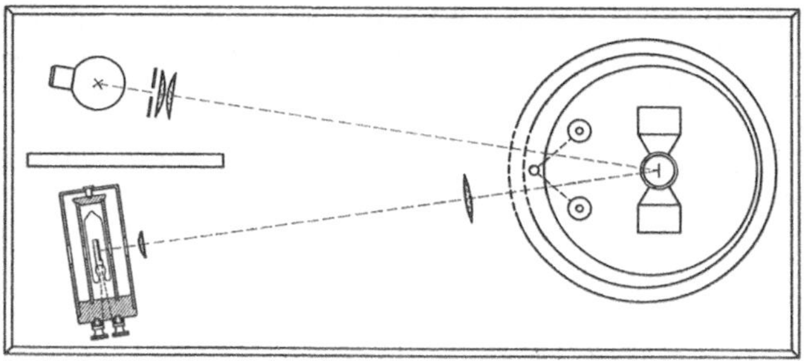

Abb. 53. Galvanometerverstärkung mit Differentialthermoelement nach Moll.

der innere aus Manganin. Die Lötstellen liegen wenige Millimeter auseinander bei B und C. Das Thermoblech ist zur Erhöhung der Empfindlichkeit in ein evakuiertes Glasgehäuse eingeschlossen. Das von einer Nitralampe mit kurzer Wendel kommende Lichtbündel passiert einen Spalt, ein Kondensorsystem und wird dann am Spiegel des Instruments (Primärgalvanometer) reflektiert, und gelangt über ein Objektiv und eine Zylinderlinse auf den Thermostreifen. Das Objektiv bildet den Spalt auf dem Thermostreifen ab, und die Zylinderlinse zieht die Höhe des Spaltes auf die Breite des Thermoblechs zusammen, so daß ein konzentriertes Lichtbündel beim Ruhezustand des Galvanometers auf die Mitte zwischen beide Lötstellen fällt. Bei kleinen Ausschlägen des Primärgalvanometers wandert der Lichtfleck näher an die eine der beiden Lötstellen, deren unterschiedliche Erwärmung eine Differential-Thermo-EMK auslöst, die mit einem Sekundärgalvanometer von meist niedrigerer Empfindlichkeit gemessen wird. Durch geeignete Abbildung, kräftige Beleuchtung und empfindliches Sekundärgalvanometer konnte auf diese Weise mit dem Moll-Galvanometer eine Verstärkung der Ausschläge erreicht werden, die bis an die Isingsche Grenze geht. Damit ist auch die Möglichkeit gegeben, mit Instrumenten geringerer Empfindlichkeit, aber guter Konstanz und Nullpunktsstabilität, sowie großer Unempfindlichkeit gegen Erschütterung sehr kleine Ströme zu messen.

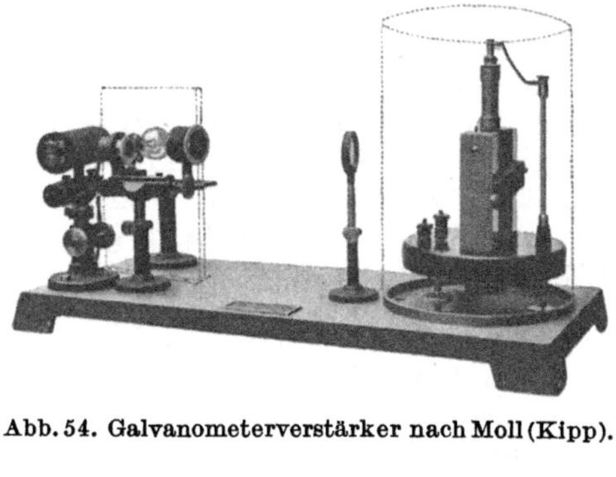

Abb. 54. Galvanometerverstärker nach Moll (Kipp).

Die Trägheit der Thermorelais, welche sich innerhalb von 2,5 s einstellen, macht sich erst nachteilig bemerkbar, wenn das Einschwingen des Galvanometers ebenso schnell oder noch schneller vor sich geht. In diesem Fall verwendet man besser die nachstehend beschriebenen Differential-Photoelemente.

233. Differential-Sperrschichtelemente. Die Anordnung kann in optischer Beziehung die gleiche sein, wie in 232 beschrieben, und ist von verschiedenen Autoren mit mehr oder weniger wesentlichen Abänderungen beschrieben worden. Mit Abbildung der linearen Lichtquelle auf die Trennungslinie der beiden Hälften des Sperrschichtelements arbeitet Gleason (*66*). Durch gründliche Ausschöpfung aller Möglichkeiten zeichnet sich die Arbeit von Bergmann (*58*) aus. Die einfachste Konstruktion enthält eine gleichmäßig ausgeleuchtete Blende, die nach Reflexion des Strahlenbündels am Instrumentspiegel auf eine dicht vor einem gewöhnlichen Sperrschichtelement stehende Blende von der genauen Größe des entworfenen Bildes zu projizieren ist. Die Anordnung hat zwei Nachteile: Unabhängigkeit der Angaben des Sekundärgalvanometers von der Ausschlagsrichtung des Primärinstruments, sowie Abhängigkeit von Empfindlichkeit bzw. Ausschlag von den Schwankungen der Lichtquelle. Beide Nachteile können in einer komplizierteren Anordnung (vgl. die Originalarbeit a. a. O.) vermieden werden, die mit zwei gegeneinander geschalteten Zellen und einer direkten geometrischen Vergrößerung des Ausschlagwinkels eines drehbaren Hilfsspiegels arbeitet, aber den Nachteil hat, daß diese Drehung von der Hand ausgeführt werden muß.

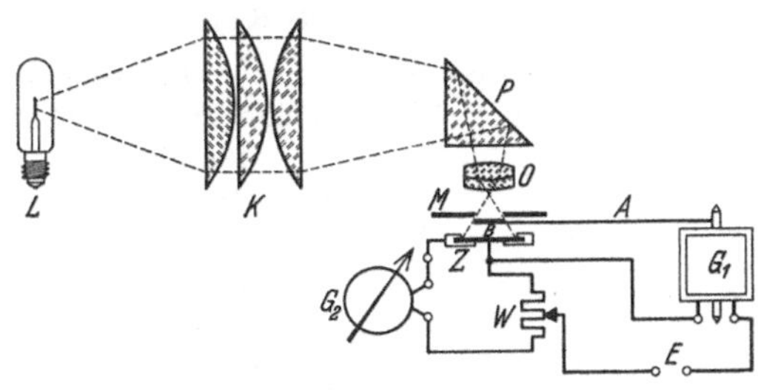

Abb. 55. Optischer Gleichstromverstärker nach Bergmann.

Die beste konstruktive Lösung hat Bergmann durch ein Differential-Sperrschichtelement gefunden, welches aus einer runden, längs eines Durchmessers zerschnittenen Sperrschichtplatte besteht. Dieses Element kann in der gleichen optischen Anordnung verwendet werden wie das Mollsche Thermorelais, oder aber zwecks Vergrößerung der Empfindlichkeit in Verbindung mit einer Gitterblende, die auf eine kongruente Gitterblende vor der Zelle projiziert wird. Die Empfindlichkeit wird um so größer, je kleiner die Gitterkonstante der Blende ist.

Um auch mit robusteren, weniger empfindlichen Sekundärgalvanometern arbeiten zu können, hat Bergmann eine Kombination des Differential-Sperrschichtelements mit Primär- und Sekundärgalvanometer angegeben, die auf einer Rückkopplung der verstärkten Ströme auf den Kreis des Primärinstruments beruht. Abb. 55 zeigt den Strahlengang und die Schaltung dieses optischen Gleichstromverstärkers. Die an dem Zeiger A des Primärgalvanometers G_1 angebrachte Blende B verdeckt in der Nullage die Blende einer Maske M im Strahlengang, läßt aber bei kleinen Ausschlägen nach der einen oder anderen Seite einen in erster Näherung dem Ausschlag proportionalen Lichtstrom auf eine der beiden Hälften des Sperrschichtelements Z fallen. In dessen Stromkreis liegt außer dem Sekundärgalvanometer G_2 ein veränderbarer Widerstand W, von dem ein Teil des Photostroms abgezweigt und durch das Primärgalvanometer geschickt wird. Die hierdurch bewirkte Vergrößerung des Ausschlags von G_1 hängt außer von der Beleuchtung (Lampe L, Projektionssystem mit Kondensor K, Prisma P, Objektiv O) von dem abgegriffenen Betrag von W ab, und kann durch dessen Vergrößerung theoretisch bis zur Labilität, praktisch bei guter Linearität bis zu etwa 1000facher Stromverstärkung getrieben werden. Die Differential-Sperrschichtelemente werden von der SAF Nürnberg, der beschriebene optische Gleichstromverstärker von der Firma Nadir, Abteilung der Deuta-Werke, Berlin, hergestellt.

24. Elektrische Verstärker.

Die meisten elektrischen Verstärker arbeiten mit Hochvakuum-Glühkathodenröhren; soweit es sich um mehrstufige Verstärkung handelt, werden bis auf die erste Stufe stets handelsübliche Radioröhren verwendet. Die Anforderungen an die erste Verstärkerstufe sind außergewöhnlich und nötigen zur Wahl von Spezialröhren, wenn die Stromempfindlichkeit bis aufs Äußerste gesteigert werden muß, wenn also z. B. mit Vakuumphotozellen und extrem hohen Ableitwiderständen gearbeitet wird. In diesem Fall muß der Gitterstrom der Röhren so klein wie möglich sein.

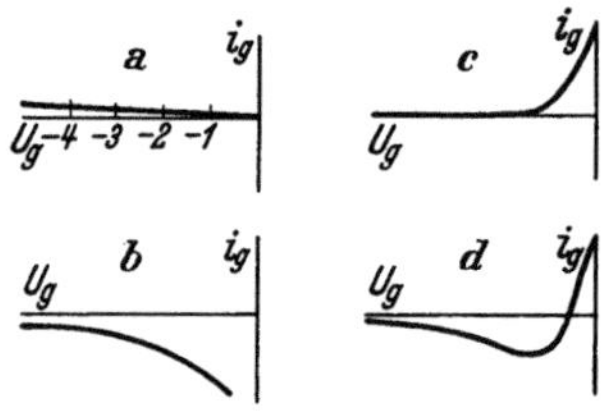

Abb. 56.
Gitterstromkomponenten.

241. Spezialröhren für Gleichstromverstärker. Quellen des Gitterstroms sind:

a) Der Isolationsstrom zwischen Gitter und Kathode über die Kriechwiderstände der Isolierung innerhalb und außerhalb der Röhre. Dieser Anteil nimmt annähernd proportional der Gitterspannung zu (Abb. 56a).

b) Der auf das Gitter fließende Elektronenstrom, ein kleiner Bruchteil der Emission der Kathode; er setzt je nach Aufbau und Eigenschaften der Röhre bei 1—3 V negativer Gitterspannung ein und steigt mit positiver werdender Gitterspannung schnell an (Abb. 56b).

c) Der durch Ionisation der Restgase entstehende Strom, der vorwiegend vom Gitter als der Stelle negativsten Potentials in der Röhre aufgenommen wird. Da bei hohen negativen Gitterspannungen kein Anodenstrom fließt, entsteht auch kein Ionenstrom. Ebenso wie der Elektronenstrom nimmt der Ionisationsstrom mit positiver werdender Gitterspannung rasch zu (Abb. 56c). Andere Gitterstromquellen: weiche Röntgenstrahlen, sowie Photoemission des Gitters durch den Lichtstrom der Glühkathode, können wegen ihrer relativ geringen Anteile außer Betracht bleiben. Durch Zusammenwirken aller dieser Anteile entsteht

d) der gesamte Gitterstrom (Abb. 56d), der bei guten Röhren sehr kleine Werte und entsprechende kleine Steilheit annimmt und durch einen Nulldurchgang in der Nähe von $u_g = 0$ bis -1 V gekennzeichnet ist. An diese Stelle wird zweckmäßig durch Gittervorspannung der Arbeitspunkt verlagert.

Der Gitterstrom kann bei der Herstellung der Röhre herabgedrückt werden:

a) Durch gute Isolation des Gitters von der Kathode, innerhalb der Röhre durch lange Kriechwege, Halterung des Gitters auf langen Glasstäben, Vermeidung gemeinsamer Einquetschung der Drähte in einem Fuß, gesonderte Durchführung durch die Glaswand, Verwendung hochisolierender bleihaltiger Gläser, Vermeidung leitender Fangstoffe (Getter) bzw. deren Anbringung so, daß sie sich nicht auf die Kriechstrecke zwischen Gitter und Kathode niederschlagen. Außerhalb der Röhre ist alles zu vermeiden, was die Kriechstrecken am Kolben entlang besser leitend machen kann, vor allem Feuchtigkeit. Deshalb hat man früher schlauchförmige Glasrohransätze auf die Gittereinschmelzung aufgeblasen, innen mit Natrium oder Phosphorpentoxyd getrocknet, und die Gitterzuleitung mittels eines Bernsteinpfropfens herausgeführt. Wenn man die Kolben aber sorgfältig reinigt und in einen trockenen Verstärkerkasten einbaut, ist diese Vorsichtsmaßregel unnötig.

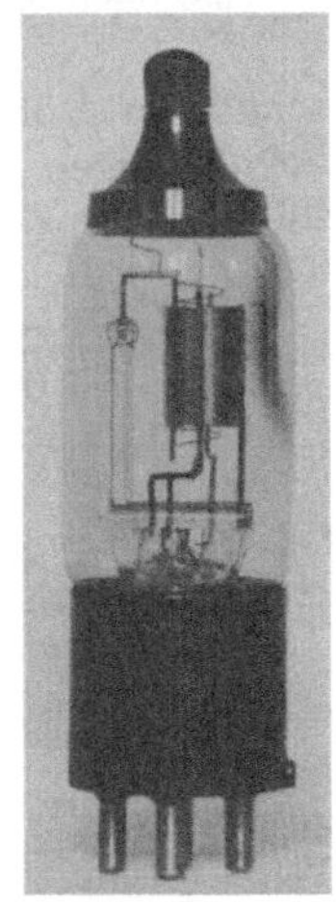

Abb. 57. Osram-Dosimeterröhre T 113.

b) Der Elektronenstrom hängt mit der Konstruktion der Röhre zusammen und ist nicht beliebig weit herabzudrücken; er nimmt in der Nähe von $u_g = 0$ stets beträchtliche Werte an; deshalb ist stets negative Gittervorspannung von passendem Betrag nötig.

c) Der Ionenstrom läßt sich durch gutes Evakuieren stark herabdrücken, außerdem durch Anwendung eines Getters von Magnesium oder Barium. Thorierte Wolframkathoden in Verbindung mit Magnesiumgittern haben sich in Gleichstromverstärkerröhren mit kleinem Gitterstrom gut bewährt. Ein prinzipiell wichtiges Hilfsmittel für Beseitigung der Ionenströme ist die Herabsetzung der Anodenspannung unter den Wert der Ionisierungsspannung der Restgase. Um in diesem Fall noch ausreichende Emission und Steilheit zu bekommen, baut man zwischen Kathode und Gitter ein Raumladegitter ein, welches praktisch das gleiche Potential erhält wie die Anode, also etwa 7 V. Eine derartige Röhre, die sich in Forschung und Praxis bestens bewährt hat, zeigt Abb. 57 (Fabrikat Osram-AEG).

242. Röhrengalvanometer. Röhrengalvanometer sind Gleichstromverstärker mit meist nur einer Verstärkerstufe: einer Röhre mit extrem kleinem Gitterstrom (241). Prinzipschaltung zeigt Abb. 58. Die Dosimeterröhre *DR* mit ihren Betriebsspannungen u_g (Gittervorspannung), u_h (Heizfadenspannung), u_a (Anodenspannung) enthält im Gitterkreis einen hochohmigen Ableitwiderstand, der von dem zu messenden Strom durchflossen wird. Im Anodenkreis liegt ein Galvanometer *G*. Um hochempfindliche Meßwerke verwenden zu können, wird zweckmäßig der Anodenruhestrom mittels der Kompensationsspannung u_k und des

Widerstandes R_k kompensiert. Die ganze Anordnung ist zur Vermeidung von Fremdfeldeinflüssen und der die Isolation beeinträchtigenden Feuchtigkeit in einen luftdicht geschlossenen, geerdeten Blechkasten eingebaut.

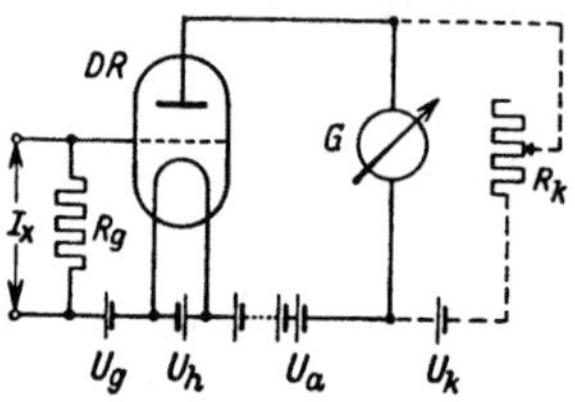

Abb. 58. Röhrengalvanometer (Prinzipschaltung).

Die Empfindlichkeit ist außer durch den Gitterstrom begrenzt durch die bei den Dosimeterröhren meist kleine Steilheit der Röhre ($S \sim 0{,}1$ bis $0{,}5$ mA/V). Bei Einröhrenschaltung mit Eingitterröhre ist eine Erhöhung der Steilheit durch Rückkopplung bei Gleichstromverstärkung wegen der Phasenumkehr des Anodenstroms unmöglich, wohl aber bei Verwendung zweier in Kaskade geschalteter Röhren (Turner, Abb. 59). Die zweite Röhre ist über den hochohmigen Anodenwiderstand angekoppelt, ihr Anodenstrom durchfließt einen Widerstand R_r, der zum Teil im Gitterkreis der ersten Röhre liegt. Durch Vergrößern von R_r kann die Steilheit theoretisch beliebig, d. h. bis zur Labilität gesteigert werden. Praktisch ist die Grenze der Verstärkung durch Schwankungen der Betriebsspannungen bereits viel früher gezogen. Das gleiche erreichten Jaeger und Scheffers (Abb. 60) durch Verwendung einer Doppelgitterröhre mit Raumladenetz. Da Anoden- und Raumladestrom innerhalb eines mittleren Bereiches um 180° in der Phase gegeneinander verschoben sind, kann ein im Raumladekreis liegender Widerstand zur Rückkopplung benutzt werden. Auch hier hängt die erreichbare Steilheit im wesentlichen von der Konstanz der Betriebsspannung ab. Aus diesem Grund ist die Verwendung mehrerer Kaskaden zur Gleichstromverstärkung meist unzweckmäßig, obgleich hierfür z. B. die Schaltung von Loftin und White gelegentlich verwendet wurden. Verfahren zur schaltungsmäßigen Herabminderung der Einflüsse von Spannungsschwankungen sind in 243 beschrieben.

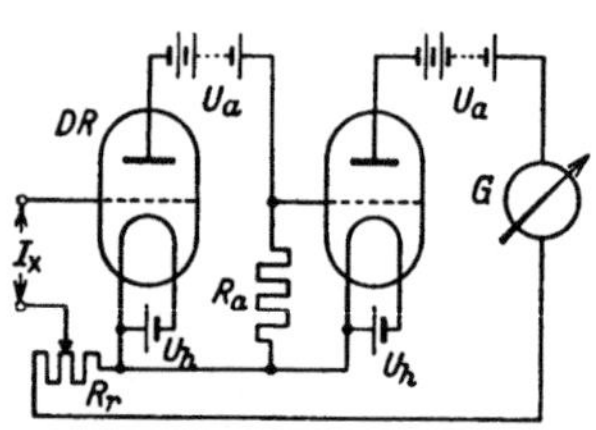

Abb. 59. Gleichstromrückkopplung nach Turner.

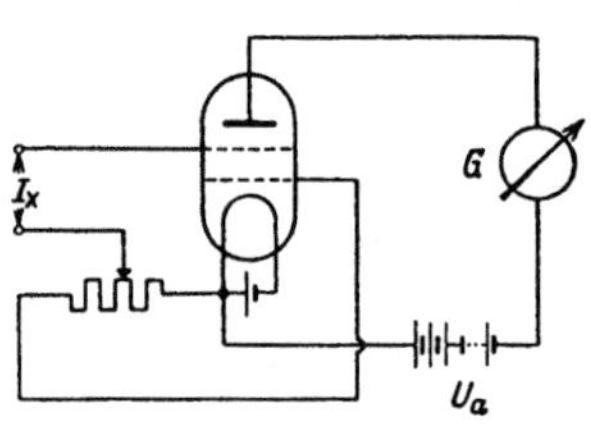

Abb. 60. Gleichstromrückkopplung nach Jäger und Scheffers.

Bei der Messung sehr kleiner Ströme mit Verstärkerröhren und extrem hohen Ableitwiderständen spielt die zwar kleine, aber immerhin 5—50 cm betragende Kapazität der Röhre samt der Photozelle und den daran hängenden geschirmten Verbindungsleitungen eine Rolle. Die Zeitkonstante wird in besonders bei Registrierung unangenehm empfundenem Maße heraufgesetzt. Eine Erhöhung der Ladungsempfindlichkeit ist möglich durch Verringerung der wirksamen Kapazitäten. Dies kann in ähnlicher Weise, wie in der Hochfrequenztechnik üblich, durch das Verfahren der Neutrodynisierung geschehen. Auf diese Weise gelang es Metcalf, unter angeblich noch stabilen Verhältnissen, auf eine Ladungsempfindlichkeit von $2 \cdot 10^{-19}$ C/mm, d. h. ein Elektron/Skt zu kommen.

Die bisher beschriebenen Röhrengalvanometer sind, soweit sie mit einem direkt zeigenden und vergleichsweise niedrigohmigen Galvanometer im Anodenkreis der Verstärkerröhre arbeiten, vorwiegend Stromverstärker, die eine möglichst große Steilheit der Röhre bei nicht notwendig sehr kleinem Durchgriff erfordern. Eine Spannungsverstärkung dagegen mit Röhren von kleinem Durchgriff braucht man dann, wenn an Stelle der niedrigohmigen Galvanometer Elektrometer oder andere zeigende oder registrierende Instrumente benutzt werden sollen, die höhere Spannungen, aber kleine Ströme verbrauchen, z. B. Kathodenstrahloszillographen. Daneben hat die Spannungsverstärkung mit Röhren von kleinem Durchgriff und hohen Anodenwiderständen den Vorteil weitgehender Unabhängigkeit von Schwankungen der Heizspannung. Die Überanpassung des Anodenwiderstandes, der also größer sein soll als der an sich schon hohe innere Widerstand von Schirmgitterröhren mit kleinem Durchgriff, setzt aber hohe Anodenbatteriespannung voraus und bedingt daneben, wegen des hohen R_a, eine beträchtliche Zeitkonstante und damit Frequenzabhängigkeit.

Ausgehend von der Definition der Spannungsverstärkung bei konstantem Anodenstrom $\mathfrak{V} = \left(\frac{\partial u_a}{\partial u_g}\right)_{ia = \text{const.}}$ hat Rudolph (*87*) eine Schaltung mit einem im Anodenkreis liegenden, im Sättigungsgebiet arbeitenden Glühkathodenventil angegeben, die bei geringerer Anodenspannung die Ausnutzung des vollen Verstärkungsfaktors $1/D$ der Röhre gestattet. Dagegen wird durch die Heizung des Ventils eine beträchtliche Kapazität eingeführt und der Nachteil der großen Zeitkonstante nicht behoben. Dies wurde zusammen mit der Ausnutzung der vollen Verstärkung von Sewig und Kleinschmidt (*93*) erreicht, die das Glühventil durch eine gesättigte Vakuumphotozelle ersetzten. Diese Anordnung wurde zur Oszillographierung des zeitlichen Ablaufs der Lichtemission von Leuchtröhren mit dem Kathodenstrahloszillographen verwendet.

243. Eliminierung von Spannungsschwankungen. Wie schon erwähnt, ist es ohne besondere Vorkehrungen zwecklos, Gleichstromverstärker mit mehreren Kaskaden zu bauen, weil die Spannungsschwankungen der Batterien dann in hohem Maße eingehen, und höhere Verstärkung auf Kosten der Stabilität des Nullpunkts geht. Berücksichtigt man, daß die Spannungsverstärkung (mittels Röhren von kleinem Durchgriff) von Änderungen der Emission und Steilheit in geringerem Maße abhängt, andererseits bei direkter Widerstandskopplung derartige Störungen voll als Gitterspannungsänderungen sich auf die nächste Röhre übertragen, so ergeben sich günstige Aussichten für mehrstufige Spannungsverstärkung durch Umformung der zu messenden Ströme in amplitudenproportionale Wechselströme und deren Verstärkung in mehreren Stufen mit induktiver oder kapazitiver Kopplung, worüber in Abschnitt 25 berichtet wird. Immerhin sind solche Anordnungen ziemlich umständlich und haben sich deshalb im Laboratorium weniger eingeführt als Verfeinerungen des einstufigen Röhrengalvanometers mit gitterstromarmen Spezialröhren in Richtung auf Eliminierung der Spannungsschwankungen.

Für Konstanthaltung der Emission und Steilheit wäre viel gewonnen, wenn es gelingen würde, Dosimeterröhren mit extrem kleinem Gitterstrom und indirekt beheizter Kathode zu bauen. Damit ist aber vorläufig nicht zu rechnen.

Das bequemste Mittel zur Konstanthaltung des Heizstroms sind Eisen-Wasserstoffwiderstände [Busch (*60*)]. Bei ihrer Verwendung ist zu berücksichtigen, daß der mittlere Teil der Stromspannungskennlinie (Abb. 61) nicht absolut horizontal, sondern immerhin noch etwas geneigt verläuft, daß zur Einstellung auf konstanten Strom eine nach Minuten rechnende Zeit nötig ist, infolgedessen schnelle Spannungsschwankungen z. B. bei Netzbetrieb nicht voll ausgeglichen werden können, und daß beim Einschalten infolge der Wärmeträgheit des Drahtes ein erheblicher Überstromstoß auftritt. Dieser Stromstoß kann nach W. Meyer (*76*) durch Vorschaltung eines Halbleiters mit negativem Temperaturkoeffizienten des Widerstandes fortgenommen werden, wobei allerdings die Einbrenndauer etwas heraufgeht. Abb. 62 zeigt die Strom-Zeitkennlinie eines gewöhnlichen Eisen-Wasserstoffwiderstandes und eines solchen mit Vorwiderstand aus Urandioxyd, Abb. 63 die Ansicht des letzteren (Osram).

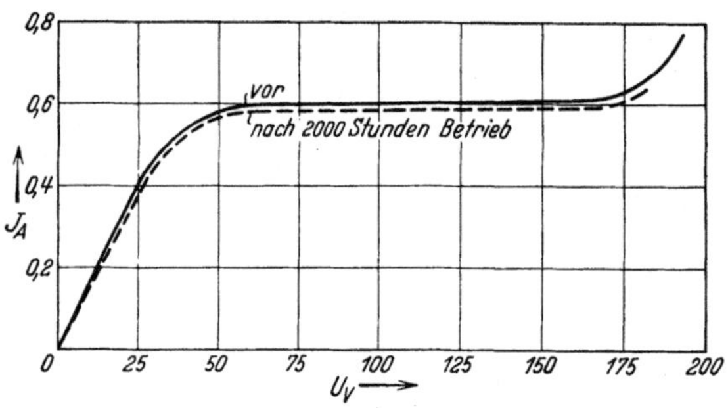

Abb. 61.
U-*J*-Kennlinie eines Eisen-Wasserstoffwiderstandes.

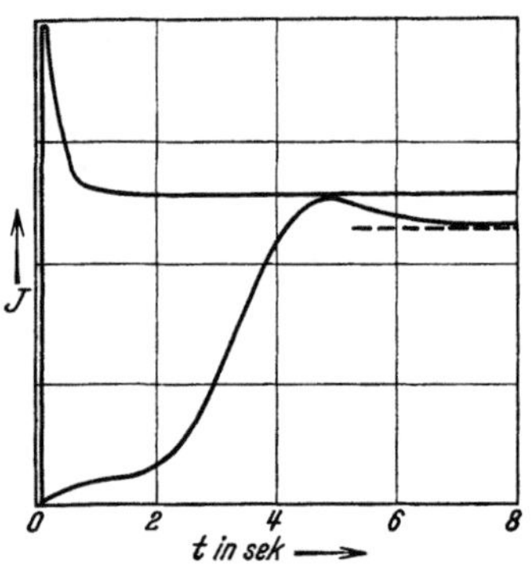

Abb. 62. *J*-*T*-Kennlinie eines Eisen-Wasserstoffwiderstandes mit und ohne Vorwiderstand aus Uranoxyd.

Zur Konstanthaltung der Anodenspannungen eignen sich Eisen-Wasserstoffwiderstände wegen ihres ziemlich hohen Eigenverbrauchs weniger als Glimmstrecken-Spannungsregler. Bei diesen wird von der Eigenschaft der Gasentladung mit kalter Kathode Gebrauch gemacht, daß innerhalb des Gebiets des normalen Kathodenfalls der Spannungsabfall von der Stromstärke fast völlig unabhängig ist. Die Glimmstreckenglättungsröhren enthalten zwei oder mehrere flächenförmige dicht benachbarte Elektroden in einer Füllung von einigen Millimetern Edelgas. Eine von der Deutschen Glimmlampen-G. m. b. H., Leipzig, gebaute Ausführungsform mit zwei Elektroden liefert eine Spannung von 150—170 V und kann bis zu 40 mA belastet werden. Die Stabilivolt-G. m. b. H., Berlin-Tempelhof, stellt Glättungsröhren mit mehreren Elektroden her (Abb. 64), die eine Gesamtspannung von etwa 280 V in 4 Stufen zu je 70 V liefern und je nach Ausführungsform mit 40 bis

200 mA belastet werden können. Die Röhren müssen zur Vermeidung von Kurzschluß stets mit einem passend bemessenen Widerstand in Reihe geschaltet werden. Spannungsschwankungen von ± 10% können bei geeigneter Schaltung mittels dieser Röhren auf ± 0,1 bis 0,3% herabgedrückt werden. Unter Verwendung von Glimmstreckenreglern hat z. B. Hasché (*68*) einen Gleichstromverstärker in Brückenschaltung für Röntgendosismessung mittels Ionisationskammer entwickelt, der hinsichtlich Konstanz und Empfindlichkeit recht befriedigend zu sein scheint.

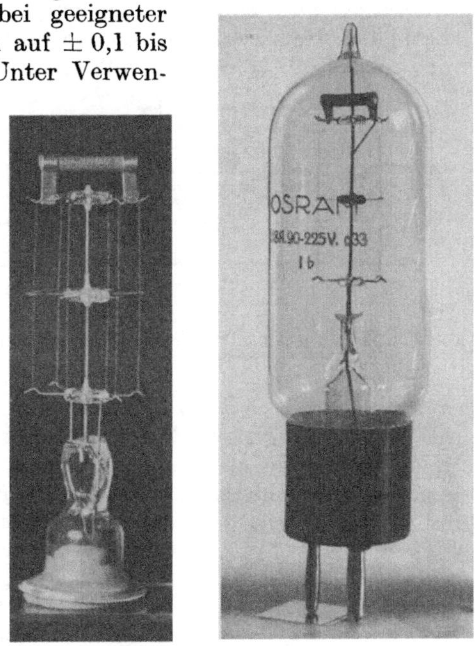

Abb. 63. Urdox-Widerstand (Osram).

Bis zu einem gewissen Grad können Schwankungen der Heiz- und Anodenspannungen eines Gleichstromverstärkers durch eine geeignete Schaltung unschädlich gemacht werden, bei der die Angaben des Anzeigeinstruments im Anodenkreis gegenüber kleinen Spannungsänderungen invariant sind. Turner (*95*) legt in den Heizkreis und Gitterkreis gemeinsam einen kleinen Widerstand derart, daß bei Erhöhung der Heizspannung, also Vergrößerung der Emission, das Gitterpotential negativer wird und der Anodenstrom konstant bleibt.

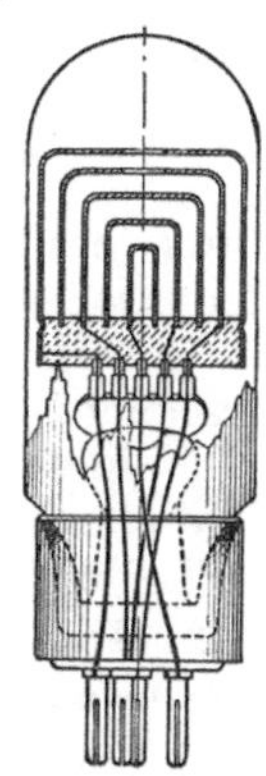

Abb. 64. Glimmerstrecken-Glättungsröhre (Stabilivolt).

Günstig für die Überwachung und Konstanthaltung der Betriebsspannungen empfindlicher Röhrengalvanometer ist der Bezug aus einer gemeinsamen Stromquelle mittels eines Spannungsteilers. Hier wirkt sich bereits die Phasenverschiedenheit der Schwankungen der Gittervorspannung einerseits und der Heiz- und Anodenspannung andererseits günstig für die Konstanz des Anodenstroms aus. Durch Verbindung einer Röhre mit mehreren festen Widerständen zu einer Brückenschaltung, in die eine vom Heizstrom abhängige Kompensationsspannung eingeführt ist, konnten von W. Soller, von L. A. Turner und von C. O. Siegelin und neuerdings von G. Barth (*57*) recht gute Ergebnisse erreicht werden. Die zur Zeit vollkommenste Schaltung dieser Art von Barth ist in Abb. 65 gezeichnet. Sie arbeitet mit einer Doppelgitterröhre (Osram T 113) und Brückenwiderständen im Anodenkreis (R_a) sowie im Raumladegitterkreis (R_g'', R_g', R); an dem vom Heizstrom durchflossenen Widerstand W wird die Kompensationsspannung passend abgegriffen. Bezüglich der Theorie und des Aufbaues der Schaltung muß auf die Originalarbeit (*57*) verwiesen werden.

Weitgehende Möglichkeiten zur Ausgleichung von Schwankungen sowohl der Heiz- wie der Anodenspannung bieten Brückenschaltungen mit zwei Röhren. Sie sind von Wynn-Williams, Brentano, Nottingham, Eglin u. a. entwickelt worden (Literatur z. B. Sewig (*91*)]. Das im wesentlichen gemeinsame Schema dieser Schaltungen ist in Abb. 66 gezeichnet. Je ein Brückenzweig enthält die Dosimeterröhre und eine Kompensationsröhre mit möglichst ähnlichen Daten, die übrigen beiden Zweige werden von zwei annähernd gleichen Widerständen gebildet. Sind Steilheit, Durchgriff und Abhängigkeit der Emission bzw. Steilheit vom Heizstrom bei beiden Röhren ideal gleich, so ist die Schaltung — einmal abgeglichen — gegen Spannungsschwankungen im Nullpunkt gänzlich, in der Empfindlichkeit in erster Näherung invariant. Da sich dies praktisch nie ganz erreichen läßt, sind Abgleichmöglichkeiten vorgesehen: die Heizung der parallelgeschalteten Kathoden kann einzeln oder getrennt variiert werden; auch durch Änderung der beiden Anodenwiderstände, sowie der Gitterspannung der Kompensationsröhre sind Abgleichmöglichkeiten gegeben. Weitere Verfeinerungen stammen von Eglin, der eine erreichbare Stromempfindlichkeit von 10^{-14} A angibt, und von Custers (*61*), der die Nullpunktsschwankungen infolge von Isolationsfehlern und Luftionisation dadurch beseitigte, daß er die gesamte Apparatur mit der Photozelle in ein großes evakuiertes Glasgefäß einschloß. Custers erreicht bei 10^5—10^6facher Stromverstärkung unter Verwendung eines Zernike-Galvanometers als Nullinstrument eine mittlere Unruhe des Nullpunkts von 0,3—0,4 mm pro Meter bei einer Stromempfindlichkeit des Galvanometers von $1{,}35 \cdot 10^{-9}$ A/mm und einen Gang des Nullpunkts von 10 mm pro Viertelstunde.

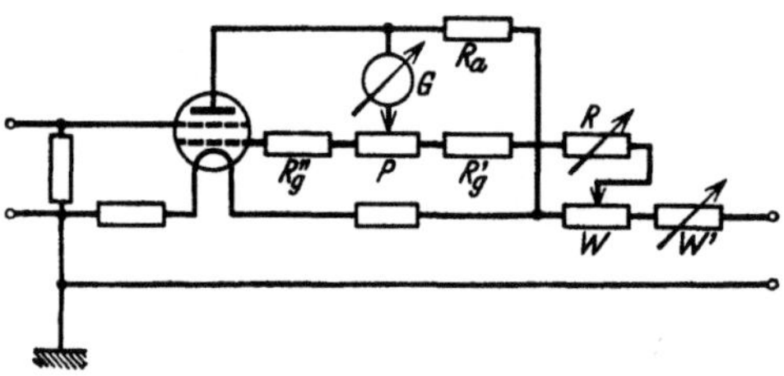

Abb. 65. Kompensiertes Röhrengalvanometer nach Barth.

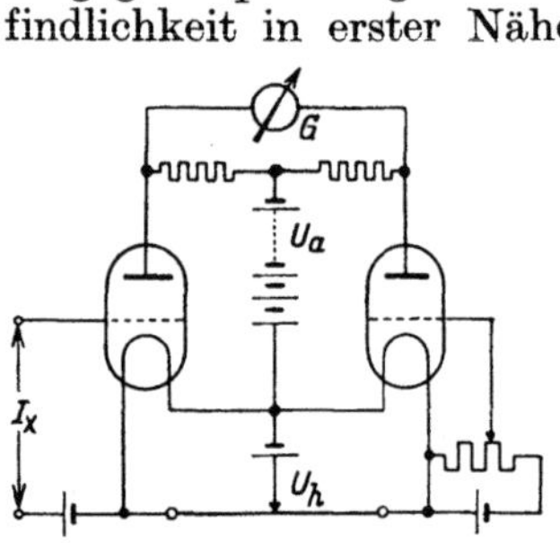

Abb. 66. Gleichstromverstärker in Brückenschaltung.

Verstärker dieser Art braucht man verhältnismäßig selten. Obgleich sie, wenn äußerste Empfindlichkeit nötig ist, anders kaum Erreichbares leisten, kann man mit den nachstehend beschriebenen Methoden einfacher zum Ziel kommen.

244. Entlademethoden. Das immer wieder verwendete Prinzip ist die Entladung eines Kondensators über den schwachen zu messenden Strom (z. B. Photostrom) und die Messung der Zeit, die zur Entladung auf einen bestimmten Bruchteil der Spannung am Kondensator nötig ist. Bleibt der Entladungsstrom, wie bei oberhalb der Sättigungsspannung betriebenen Vakuumzellen, konstant, so ist die Spannung am Kondensator zur Zeit t:

$$U = Q/C = \frac{1}{C}\int_0^t i\,dt = i\,(t - t_0).$$

Die Spannung am Kondensator kann mit einem Fadenelektrometer (211, 212) gemessen und der Durchgang durch zwei bestimmte Marken der Skala abgestoppt werden. Die Vorgänge der Wiederaufladung und der Zeitmessung der Entladeperiode bzw. der Messung der Entladungsfrequenz kann bei Verwendung von Verstärkerröhren (Dosimeterröhren) automatisch besorgt werden.

Eine derartige Vorrichtung, die für Röntgendosismessung mit Ionisationskammer und für Lichtmessungen mit Photozelle geeignet ist, ist das Mekapion von Strauß (*172*) (Abb. 67). g und h sind Heiz- bzw. Anodenbatterie der Dosimeterröhre c. Der beim Einschalten der Heizung fließende Anodenstrom bringt das Relais d zum Ansprechen, welches seinerseits ein Schaltrelais e mit dem Kontakt f auslöst. Hierdurch wird der primäre Stromkreis eines Transformators i, k kurz geöffnet und mittels des sekundär in k induzierten Spannungsstoßes der hochisolierte Gitterkondensator b derart aufgeladen, daß das Gitter ein hohes negatives Potential bekommt. Nun bleibt der Anodenstrom solange verriegelt, bis von der Ladung des Kondensators über die Photozelle a hinreichend abgeflossen ist, um den Anodenstrom wieder einsetzen zu lassen. Dann wiederholt sich dasselbe Spiel. Die Dauer eines oder mehrerer derartiger Abläufe kann mittels der parallel zum Relais e bei o, p angeschlossenen elektromagnetisch ausgelösten Stoppuhr gemessen werden. Damit die Zelle stets genügend über ihrer Sättigungsspannung betrieben wird, erhält sie unter Zwischenschaltung der Sekundärspule k des Ladetransformators eine von der Anodenbatterie h abgegriffene, genügend positive Saugspannung.

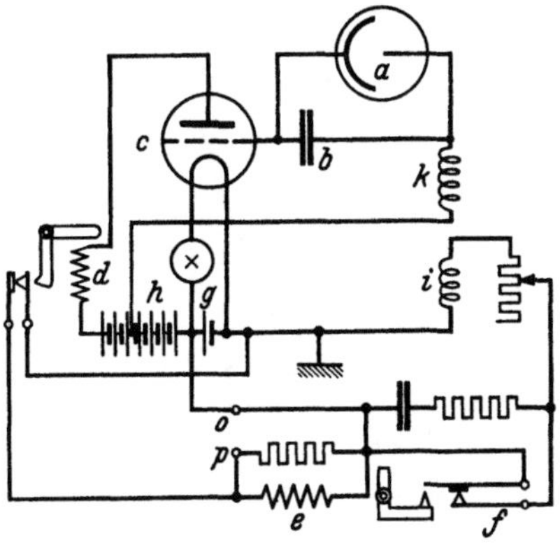

Abb. 67. Mekapion (Strauß).

Das Instrument eignet sich zur Messung hoher Widerstände, zur Messung von sichtbarem, ultrarotem und ultraviolettem Licht in Verbindung mit Vakuumphotozellen, sowie für Röntgendosismessung in Verbindung mit Ionisationskammern. Als Zubehör braucht man eine elektromagnetisch gesteuerte Stoppuhr oder ein ebensolches Zählwerk; ferner sind von Strauß Registriergeräte in Gestalt von Kurvenschreibern gebaut worden, betreffs derer auf die Originalliteratur verwiesen werden muß.

Prinzipiell ganz ähnlich ist die elektrische Meßeinrichtung des nach Angaben von Geffcken und Richter von H. A. Freye in Braunschweig gebauten lichtelektrischen Trübungsmessers (Abb. 69, Schaltung Abb. 68). Zu Beginn der Messung wird das Laufwerk *L* einer Stoppuhr in Gang gesetzt und gleichzeitig mit dem Starthebel *S* dem durch den Kondensator *C* blockierten Gitter *G* der Röhre eine hohe negative Spannung aufgedrückt. Die Ladung fließt langsam über die Zelle *Z* ab, bis der Anodenstrom einsetzt und durch das Schaltwerk *M* mit der Klinke *H* das Laufwerk arretiert.

Schaltungsmäßig einfache Anordnungen für intermittierende Photostrommessungen lassen sich unter Verwendung mit Gas oder Quecksilberdampf gefüllter Röhren mit oder ohne Glühkathode (Glimmrelais, Stromtor, Thyratron, Iontron) aufbauen. Nach meinen Erfahrungen sind aber derartige Schaltungen für Meßzwecke wegen der Inkonstanz der Röhren hinsichtlich Zündspannung vorläufig nicht geeignet. Sie haben sich dagegen gut eingeführt für

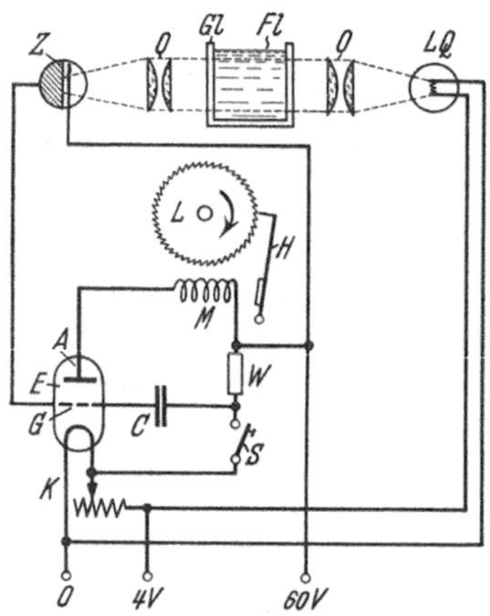

Abb. 68. Trübungsmesser nach Geffcken und Richter.

Abb. 69. Trübungsmesser nach Geffcken und Richter (Freye).

gröbere Arbeiten, etwa die Zählung der einen Lichtweg passierenden Gegenstände oder Menschen, Sortierung nach Größe oder Farbe u. dgl. Ähnliche Bedenken bestehen hinsichtlich der Anwendung von Kippschwingungsschaltungen in Verbindung mit Photozellen und Glimmröhren. Aus diesem Grund wird hier auf eine Besprechung dieser Schaltungen verzichtet, um so mehr als sich eine sehr eingehende Darstellung in dem Buch von Geffcken, Richter und Winckelmann [(*15*), S. 110f.] findet.

245. Bolometerverstärker. Die in den folgenden Abschnitten 245—247 beschriebenen Verstärkermethoden arbeiten alle mit einem primären Meßwerk (Galvanometer, Elektrometer), dessen Ausschläge, also mechanische Bewegungen oder Drehungen des beweglichen Organs, auf irgendeine Weise vergrößert und bequemer ablesbar gemacht werden. Sie haben also gewisse Ähnlichkeit mit den in Kapitel 23 beschriebenen Methoden der optisch-geometrischen Verstärkung, obwohl die Mittel zur Verstärkung andere sind. Prinzipiell wesentlich sind dabei die Eigenschaften des primären Meßwerks, seine Nullpunktskonstanz und Unempfindlichkeit gegen Erschütterungen sowie die Freiheit von elastischen

Nachwirkungen der Richtorgane (Federn, Aufhängebänder); nicht mehr wesentlich ist aber dessen Empfindlichkeit, weil die Methoden ebenso wie die in Kapitel 23 beschriebenen, eine fast beliebig große Verstärkung der Anschläge gestatten. Es muß aber immer erneut darauf hingewiesen werden, daß durch alle diese Verstärker eine Steigerung der Empfindlichkeit selbst, also des Schwellenwertes der Anzeige, nicht erreicht werden kann, und daß man prinzipiell die gleiche Empfindlichkeit durch mikroskopische Ablesung oder ähnliche geometrische Multiplikation erhalten kann. Betrachtet man aber derartig kleine Meßwerkausschläge mit stark vergrößernden Mikroskopen oder Fernrohren, so ist die Ausbildung eines scharfen Licht- oder Schattenzeigers wegen der auftretenden Beugungserscheinungen nicht mehr möglich, wodurch die Ablesung oder Registrierung erschwert und kompliziert wird. Die nachstehend beschriebenen Verstärkungsmethoden erlauben demgegenüber, ähnlich wie die geometrisch-optische Verstärkung mit Differentialphotoelementen, eine saubere Skalenablesung; und bei der Registrierung derartiger Messungen ist man nicht auf photographische Verfahren angewiesen, sondern kann unter geeigneten Verhältnissen die robusten und bequemen Tintenschreiber verwenden. Hierin also, in der größeren Bequemlichkeit und Verläßlichkeit der Messungen und der Ausschließung individueller Fehlermöglichkeiten beim Beobachter liegt der Vorteil und die große Bedeutung dieser Methoden, nicht in einer Steigerung der Empfindlichkeit, mit der man über die Ising-Mollsche Grenze mit allen bisher mitgeteilten Methoden und Apparaten nicht hinauskommt. Daß überhaupt derartige Verstärker in größerer Anzahl in letzter Zeit gebaut worden sind, ist eine Anpassungsfrage. Sie haben ihre Existenzberechtigung besonders in Verbindung mit niedrigohmigen Meßwerken, während als hochohmiges Instrument die Verstärkerröhre zur Zeit immer noch die meisten Vorteile bietet.

Ein zweckmäßiges Bauelement für Ausschlagsverstärkungen jeder Art ist die Bolometerbrücke, bestehend aus zwei konstanten und zwei temperaturempfindlichen oder aus vier temperaturempfindlichen Widerständen, die im Gegensatz zu den in Kapitel 12 beschriebenen Bolometerbrücken nicht durch eine zu messende Strahlung, sondern von den die Brücke durchfließenden Strömen erwärmt werden, und deren Temperatur sich in einer von dem Meßwerk kontrollierten Abhängigkeit ändert. Eine ähnliche Anordnung wird unter Verwendung von Thermoelementen statt von Bolometern von der Cambridge Instr. Comp. zur Kontaktgabe von empfindlichen Galvanometern verwendet. Die Bolometersteuerung selbst geht auf eine fast drei Jahrzehnte alte Patentanmeldung von Köpsel zurück, ist später von anderen Konstrukteuren modifiziert worden und hat kürzlich von Sell (*89*, *90*) eine den hier interessierenden Zwecken der Meßtechnik in großer Vollendung entsprechende technische Durchbildung erfahren. Das Prinzip der Methode wird an Hand der Abb. 70 und 71 erläutert.

Die aus der Düse D (Abb. 70) austretenden, von einem Membranblaswerk kommenden Luftströme treffen, gesteuert durch die mit einer Blendenöffnung versehene, von dem (als Drehspulmeßwerk gezeichneten) Instrument betätigte Fahne F die Bolometeranordnung B_1 B_2.

Je nach der Stellung der Fahne werden hierbei entweder beide Bolometerstreifen B_1 und B_2 symmetrisch angeblasen und abgekühlt (Mittellage) oder einer derselben in mehr oder weniger starkem Maße. Sind nur zwei Bolometerstreifen B_1 und B_2 vorgesehen (Abb. 71a), so bilden dieselben mit zwei festen Widerständen W_1 und W_2 zusammen die vier Zweige einer Brückenschaltung, wobei die durch Ausschläge der Fahne und folgende ungleichmäßige

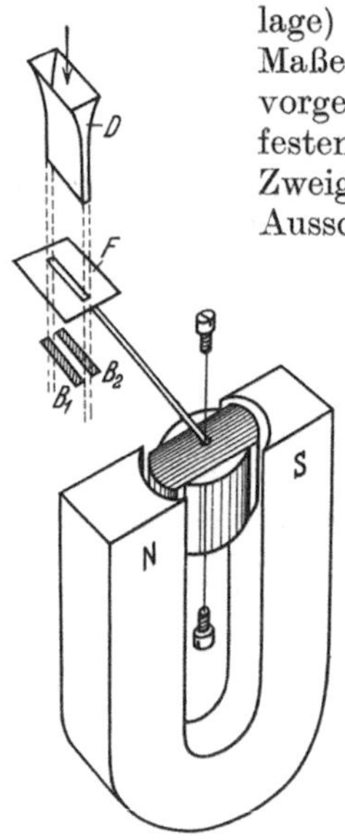

Abb. 70. Düsenbolometer nach Sell.

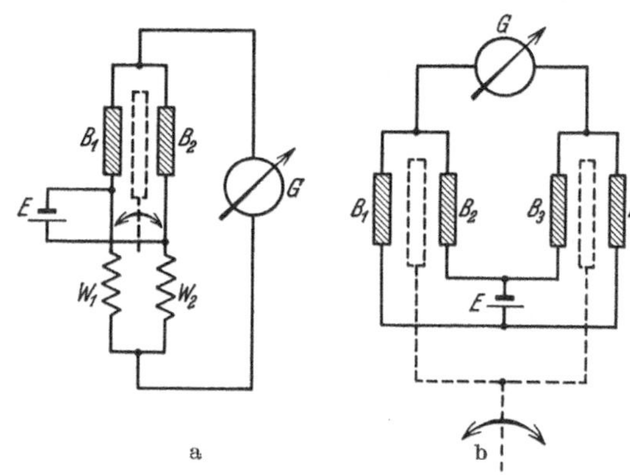

Abb. 71. Düsenbolometer nach Sell.

Abkühlung bewirkte Vertrimmung der Widerstände W_1 W_2 an dem Brückengalvanometer G abgelesen wird. An Stelle der temperaturunabhängigen Widerstände können auch zwei weitere Bolometerstreifen treten (Abb. 71b). Diese Anordnung eignet sich zunächst zur Meldung von Abweichungen aus einer Null-Lage des Instruments, zur Betätigung einer etwa vorgesehenen Kompensationsvorrichtung u. dgl. Die Abhängigkeit zwischen Ausschlag der Steuerfahne und Brückenstrom ist zwar innerhalb eines gewissen Bereichs linear, aber nur unter bestimmten Voraussetzungen; hierzu gehört besonders große Konstanz des Luftdrucks bzw. bei dem von Sell verwendeten Membranblaswerk der antreibenden Netzspannung. Da sich diese Bedingungen in der Praxis schwer einhalten lassen, ist ein in dieser primitiven Weise gebauter Gleichstromverstärker noch nicht ideal. Neuerdings wurde von Sell (*89*) ein quantitativer Bolometerverstärker entwickelt, der von diesen Einflußgrößen frei ist und ein sehr brauchbares Meßgerät darstellen dürfte (Abb. 72). Die Bolometerbrücke besteht aus den Widerständen R_1, R_2, R_3, R_4; in der einen Diagonale liegt die Hilfsstromquelle, an deren Konstanz keine besonderen Anforderungen gestellt werden; in der anderen Diagonale das Brückeninstrument R_5, an dem die verstärkten Ausschläge abgelesen werden und parallel dazu

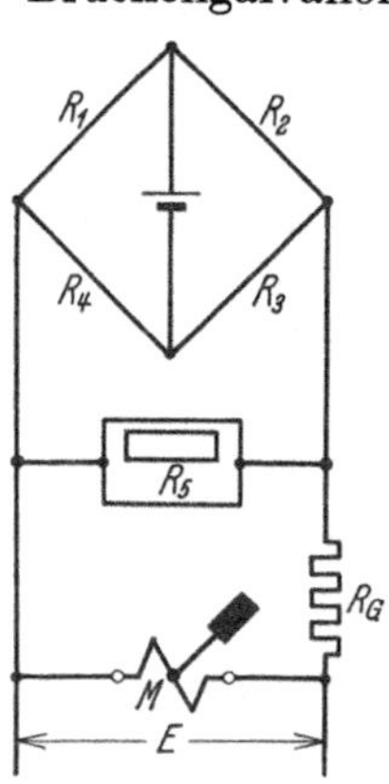

Abb. 72. Düsenbolometer nach Sell als Gleichstromverstärker.

über einen passend gewählten Widerstand R_G das praktisch richtkraftlose primäre Meßwerk M mit der Steuerfahne des Bolometers. Die aufgedrückte zu messende EMK wird dem Meßwerk E zugeführt. Die Stromrichtung ist so gewählt, daß der zusätzliche, über R_G dem Meßwerk zufließende Strom dem zu messenden, durch E erzeugten Strom entgegengesetzt gerichtet ist. Dann regelt sich die Anordnung so ein, daß der zu messende Strom dem über R_G abgezweigten Teilstrom gleich wird. Alsbald kommt der Vorgang zur Ruhe.

Der Verstärkungsfaktor hängt von der Bemessung des Widerstandes R_G relativ zu den übrigen Widerständen, besonders zu dem des Brückeninstruments R_5 ab. Das primäre Meßwerk braucht keine Richtkraft zu haben, kann also extrem empfindlich sein. In Verbindung mit geeigneten Meßgeräten (z. B. an Bändchen aufgehängten Drehspulsystemen) dürfte dieser Verstärker für die Messung der schwächsten, in der objektiven Photometrie vorkommenden Ströme geeignet sein. Die Einstellzeit ist klein, jedenfalls wenig größer als 1 s. Auch eine einfache Registrierung der Vorgänge ist möglich, da für das Brückeninstrument R_5 ein Tintenschreiber eingesetzt werden kann.

Eine andere Bauart der Bolometerverstärker ist in einer Arbeit von Reiß (*85*) mitgeteilt. Die Anordnung besteht aus einem dünnen, stromdurchflossenen Leiter (Draht oder Bändchen), der bei Annäherung an eine feste Schneide seine Temperatur ändert. Der stromdurchflossene Leiter kann z. B. als Elektrometerfaden ausgebildet sein. Zahlreiche Abwandlungen dieses Prinzips liegen mehr oder weniger auf der Hand; es kommt nur darauf an, daß es mit nicht zu großen Mitteln möglich ist, auch ein robustes und verläßliches Meßgerät danach zu bauen. Dies scheint vorläufig nur bei der Sellschen Anordnung gelungen zu sein.

246. Sonstige elektrische Verstärker. Die Verstärkung kleiner mechanischer Ausschläge von Meßwerken ist noch auf mannigfache andere Arten gelöst worden. Eine von Tour ausgearbeitete Methode beruht darauf, daß bei Ausschlägen des Meßwerkzeigers in der Nähe zweier einstellbarer fester Kontakte zwischen diesen und der Zeigerspitze Funken übergehen, welche die Entladung in einer von zwei Ionensteuerröhren auslösen. Die im Funken übergehende Energie ist sehr klein relativ zu der durch die Röhren gesteuerten Energie, entsprechend groß ist der Verstärkungsfaktor. Über die zahlenmäßigen Werte ist aus der einzig bekannt gewordenen Firmenmitteilung (*83*) nichts Zuverlässiges zu entnehmen, da Angaben über die Konstanz des Nullpunkts und die sicher bei empfindlichen Meßwerken nicht zu vernachlässigenden elektrostatischen Kräfte zwischen Zeigerspitze und Kontakten fehlen. Das Instrument ist kein quantitativer Verstärker, sondern nur ein Relais, kann aber natürlich in ähnlicher Weise wie oben beschrieben in Verbindung mit einer nachlaufenden Kompensation zu einem solchen ausgebaut werden.

Andere Möglichkeiten sind gegeben durch Änderung der Kapazität von Kondensatoren mittels eines mit dem Meßwerk in Verbindung stehenden Organs, wobei immer die Schwierigkeit zu überwinden ist, unkontrollierbare Reibungen sowie Rückwirkungen auf das Meßwerk zu vermeiden. Ein Galvanometerverstärker dieser Art wurde von Reisch

(*84*) beschrieben. Vor dem Sellschen Verstärker dürfte er den Vorteil einer bequemeren Selbstanfertigung haben; ob er dagegen dasselbe leistet, besonders in bezug auf Handlichkeit, erscheint zweifelhaft. Sewig und Appuhn (*92*) verwenden einen Flüssigkeitswiderstand mit zwei festen und einer am Meßwerkzeiger beweglichen Elektrode, das Ganze in Brückenschaltung und mit Wechselstrom betrieben; angeschlossen ist ein dreistufiger Niederfrequenzverstärker und ein Wattmeter dessen eine Spule gleichfalls am Wechselstromnetz liegt. Auf diese Weise wird die Anzeige phasenempfindlich.

247. Pneumatische Verstärker. Das in 245 beschriebene Düsenbolometer nach Sell ist insofern ein pneumatischer Verstärker als die Hilfsenergie durch Luftströme geliefert wird, ein elektrischer Verstärker insofern, als diese Luftströme mit Bolometern gemessen werden. Ein rein pneumatischer Verstärker wird prinzipiell ähnlich gebaut sein, aber empfindliche Luftdruckmesser an Stelle der Bolometer enthalten. Eine derartige Konstruktion wird als „Stromwaage“ von den Askania-Werken, Berlin-Friedenau, gebaut. Sie ist in Verbindung mit einem Thermoelement, dessen EMK zu messen sei, in Abb. 73 dargestellt.

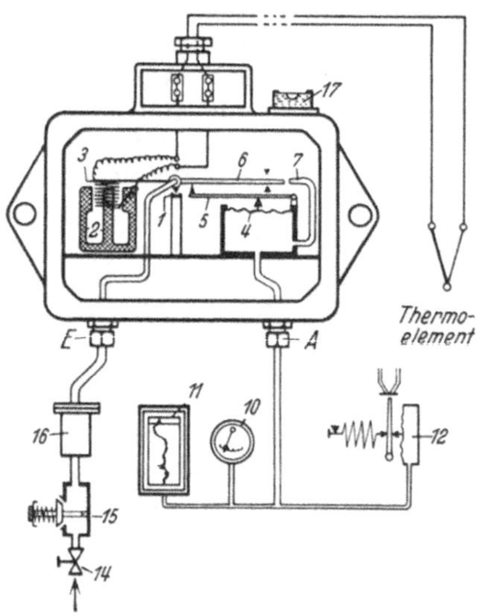

Abb. 73. Stromwaage (Askania).

Das Meßwerk ist eine im Feld eines permanenten Topfmagneten *2* bewegliche Tauchspule, die sich an dem einen Arm eines bei *1* gelagerten völlig ausgewogenen Waagesystems befindet. Der durch Ventil *14* absperrbare, durch das Überdruckventil *15* geregelte und im Filter *16* gereinigte Luftstrom tritt bei *E* in das Gerät ein. Er passiert das vom Waagesystem getragene Strahlrohr *6* und tritt in die gegenüberstehende Düse *7* ein. Die mit dieser in Verbindung stehende Membrankammer erhält einen um so höheren Druck, je mehr das Strahlrohr vor die Düse tritt. Bei ansteigendem Strom sucht die Spule *3* das Strahlrohr *6* mehr vor die Düse *7* zu stellen. Damit steigt der Druck in der Membrankammer und die Membran *4* hat das Bestreben, das Strahlrohr über das Gestänge *5*, *6* in die ursprüngliche Stellung zurückzuführen. Es stellt sich ein Gleichgewicht ein, in welchem die Spulenkraft durch die Membrankraft ausgewogen wird. Der Luftdruck in der Membrankammer, von dem Druckmesser *10* oder dem Registrierapparat *11* angezeigt, ist also stets dem Spulenstrom proportional.

In Verbindung mit dem von der gleichen Firma gebauten Druckschreiber für optisch-photographische Registrierung, der bis zu 15 Hz amplituden- und phasentreu aufzeichnet, kann die Stromwaage auch als Registriergerät verwendet werden. Aus den Unterlagen der Firma geht hervor, daß der für die volle Aussteuerung des photographischen Registrierapparates größter Empfindlichkeit erforderliche Rückführdruck von etwa 30 mm WS bei einem Meßwerkwiderstand von 72 Ω durch einen Strom von 0,18 mA hervorgebracht wird. Die Waage ist also wesentlich empfindlicher als ein Tintenschreiber, dürfte allerdings in bezug auf Empfindlichkeit den vorstehend beschriebenen Verstärkern unterlegen sein; als eine interessante und ausbaufähige Konstruktion wurde sie trotzdem an dieser Stelle erwähnt.

25. Umformermethoden.

Umformermethoden eignen sich zur Verstärkung schwacher Ströme, speziell von Photozellen in Verbindung mit Verstärkerröhren. Sie haben den Vorteil, daß die mit den zu messenden Lichtströmen unregelmäßig schwankenden Gleichstromkomponenten der Photoströme nicht als solche verstärkt zu werden brauchen, sondern in viel bequemerer Weise als Wechselströme schwankender Amplitude. Wir haben oben (241f.) gesehen, daß hohe Gleichstromverstärkung Spezialröhren sowie subtile und nicht immer leicht bedienbare Anordnungen erfordert und trotzdem praktisch nur Verstärkung in einer oder höchstens zwei Kaskaden erlaubt. Ursache dafür sind Schwankungen durch Gitterstrom oder Spannungsschwankungen der speisenden Batterien oder Netze, die mit verstärkt werden und den Störspiegel erhöhen. Wechselströme können dagegen mit Röhren viel höher verstärkt werden, wobei sich die Schwierigkeiten bezüglich der Konstanz auf ein Minimum verringern. Anzustreben ist die Umformung der Gleichströme in amplitudenproportionale Wechselströme konstanter Frequenz, möglichst vor der ersten Verstärkerstufe. Deshalb lassen wir die in der elektrischen Nachrichtentechnik üblichen Verfahren der Gitterstrom- und Anodenstrommodulation außer Betracht, weil ihre Anwendung in Verbindung mit unverstärkten Photoströmen auf Schwierigkeiten stößt, und weil ein Nachteil: Gitterstromschwankungen der ersten Röhre, damit prinzipiell nicht beseitigt werden kann. Möglich dagegen ist die Einführung der Wechsel-EMK der gewünschten Frequenz als Saugspannung in den Kreis der Photozelle; bei Sperrschichtelementen ist dies Verfahren jedoch nicht zu empfehlen.

251. Schwingkontaktumformer. Die einfache Methode: Zerhackung des Gleichstroms mittels eines fremdgesteuerten Unterbrechers, ließ sich auf unser Problem solange nicht anwenden, wie die dabei auftretenden Schwierigkeiten: Übergangswiderstände, Prellkontakte, Thermokräfte, Kontaktpotentialdifferenzen nicht überwunden wurden. Dies scheint durch die bei S. & H. entwickelten Pendelgleichrichter (die ebenso als Zerhacker benutzt werden können) weitgehend gelungen zu sein. Diese Gleichrichter sind, ähnlich den bekannten polarisierten Relais der Fernmeldetechnik, aufgebaut aus einem Dauermagneten, einem auf dessen einen Pol aufgesetzten mit 50 Hz Wechselstrom zu speisenden Erregermagneten und einer federnden Zunge, die mit dem einen Ende am anderen Pol des Dauermagneten befestigt ist und mit dem freien Ende zwischen den beiden Polen des aufgesetzten Erregermagneten schwingt. In der einen Endlage liegt die Zunge an einem festen Gegenkontakt. Die zerhackten Gleichströme, jetzt also von der Gleichstromkomponente und den Oberwellen abgesehen, Wechselströme der Frequenz 50, werden in bekannter Weise in einem mehrstufigen Niederfrequenzverstärker verstärkt und ausgangsseitig gemessen. Als Verstärker kann, trotz der bei 50 Hz meist bereits abfallenden Verstärkungskennlinie, in einfacher Weise der Niederfrequenzteil jedes Radioempfängers benutzt werden (Anschluß an die Tonabnehmerbuchsen). Soll zur Messung ein empfindliches Gleichstrominstrument Verwendung finden, so kann man davor entweder ein Thermokreuz oder einen Trockengleichrichter schalten, oder besser einen mechanischen Schwingkontakt der gleichen Bauart, der dann als Gleichrichter wirkt. Eine etwa durch die Verstärkung hereingekommene Phasenverschiebung kann durch einen Phasenschieber für die Erregung eines der beiden Schwingkontakte beseitigt werden.

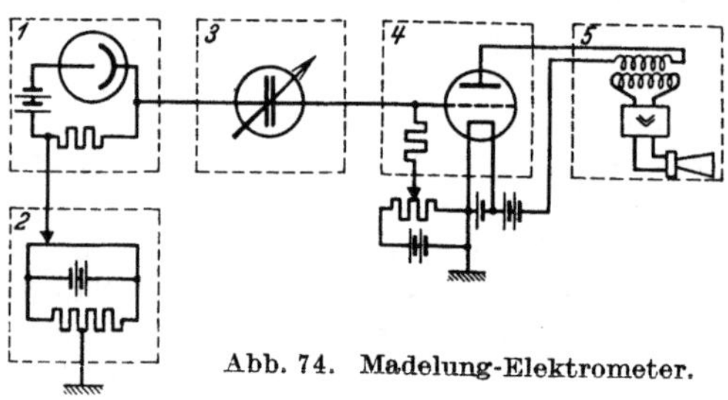

Abb. 74. Madelung-Elektrometer.

252. Madelung-Elektrometer. Ändert man die Kapazität eines ursprünglich auf die Spannung U_0 geladenen Kondensators mit der Kapazität C um den kleinen Betrag dC, so ändert sich die Spannung um $dU = - U \cdot \frac{dC}{C}$. Bei periodischer Änderung der Kapazität $C = C_0 + c \cdot \sin \omega t$ wird entsprechend

$$U = \frac{U_0}{C_0}(1 - U_0 c \sin \omega t),$$

solange c klein gegen C_0 ist. Führt man (Abb. 74) diesen periodisch veränderlichen Kondensator über einen hochohmigen Widerstand die zu messende Gleichspannung zu, so kann man die entstehende Wechsel-EMK über einen Blockkondensator auf das Gitter der ersten Verstärkerröhre weiterleiten und dann in gewöhnlicher Weise mit dem Niederfrequenzverstärker weiter verstärken. Der Zwischen-Kondensator soll die Gleichstromkomponente vom Gitter fernhalten, der hochohmige Widerstand soll das Abfließen der Wechselspannung in den Meßkreis verhindern. In der von E. Leybolds Nachf. in Köln hergestellten Ausführung dieses Meßgerätes besteht der veränderliche Kondensator aus einem innen genuteten kupfernen Hohlzylinder (Stator), der gut isoliert in ein geerdetes Gehäuse eingelassen ist, und einem darin mit sehr geringer Luft drehbaren genuteten Zylinder mit gleicher Teilung, der am Gehäuse liegt und mittels eines kleinen Synchronmotors über eine Stöße ausgleichende Rutschkupplung und einen Schnurantrieb in konstante Drehzahl versetzt wird. Die Frequenz der erzeugten Wechselspannung ist etwa 500—1000 Hz. Die Wechselspannung wird über einen im Gehäuse eingebauten festen Kondensator dem Gitter der ersten Röhre zugeführt. Der für diese bestimmte Sockel ist federnd seitlich am Gehäuse angesetzt und wird nach Einsetzen der Röhre samt dieser von einer übergezogenen Metallkappe verdeckt, die Fremdfelder fernhalten soll. Mit einer gitterstromarmen Verstärkerröhre und anschließender dreistufiger Verstärkung konnte nach einigen technischen Verfeinerungen (z. B. Vermeidung akustischer Kopplungen) eine Empfindlichkeit von $3 \cdot 10^{-4}$ V erreicht werden, wobei die eingangsseitig aufgedrückte Gleichspannung mittels eines niedrigohmigen thermokraftfreien Kompensators gemessen und als Nullindikator ein Lautsprecher verwendet wurde. Die vom Verfasser gemeinsam mit P. Kluge ausgeführten Messungen lassen es als möglich erscheinen, noch etwas weiter zu kommen. Die Einstellung geschieht in Bruchteilen einer Sekunde (elektrische Zeitkonstante der Eingangsschaltung!). Es empfiehlt sich, das Instrument nur als Nullindikator in der angegebenen Weise zu verwenden, da seine Arbeitskennlinie keine Gerade ist. Jedenfalls wäre sonst eine öfter wiederholte Eichung über den ganzen Meßbereich nötig.

Konstruktive und schaltungsmäßige Abänderungen des Madelung-Elektrometers, besonders für Messungen an Schaltungen mit kleinem Widerstand, sind von Meißner und Adelsberger (*75*) mitgeteilt worden. Abschließende Ergebnisse über diesen Apparat scheinen noch nicht vorzuliegen.

253. Lichtmodulation. Eine Möglichkeit, die Photoströme von vornherein als Wechselströme zu erhalten, ergibt sich durch Modulation des auf die Zelle treffenden Lichtstroms z. B. mittels eines rotierenden Sektors. Wesentlich ist, daß die Schwingungsdauer seiner Periode klein ist gegen den schnellsten zu erwartenden Meßvorgang, da sonst Verzerrungen auftreten. Um bei tonfrequenter Modulation nicht auf unangenehm hohe Tourenzahlen oder zu große Abmessungen des Sektors zu kommen, schnüre man das Lichtbündel in der Sektorebene ein und lasse es dahinter divergent auf die Zelle treffen. Durch geeignete Form der Zähne läßt sich eine gut sinusförmige Modulation erreichen, was allerdings experimentell nicht ganz leicht zu realisieren ist.

Bei hohen Modulationsfrequenzen kann anstatt des rotierenden Sektors eine Kerrzelle verwendet werden. Man hat dabei aber mit Lichtverlusten durch Absorption zu rechnen. Andererseits bietet die Erreichung sinusförmiger Modulation durch Gleichstromvorspannung auf den mittleren Teil der quadratischen Lichtspannungskennlinie der Kerrzelle keine Schwierigkeiten.

Bei gasgefüllten Photozellen ist zu berücksichtigen, daß bei hohen Frequenzen die Wiedergabe nicht mehr amplitudentreu erfolgt, was allerdings bei konstanter Frequenz nur eine Einbuße an Empfindlichkeit bedeutet. Sperrschichtelemente lassen wegen ihrer hohen Kapazität nur kleine Modulationsfrequenzen zu. Bei Photowiderständen verzichte man lieber auf dieses Verfahren.

Eine gleichfalls mit rotierendem Sektor oder Spiegel arbeitende Vorrichtung dient dem Vergleich zweier Lichtquellen, welche, durch den rotierenden Spiegel gesteuert, abwechselnd die Photozelle belichten. Die in schnellem Wechsel einander folgenden Impulse gleicher oder verschiedener Größe werden in mehreren Stufen verstärkt und mittels eines mit dem Sektor synchron rotierenden Schalters auf ein Galvanometer gegeben. Das von Little und Sharp entwickelte und neuerdings von Spiller verbesserte Photometer ist in 431 beschrieben.

26. Hilfsapparate.

Im Rahmen der ersten beiden Teile dieses Buches einen vollständigen Überblick über die Technik der Messung schwacher Ströme und kleiner Spannungen zu geben, ist natürlich unmöglich. Wenn im folgenden noch einige der bei Messungen der objektiven Photometrie am meisten gebrauchten Hilfsapparate und Zubehörteile aufgeführt werden, geschieht dies nur, um dem mit solchen Messungen beschäftigten Forscher oder Techniker soweit als möglich das Nachschlagen in anderen Handbüchern oder der Originalliteratur zu ersparen.

261. Widerstände verschiedener Charakteristik. Als Ohmsche Widerstände von kleinsten Werten bis etwa 10000 Ω wählt man zweckmäßig Drahtwiderstände guter Fabrikate. Bei nicht zu hohen Ansprüchen an Temperaturunabhängigkeit, sowie Induktivitäts- und Kapazitätsarmut genügen meist Radiobauteile, die billig überall erhältlich sind.

Als Ohmsche Widerstände von 1000 Ω bis 10 MΩ, die meist nur schwach belastet werden, eignen sich die gleichfalls in der Radiotechnik gebrauchten Erzeugnisse von Dralowid oder die Karbowidwiderstände von S. & H. Beide Erzeugnisse haben praktisch verschwindende Induktivität und Kapazität und sind weitgehend temperaturunabhängig. Die Siemens-Karbowidwiderstände werden in zahlreichen Typen von 0,5 W Belastbarkeit aufwärts hergestellt. Die serienmäßig erhältlichen Widerstandswerte liegen für die kleinen Typen zwischen 100 Ω und 5 MΩ mit einer Toleranz von $\pm$ 10%; Sonderanfertigungen werden herab bis 20 Ω und herauf bis 150 MΩ hergestellt, ferner spannungsunabhängige Widerstände bis 10000 MΩ.

Für Widerstände von 10 MΩ bis etwa 10^{12} Ω sind verschiedene Herstellungsverfahren angegeben worden, die meist auf der Verwendung von Gemischen organischer und anorganischer Lösungen beruhen (z. B. Borsäure-Mannit, Pikrinsäure-Benzol-Äthylalkohol, Jod-Benzollösungen). Nachteilig ist die stets vorhandene Temperatur- und Spannungsabhängigkeit, auch die Schwierigkeit der Herstellung. Die verläßlichsten Widerstände mit extrem hohen Ohmzahlen werden wohl nach dem Verfahren von Krüger (*73*) durch Kathodenzerstäubung von Platin auf stabförmige Träger aus Bernstein oder Quarz hergestellt. Die Widerstände werden sorgfältig gealtert und mit einer isolierenden Schutzschicht überzogen. Sie sind auch als Dekadensätze von 10^5—10^{12} Ω in 8 Stufen erhältlich. Abhängigkeit von Temperatur und Spannung ist gering.

Als Widerstände mit einstellbarer Sättigungscharakteristik, also Unabhängigkeit der Stromstärke von der Spannung überhalb einer gewissen Mindestspannung, die man bei gewissen Verstärkerschaltungen braucht, kommen für große Ströme Glühkathodenröhren mit thorfreien Wolframkathoden in Betracht, für Ströme unter 1 mA auch gute konstante Vakuumphotozellen, deren Beleuchtung passend gewählt wird. Die Photozelle als veränderbarer Widerstand ist auch der Grundgedanke der von P. P. Koch für sein Mikrophotometer entwickelten

Kompensationsschaltung (Abb. 75). Die Lichtquelle beleuchtet zwei Photozellen *1* und *2*. Im Strahlengang von *1* liegt die auf ihre Schwärzung auszumessende Platte (die Optik ist nicht gezeichnet), in dem von *2* eine einstellbare Irisblende, die jedoch während der Messung nicht verändert wird. Das an der gemeinsamen Elektrode von *1* und *2* sich einstellende Potential wird mit einem Einfadenelektrometer gemessen. Intensitätsschwankungen des auf *1* fallenden Lichts, soweit sie durch Absorptionsänderungen des Prüflings bedingt sind, geben einen diesen proportionalen Elektrometerausschlag. Intensitätsschwankungen der Lampe vergrößern beide Photoströme um den gleichen Betrag, bringen also keinen Ausschlag am Elektrometer hervor. Die Schaltung ist in verschiedenen mehr oder minder unerheblichen Abänderungen seitdem Bauelement zahlreicher Photometerkonstruktionen geworden.

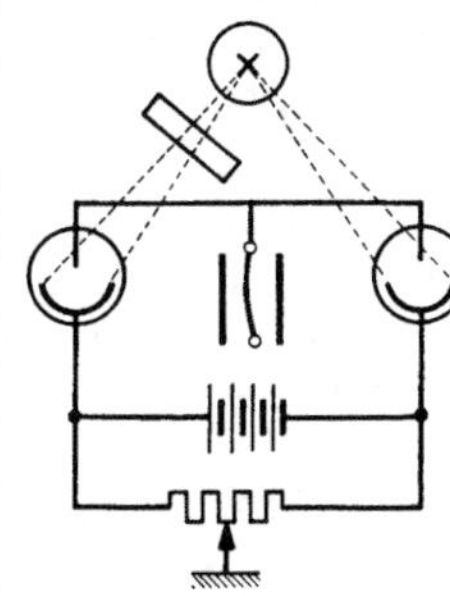

Abb. 75. Kompensationsschaltung nach P. P. Koch.

Frei von jeder Hilfsspannung für Beleuchtung oder Heizung und für sehr kleine Ströme geeignet ist das Uranstandard von Behncken und Jaeger. Es besteht aus einem Platten- oder Röhrenkondensator, von dem eine oder beide Belegungen mit Uranoxyd bedeckt sind. Der durch α-Strahlenemission des Uranoxyds von diesem ausgehende Ionisationsstrom hat bei niedrigen Spannungen einen Sättigungswert, dessen Betrag durch eine Abschirmung zwischen den Belegungen des Kondensators eingestellt werden kann. Das Gerät, welches unter anderem von Strauß in Wien hergestellt wird, eignet sich wegen seiner Einfachheit und Konstanz gut als Eichnormal.

262. Relais. Für viele Anordnungen, z. B. Kompensationsschaltungen oder automatische Registriergeräte, braucht man Relais. Die verschiedenenen Konstruktionen unterscheiden sich durch ihre Schaltleistung und den mit wachsender Schaltleistung zunehmenden Eigenverbrauch. Relais mit einer Schaltleistung über 1 kW werden mit Quecksilberschaltröhren ausgerüstet; sie kommen aber für unsere Zwecke kaum jemals in Frage. Bis zu Schaltleistungen von einigen Watt, praktisch also meistens, lassen sich die normalen Telegraphenrelais verwenden. Sie werden mit mehreren auswechselbaren Kontaktsätzen ausgerüstet. Der Eigenverbrauch beträgt etwa 50—200 mW. Nur etwa 1—5 mW Eigenverbrauch haben die in der Nachrichtentechnik verwendeten polarisierten Relais, die sich durch eine hohe Schaltgeschwindigkeit auszeichnen. Sie können sowohl für eine betonte Ruhestellung (Anschlag an einer Seite), als auch neutral (Umklappen für Ströme verschiedener Richtung) eingestellt werden. Gewöhnliche und polarisierte Telegraphenrelais stellen alle Firmen der Telegraphenbranche her, z. B. S. & H., Tefag, Fuld, Mix & Genest, AEG, Lorenz.

Noch empfindlichere Konstruktionen sind nach Art der Drehspulgalvanometer gebaut. Sie werden von der Weston-Gesellschaft (für Deutschland Bercowitz, Berlin) und von Baumgartner, Köln, gebaut. Das empfindlichste Galvanometerrelais von Weston hat einen Widerstand von 300 Ω, spricht bei 6 μA an und hat eine Schaltleistung von 3 W! Es kann also von Sperrschichtelementen bereits bei Lichtströmen von 0,1 Lm und weniger ausgesteuert werden. Bergmann und Fricke (*59*) haben ein Fallbügelrelais mit einer Ansprechempfindlichkeit von 0,3 μA angegeben.

Zur Zählung schneller Impulse, wie sie z. B. bei Entlademethoden (244) vorkommen, gibt es besonders schnelle Zählrelais, die keine Rollenschaltwerke, sondern Zifferblätter mit großen, die Einzelimpulse anzeigenden, und kleinen, die Hunderte zählenden Zeigern ausgerüstet sind.

Ein nützliches Hilfsmittel für galvanometrische Messungen, bei denen plötzliche Überlastungen des Instruments vorkommen können (z. B. bei gasgefüllten Photozellen nahe der Glimmspannung) ist das von der AEG entwickelte Galvanometerschutzrelais. Es besteht aus einer Relaisröhre (Thyratron), welche durch den Spannungsabfall an einem vom Meßstrom durchflossenen Widerstand gezündet wird, sobald der Meßstrom die einstellbaren zulässigen Werte überschreitet, und welches dann mittels eines schnell ansprechenden Relais das Galvanometer abschaltet.

263. Abschirmung. Erdung. Abschirmungen von Apparaten und Teilen sollen elektrostatische und elektromagnetische Fremdfelder schwankender Intensität unschädlich machen. Gelegentlich kann auch eine Abschirmung gegen Temperaturänderungen am Platze sein. Da wir aber meistens ganz oder nahezu temperaturunabhängige Apparate und Teile benutzen, brauchen wir diese Art von Abschirmung nicht zu besprechen.

Für die Abschirmung gegen elektrostatische Felder, die bei kleinen Meßströmen und hohen Widerständen, also namentlich bei Röhrenverstärkern, Elektrometern und deren Eingangsschaltungen stören, genügt meist ein einfacher geschlossener und geerdeter Panzer aus Kupferblech. Seine bauliche Anwendung ist nur bei beweglichen Teilen ein Problem, z. B. bei der Zuleitung einer Photozelle zum Verstärker, namentlich wenn noch eine vorzügliche Isolation und geringe Kapazität erwünscht sind.

Wenn ein über den Leiter gezogener Isolierschlauch (Rüschschlauch) in einem biegsamen Metallrohr nicht genügt, kann man in kleinen Abständen Bernsteinperlen darüber ziehen, ein ausgezeichnete Konstruktion für ein Zellenkabel. Für etwas geringere Ansprüche in bezug auf Isolation gibt es ein besonders für Tonfilmzwecke entwickeltes Spezialkabel im Handel (Kabelwerk Vacha), das aus einem außen mit Metall umsponnenen Gummischlauch mit drei radialen schmalen Stegen besteht, in welche in der Mitte symmetrisch der Leiter eingebettet ist. Die Kapazität ist gering (etwa 35 cm/m), die Isolation jedoch nicht so gut wie beim Bernsteinkabel, immerhin für die meisten Fälle ausreichend. Bei hochohmigen Kreisen ist eine Abschirmung gegen magnetische Felder meist unnötig.

Für niederfrequente magnetische Wechselfelder ist Eisen ein wirksamer Schutz. Die Steigerung der Dicke des Panzers über den Betrag von einigen Millimetern hat wenig Wert; besser ist eine Unterteilung in mehrere in- oder übereinander liegende Schalen, die durch freie oder mit Isoliermaterial ausgefüllte Zwischenräume voneinander getrennt sind.

Derartige Konstruktionen werden z. B. bei Panzergalvanometern (221) verwendet. Gegen magnetische Wechselfelder höherer Frequenz ist ein geschlossener Kupfermantel ein wirksamerer Schutz, weil er durch die in ihm induzierten Wirbelströme das durchgreifende Feld dämpft. Seine Dimensionierung richtet sich nach der Eindringtiefe der Wellen und damit nach der Frequenz.

Die bei allen Verstärkern unerläßliche Erdung ist Ursache für viel Kummer bei hochempfindlichen Meßgeräten. Eine Erdung mit geringem Ohmschen Widerstand (Gas-, Wasserleitung, Zentralheizung) ist nicht immer für hochfrequente Störwellen eine gute Ableitung. Allgemein soll die Leitung niedrigohmig sein, also einen geringen Ausbreitungswiderstand haben, möglichst gerade und kurz verlegt und aus dem Störungsnebel der Gebäude möglichst herausgerückt sein. Im übrigen hilft hier nur Probieren.

264. Erschütterungsfreie Aufstellungen. Lageempfindliche Apparate, die durch Erschütterungen höherer Frequenzen gestört werden (z. B. Röhren, die zum „Klingen" neigen) lassen sich meist durch Aufhängungen mit kurzen Federn oder Gummibändern oder durch Verwendung von porösem Schwammgummi entstören.

Gegen langsame Schwingungen (1—50 Hz), empfindliche Apparate, die überdies meist eine mehr oder weniger genau innezuhaltende Nivellierung verlangen, z. B. Galvanometer, brauchen entweder einen sehr ruhig stehenden in festem Grund gemauerten Pfeiler oder, wenn der nicht verfügbar ist, erschütterungsfreie Aufstellungen oder Aufhängungen. Solche stellen meist schwingungsfähige Gebilde mit sehr langsamer Eigenfrequenz und einer zusätzlichen Dämpfungsvorrichtung für die durch Störungen einmal angefachten Schwingungen dar.

Das klassische Vorbild ist die heute immer noch vielfach verwendete Juliussche Aufhängung: ein dreibeiniges Gestell mit einem Teller für das zu entstörende Instrument ist mit drei Drähten an der Decke oder einem hohen Wandarm aufgehängt. Abwandlungen und Vervollkommnungen davon stammen von Johnsrud und Karmán. Die oft als störend empfundene Drahtaufhängung an der Decke, die einen Transport der Apparate mitsamt der Aufhängung nicht zuläßt, wurde durch die Aufstellungen von Bestelmeyer (Hartmann & Braun) und R. Müller (Leybold) beseitigt. Sie bestehen aus drei dünnen vertikalen Stahlstäben, montiert auf einen schweren Fuß mit drei Stellschrauben, an denen mit drei weiteren Stäben oder Röhren der das Instrument aufnehmende Tisch aufgehängt ist. Sie zeichnen sich durch bequeme Aufstellung und Justierbarkeit aus. Die konstruktiv sehr sorgfältig durchgebildete Aufstellung von Müller hat außerdem noch einen dämpfenden Schlingertank.

Alle soweit beschriebenen Aufstellungen oder Aufhängungen beseitigen mehr oder weniger vollkommen die horizontalen Komponenten der Erschütterungen, nicht aber die vertikalen. Dies wurde von Gehrcke und Voigt durch Luftpolster mit großem Volumen (Fußballblasen, Autoschläuche) in Verbindung mit dämpfenden Schlingertanks erreicht. Näheres hierüber und Literatur über alle erschütterungsfreien Aufstellungen bei Voigt (*96*).

265. Registrierapparate. Von den Registrierapparaten wurden in früheren Abschnitten erwähnt:

1. Der Linienschreiber, der mit Tinte in fortlaufender Registrierung in vorzugsweise rechtwinkligen Koordinaten schreibt. Er hat einen verhältnismäßig hohen Eigenverbrauch wegen der Reibung der Feder auf dem Papier.

2. Der Punkt- oder Fallbügelschreiber, der mehr oder weniger dicht beieinander liegende Punkte eines Kurvenzugs schreibt, sehr geringen Eigenverbrauch hat, aber intermittierend aufzeichnet, also bei schnell wechselnden und unregelmäßigen Änderungen der Meßgröße ungeeignet ist.

3. Der Oszillograph, der schnelle und schnellste Vorgänge kontinuierlich aufschreibt und als Mittel dazu Lichtzeiger und photographisches Papier benutzt.

Über die verschiedenen Arten der Registrierung mit mechanischen Schreibstiften unterrichtet ein Aufsatz von Keinath (*71*). Zu erwähnen bleiben noch photographische Registriereinrichtungen, die als Zusatzgeräte zu Licht- oder Schattenzeigerinstrumenten verschiedener Bauart (Spiegelgalvanometer, Fadengalvanometer oder -elektrometer u. dgl.) mit Vorteil benutzt werden können, wenn z. B. abwechselnd Beobachtung und automatische Registrierung gewünscht wird, oder eine ursprünglich nur für visuelle Beobachtung gebaute Einrichtung später auf automatische Registrierung umgestellt werden soll. Derartige Geräte sind Filmkameras mit Antrieb durch Synchronmotoren (für konstanten Vorschub, Zeiteichung fällt fort) oder durch regelbare Elektromotoren oder Uhrwerke, wobei dann meist die Vorschubgeschwindigkeit innerhalb weiter Grenzen geändert werden kann. Die Zeitmarkierung geschieht entweder durch Projektion mittels einer Stimmgabel automatisch, oder durch Einstechen von Marken von Hand in den Film bzw. das Registrierpapier. Die Geräte sind häufig für Registrierungen in Verbindung mit dem Kathodenstrahloszillographen mit sehr lichtstarker Spezialoptik ausgerüstet.

Hersteller sind z. B.: Carl Zeiß, Jena; E. Leybolds Nachf., Köln; Edelmann, München; Cambridge Instr. Co.

Ein sehr sinnreicher Registrierapparat nach einer Konstruktion von La Pierre [referiert bei Keinath (*72*)] besteht aus einem Spiegelmeßwerk, z. B. Drehspulinstrument, welches über eine Spiegeloptik bei Abweichungen aus seiner Ruhelage eine von zwei Photozellen belichtet. Die Zellen steuern über eine Verstärkerröhre einen Nachlaufspiegel solange, bis die Beleuchtung auf beide wieder gleich verteilt ist, und gleichzeitig einen den Vorgang registrierenden Tintenschreiber. Die Empfindlichkeit und Trägheit ist im wesentlichen durch die entsprechenden Daten des primären Meßwerks gegeben.

3. Optische Hilfsmittel.

Die optischen Hilfsmittel der objektiven Lichtmessung sind größtenteils von den zu visuellen Messungen dienenden nicht wesentlich verschieden. Eine kurze Aufstellung, die in diesem Kapitel gegeben wird, erspart nicht in allen Fällen das Zurückgreifen auf Originalliteratur und Firmenprospekte. Da andererseits besonders geeignete optische Vorrichtungen für die Zwecke der objektiven Lichtmessung entwickelt sind, die in den großen Lehrbüchern der allgemeinen Photometrie (*153*, *117*) nicht oder noch nicht zu finden sind, und da bei Verwendung von manchen optischen Vorrichtungen, z. B. den Schwächungsmitteln, grundsätzlich andere Erwägungen mitspielen als bei der visuellen Photometrie, mußte besonders auf diese Dinge hier eingegangen werden.

Die optischen Hilfsmittel und mehr noch die zahlreichen Ausführungsbeispiele objektiv arbeitender Lichtmeßgeräte im 4. Teil habe ich in der ausgesprochenen Tendenz zusammengestellt, den Forschern aller Fachrichtungen, die sich der objektiven Lichtmessung als Hilfsmittel bedienen oder bedienen könnten, zu zeigen, wie vielgestaltig die heute ausgearbeitet vorliegenden Konstruktionen sind, sowie nach Möglichkeit zu einer Abschaffung des unwirtschaftlichen, Zeit und Arbeit kostenden Brauchs beizutragen, daß jeder für seinen speziellen Zweck neue Meßgeräte entwickelt. Wo dies jedoch unumgänglich nötig erscheint, hoffe ich für viele Fälle Möglichkeiten aufgezeichnet zu haben, wie man durch Kombinationen bekannter Bauteile und marktgängiger Apparate solche Neukonstruktionen wirtschaftlicher ausführen kann, als es bisher meist der Fall war. Aus diesem Grund hielt ich auch eine vollständige Aufzählung des auf diesem Gebiet geschaffenen weder für nötig noch für wünschenswert, obwohl durch das starke Aussieben der Literatur mehr als eine Priorität unberücksichtigt blieb.

31. Anpassung auf Augenempfindlichkeit.

311. Spektralrelative Empfindlichkeit des Auges. Das menschliche Auge ist selektiver Aufnahmeapparat für elektromagnetische Wellen, der nur zwischen $\lambda = 400$—$700\ \mathrm{m}\mu$ anspricht. Im Auge existieren zwei Arten funktionell und histologisch verschiedener lichtempfindlicher Bauelemente, die zentral um die Netzhautgrube angeordneten Zäpfchen und die peripher vertretenen Stäbchen. Bei helladaptiertem Auge (Gesichtsfeld-Leuchtdichten > 10 aSb[1]) sind wesentlich die Zäpfchen in Tätigkeit, bei dunkeladaptiertem Auge (Gesichtsfeld-Leuchtdichten $< 0{,}02$ aSb) ausschließlich die Stäbchen. Die absolute Hellempfindlichkeit der Stäbchen ist bei allen Wellenlängen des sichtbaren Spektrums größer als die der Zäpfchen. Sie kann hier außer Betracht bleiben. Wichtig für alle photometrischen Probleme ist dagegen die spektralrelative Empfindlichkeit des helladaptierten Auges.

Die spektralrelative Empfindlichkeit für irgendeine Wellenlänge ist gegeben durch das Verhältnis der relativen Helligkeit (physiologisch-psychologische Wirkung) zur relativen physikalischen Energie der Strahlung dieser Wellenlänge; sie wird dargestellt durch die relative Helligkeit in einem Spektrum mit gleichmäßiger Energieverteilung, im

[1] 1 aSb (apostilb) $= \frac{1}{\pi} \cdot 10^{-4}$ Sb (Stilb), die Leuchtdichte oder Flächenhelligkeit einer 100%ig diffus, also ungerichtet weiß reflektierenden Fläche, die mit der Beleuchtungsstärke 1 Lux beleuchtet wird.

sog. isoenergetischen Spektrum. Wenn also H_λ die relative Helligkeit für die Wellenlänge λ und S_λ die relative Strahlungsenergie für diese Wellenlänge ist, so gilt für die spektralrelative Hellempfindlichkeit: $k = H_\lambda / S_\lambda$. Der Höchstwert aller k wird 100% oder 1 genannt [Weigel (*118*)].

Die spektralrelative Empfindlichkeit ist keine eindeutige Größe; sie ist bei Zäpfchensehen (Tagessehen) und Stäbchensehen (Dämmerungssehen) sowie bei gemischtem Sehen mit beiden Organen verschieden, hängt also vom Helligkeitsgrad und dem Zustand der Adaptation ab. Außerdem ist sie auch bei normalen, farbentüchtigen Beobachtern weitgehend verschieden. Für praktische Sehaufgaben interessiert besonders die spektralrelative Empfindlichkeit des normalen, auf Tagessehen adaptierten Zäpfchenapparates, die von zahlreichen Beobachtern nach verschiedenen Methoden gemessen wurde. Aus den recht verläßlichen Werten, die von Coblentz und Emerson, sowie von Gibson und Tyndall als Mittel zahlreicher Beobachter gefunden wurden, hat die internationale Beleuchtungskommission eine „Normalkurve" der spektralrelativen Hellempfindlichkeit des Auges (Abb. 76) festgestellt. Sie hat ein Maximum bei 555 mμ, zwei annähernd symmetrisch dazu gelegene Wendepunkte, und wird bei etwa 400 und 700 mμ zu Null. Obgleich diese Kurve über ein individuelles Beobachterauge natürlich nichts aussagt und namentlich an den Enden des Spektrums voraussichtlich noch verbesserungsbedürftig ist, gibt sie eine brauchbare Unterlage für die photometrische Bewertung der visuellen Wirkung einer Strahlung und damit eine der wichtigsten Grundlagen für alle Gebiete der Lichttechnik.

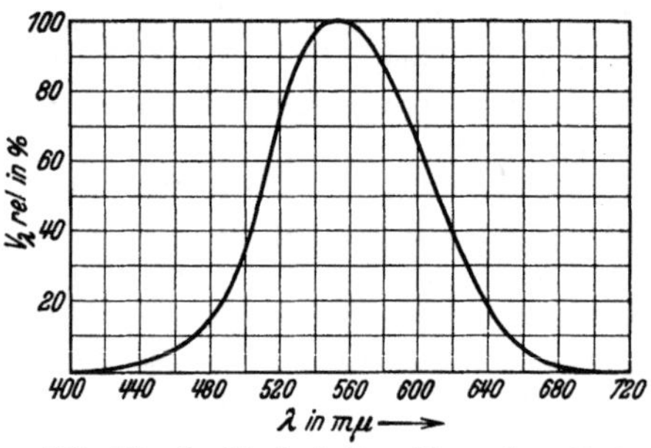

Abb. 76. Spektralrelative Normalempfindlichkeit des Auges.

Namentlich gelingt es, mit ihrer Hilfe von einer Strahlung beliebiger, auch diskontinuierlicher Energieverteilung $E(\lambda)$ mit der auf das sichtbare Spektrum entfallenden Energie $E_\lambda \cdot d\lambda$ den visuellen Effekt der Helligkeit anzugeben als das Integral $H_\lambda = \int E(\lambda)\, k(\lambda)\, d\lambda$. Energetischer Maßstab dieser Größe ist der Lichtstrom (Lumen, Lm), der mit den auf der internationalen Kerze bzw. der Hefnerkerze (HK) basierenden lichttechnischen Einheiten verknüpft ist: der Quotient aus objektiv (in Watt) und photometrisch (in Lumen) gemessener monochromatischer Strahlung ist das mechanische Lichtäquivalent. Seine Größe beträgt bei 555 mμ, dem Maximum der Augenempfindlichkeit: 690 Lm/W, woraus sein Wert mit Hilfe der Kurve Abb. 76 für jede Wellenlänge ermittelt werden kann.

312. Anpassung lichtelektrischer Umformer auf Augenempfindlichkeit. Um aus objektiv-photometrisch (z. B. mit Photozellen oder Thermoelementen) gemessenen Werten einer Strahlungsenergie unbekannter spektraler Energieverteilung ohne spektrale Zerlegung deren

Werte in lichttechnischen Massen (Lx, Lm, HK) berechnen zu können, braucht man lichtelektrische Umformer mit der gleichen spektralrelativen Empfindlichkeit wie das Auge. Solche Umformer gibt es nicht. Einige davon können jedoch durch mehr oder weniger einfache Hilfsmittel in einem für die meisten praktischen Zwecke ausreichenden Maß der Augenempfindlichkeit angepaßt werden.

Wesentlich hierfür ist, daß der betreffende lichtelektrische Umformer zwischen 400 und 700 mμ keine Stellen verschwindender Empfindlichkeit hat. Sonst ist die Anpassung prinzipiell unmöglich. Umformer, die auf Erwärmung infolge absorbierter Lichtstrahlung beruhen (Thermoelemente, Mikroradiometer, Bolometer, Radiometer), haben im sichtbaren Gebiet konstante Empfindlichkeit, sofern die auffangende Fläche nicht selektiv absorbiert bzw. reflektiert. Berußen mit fein verteiltem Kohlenstoff genügt, um dies zu verhindern. Ein vor solche Empfänger gesetztes Filter mit einer der spektralen Augenempfindlichkeit entsprechenden Durchlässigkeitskurve würde die Anpassung herstellen. Aber derartige Filter konnten bisher noch nicht mit befriedigender Genauigkeit angefertigt werden.

Noch schwieriger ist die Herstellung passender Filter für im sichtbaren Gebiet hochempfindliche Photozellen (zusammengesetzte Caesiumkathoden), die innerhalb des sichtbaren Gebiets meist mehr als ein Maximum und unregelmäßigen und selbst bei verschiedenen Exemplaren der gleichen Fabrikation stark streuenden Verlauf der Empfindlichkeitsverteilung haben. Vom Verfasser und seinen Mitarbeitern an hunderten von Filtern ausgeführte Messungen hatten keinen befriedigenden Erfolg.

Die einzigen lichtempfindlichen Geräte, bei denen bisher in befriedigender Weise mittels Filtern ein Angleich an die spektralrelative Hellempfindlichkeit des Auges erreicht werden konnte, sind Selensperrschichtelemente. Sie haben ein Maximum in der Nähe des Maximums der Kurve Abb. 76. Das anzuwendende Filter braucht nur noch ziemlich zusammenhängende Gebiete des Spektrums zu beiden Seiten passend zu schwächen. Krefft wandte hierzu das Schottsche Grünfilter VG 1 (1 mm dick) an, womit eine Verbesserung, aber noch keine ideale Lösung erreicht wurde. Die Abweichungen fallen besonders bei spektral diskontinuierlichen Lichtern, z. B. Leuchtröhren auf, bei denen intensive Linien an Stellen noch nicht befriedigenden Abgleichs liegen. Einen entscheidenden Fortschritt brachte das Verfahren von Dresler.

313. Methode von Dresler. Dresler (*102*) geht von der Beobachtung aus, daß der Angleich eines wesentlichen Teils der spektralen Empfindlichkeitsverteilung eines Photoelements an die Augenempfindlichkeitskurve bei Verwendung handelsüblicher Filter immer zur Folge hat, daß an anderen Stellen des Spektrums zu viel absorbiert, die Kurve also gewissermaßen überkompensiert wird. Auch eine Kombination durch Übereinanderlegen verschiedener Filter schafft allein keine Abhilfe, hat überdies den Nachteil einer meistens sehr starken Gesamtabsorption. Man kann jedoch die durch die Hintereinanderschaltung bedingte teilweise Überkompensation dadurch beseitigen, daß man die als annähernd passend gefundene Filteranordnung auf einen Teil der lichtempfindlichen Schicht des Elements beschränkt und parallel zu ihr ein oder mehrere andere Filter über der verbleibenden Restfläche anbringt. Die spektrale Durchlässigkeit der Filter ist hierbei so zu wählen, daß die vorher erzielte Überkompensation wieder aufgehoben wird. Die praktische Durchführung dieses Verfahrens ist Dresler mit einem Selensperrschichtelement der SAF in Verbindung mit je einem Grün- und Orangefilter (Schottfilter VG 2 und OG 1, je 1 mm dick) gelungen; die Filter werden so angeordnet, daß sie etwa 80% der Fläche des Elements gemeinsam, d. h. hintereinander angeordnet, bedecken, und daß rund 14 bzw. 6% der Fläche nur vom Grün- bzw. Orangefilter bedeckt sind. Dabei läßt das Grünfilter allein der Zelle die notwendige Blauempfindlichkeit, die in der Hintereinanderschaltung mit dem Orangefilter zu stark gedämpft wird (Überkompensation), während das Orangefilter allein die sonst vom Grünfilter zu stark gedämpfte Rotempfindlichkeit wieder herstellt.

Abb. 77. Sperrschichtphotoelement mit Dreslerschem Filtersatz (Bercowitz).

Die Anordnung wird mittels einer Projektionsintralampe ungefiltert und mit vorgesetzten Rot- und Blaufiltern, oder mit monochromatischer Strahlung von Leuchtröhren geeicht, wobei die 3 Flächenanteile: Grün allein, Grün + Orange, Orange allein solange variiert werden, bis die lichtelektrischen Ströme des Photoelements den visuell mit dem Flimmerphotometer ermittelten Lichtstärken der drei Lichtquellen proportional werden. In diesem Fall werden von der spektralen Empfindlichkeitskurve, deren allgemeiner Verlauf durch die Durchlässigkeit der Filter und die spektrale Empfindlichkeit des nackten Photoelements vorgezeichnet ist, drei Punkte durch Eichung festgelegt. Die Elemente werden von Bercowitz, Berlin, mit individuell abgeglichenen Filterkombinationen in den Handel gebracht (Abb. 77). Sie haben sich gut bewährt. Gegenüber anderen Filteranordnungen hat diese den Vorteil, daß bei nach einiger Zeit eintretenden Änderungen der spektralen Charakteristik des Elements durch Verschiebung der beiden Filter neu geeicht werden kann.

Zu beachten ist, daß die Abstimmung der Filter nach diesem Verfahren in der gleichen Anordnung des Photoelements im Strahlengang vorgenommen werden muß, in der die Kombination später gebraucht werden soll, im allgemeinen also für ein paralleles und senkrecht auf fallendes Lichtbündel. Denn da die Filter und das Element nicht in der gleichen Ebene liegen, ändern sich die Anteile der durch die verschiedenen Stellen des Filtersatzes passierten Lichtströme relativ zueinander, wenn die Richtung des einfallenden Lichts geändert wird; es entsteht also eine Art cos-Fehler, der sich auf die spektrale Empfindlichkeitsverteilung der Elemente in Verbindung mit dem Filtersatz auswirken muß.

Dresler weist darauf hin, daß der Abgleich der Selensperrschichtelemente auf die Augenempfindlichkeit nur ein spezieller Fall seines Prinzips ist, und noch manche anderen Anwendungsmöglichkeiten offenstehen: Abstimmung der Empfindlichkeit auf die biologisch wirksamen Gebiete der Ultraviolettstrahlung, die Erythemkurve oder die Reaktion Ergosterin-Vitamin-D; Nachahmung der Empfindlichkeit photographischer Emulsionen verschiedener Art, womit ein nur für eine bestimmte Filmsorte gültiger, aber von der Aktinität der Lichtquelle unabhängiger Expositionsmesser geschaffen werden könnte; objektives Photometer zur Farbmessung, wobei die Empfindlichkeiten der Zellen den Grunderregungskurven angeglichen werden.

314. Methode von Krefft. Dieses Verfahren (*108*) ist wesentlich umständlicher, als das vorstehend beschriebene, dafür aber wenigstens im Prinzip nicht an Zellen bestimmter Empfindlichkeitsverteilung und passende Filter gebunden, obgleich beide Bedingungen vorteilhaft sind. Das Verfahren ist weiterhin auch für diskontinuierliche Lichtquellen anwendbar und verspricht hierbei in solchen Fällen größere Genauigkeit als die in 313 beschriebene Methode, wo gerade intensive und stark zur Gesamthelligkeit beitragende Linien einer Gasentladungslampe an Stellen liegen, wo der Abgleich nach Dresler nicht restlos gelungen ist. Voraussetzung für die Eichung ist die genaue Kenntnis der spektralen Empfindlichkeitsverteilung der betreffenden Zelle bzw. des Sperrschichtelementes, ferner die Kenntnis der Energieverteilung der zu messenden Lichtquelle und endlich die der absoluten Empfindlichkeit der Zelle.

Bezeichnet $S(\lambda)$ die spektrale Empfindlichkeit der Zelle, $E(\lambda)$ die spektrale Energieverteilung der zu messenden Lichtquelle, so hat man für Lichtquellen mit beliebigem $E(\lambda)$ eine mittlere Zellenempfindlichkeit

$$\overline{S} = \frac{\Sigma E(\lambda) \cdot S(\lambda)}{\Sigma E(\lambda)}.$$

Da $E(\lambda)$ und $S(\lambda)$ als bekannt vorausgesetzt werden, kann hieraus die mittlere Empfindlichkeit $\overline{S}$ berechnet werden, die natürlich für jede Lichtquelle mit anderem $E(\lambda)$ anders ausfällt. Hiernach und unter Zuhilfenahme der Absoluteichung der Zellenempfindlichkeit für eine bestimmte, aber an sich gleichgültige Wellenlänge kann die von einer bestimmten Lichtquelle $E(\lambda)$ irgendwo erzeugte Beleuchtungsstärke aus den gemessenen Photoströmen errechnet werden.

Das Verfahren wurde besonders für Messungen an Leuchtröhren entwickelt. Es wurde von Krefft für verschiedene, namentlich stark farbige Lichtquellen mit anderen Methoden (objektive Messungen mit Thermoelementen, subjektive mit Flimmerphotometer) verglichen, wobei eine befriedigende Genauigkeit zu verzeichnen war.

Auch das hier beschriebene Verfahren läßt sich prinzipiell auf alle Spektralgebiete ausdehnen, innerhalb welcher die Photozelle empfindlich ist, also namentlich ins Ultraviolett, sowie durch andere Eichung auf andere Kriterien anpassen als die Augenempfindlichkeit: z. B. Erythemwirkung des Dorno-Ultraviolett.

32. Filter für verschiedene Spektralbezirke.

321. Farbfilter. Das Jenaer Glaswerk Schott & Gen.[1] stellt Farbfiltergläser nach Art optischer Gläser her. Sie bestehen aus durchgehend gefärbtem Glas und werden in quadratischer, rechteckiger oder runder Form mit Dicken nach Wunsch geliefert. Es liegt eine ziemlich große Auswahl von Gläsern für verschiedene Bezirke des Sichtbaren und des nahen Ultrarot und Ultraviolett vor, die in der Schottschen Liste 4213 samt ihren Durchlässigkeitskurven aufgeführt sind. Die meisten Gläser bleiben von atmosphärischen Einflüssen und dauernder Belichtung unverändert und entsprechen auch bei Nachbestellungen ziemlich gut den Typenkurven. Da jedoch neue Schmelzen immer etwas veränderte Eigenschaften haben, werden jedem der Filtergläser Tabellen mit den Durchlässigkeitsmessungen beigegeben, die im Ultraviolett mit einem Quarzspektralphotometer, im Sichtbaren mit dem Glanschen Photometer und im Ultrarot mit einem Zeißschen Spiegelspektrometer gemessen werden. In der Masse durchgefärbte Gläser zur Trennung breiter Spektralbezirke werden besonders in folgenden Fällen benutzt.

Absorption des Ultrarots, Durchlässigkeit im Sichtbaren (Wärmeschutzgläser für Projektionsanordnungen).

Absorption des Sichtbaren, Durchlässigkeit im Ultrarot (Ultrarotsignalisierung, Ultrarotphotographie).

Absorption im Ultraviolett, Durchlässigkeit im Sichtbaren (Ultraviolettschutzgläser).

Absorption im Sichtbaren, Durchlässigkeit im Ultraviolett (Fluoreszenzuntersuchungen, z. B. mit der Analysenlampe).

Derartige Filter werden außer von Schott von den Sendlinger Optischen Glaswerken, Berlin, hergestellt, auch von der Quarzlampen-Gesellschaft Hanau geliefert.

Im Glas durchgefärbte Filter sind wegen ihrer Konstanz und bequemen Handhabung immer vorzuziehen, wenn sie mit passendem Absorptionsspektrum erhältlich sind. Leider ist dies nicht immer der Fall, so daß man oft Filter selbst herstellen muß. Bequem und billig in der Herstellung und im Gebrauch, aber nicht unbeschränkt lichtecht sind Gelatinefilter, die aus einer mit gelöstem Farbstoff versetzten wäßrigen Gelatinelösung auf Glasplatten gegossen werden. Durch Mischung verschiedener Farbstoffe in geeigneten Konzentrationen läßt sich eine große Mannigfaltigkeit von Absorptionskurven erreichen. Näheres über die Herstellung lese man bei Weigert (*120*) nach.

Für Filter, die in geringem Maße Ultraviolett absorbieren sollen, sind Glasplatten als Träger ungeeignet. In einer englischen Patentschrift (322 200) der I. G. Farbenindustrie wird empfohlen, als Träger für solche Filter Filme oder Scheiben aus Zellulose oder deren Derivaten oder Kondensationsprodukte des Formaldehyds zu nehmen, die mit entsprechenden Farbstoffen an- bzw. durchgefärbt sind. Die erwähnte Patentschrift gibt als Beispiel die Herstellung eines wesentlich nur für

[1] Außer von Schott werden Glasfilter in ausgezeichneter Beschaffenheit u. a. von der Kodak-Gesellschaft (Wrattenfilter) und von den Corning-Glass-Works, und für spezielle Zwecke von der Agfa geliefert.

die Quecksilberlinie 3660 durchlässigen Filters und zweier sog. Schwarzfilter an, die im Ultraviolett sehr wenig, im Sichtbaren dagegen fast alles absorbieren.

Die meisten Möglichkeiten weitgehender Variierung der spektralen Charakteristik bieten Flüssigkeitsfilter, die in Küvetten mit planparallelen Fenstern einzeln oder zu mehreren hintereinander verwendet werden. Die Küvetten sind als sog. Leyboldsche Glasgefäße bei allen Fabriken für Laboratoriumsbedarf erhältlich (z. B. Leybolds Nachf.-Köln, Leppin & Masche, Berlin, Ernst Leitz, Berlin). Die optische Qualität ist allerdings sehr unterschiedlich, besonders bei Küvetten mit aufgeschmolzenen oder mit Feueremaille gekitteten Fenstern. Küvetten mit veränderbarer Dicke, sog. Balysche Röhren, werden in der Spektralphotometrie für die Messung von Absorptionsspektren viel gebraucht und sind z. B. von Dr. C. Leiß, Berlin-Steglitz, Schmidt & Haensch, Berlin, Carl Zeiß, Jena, Ernst Leitz, Wetzlar und Berlin zu erhalten. Zwei verschiedene Ausführungsformen sind in den Abb. 78 und 79 dargestellt. Flüssigkeitsfilter finden trotz der augenscheinlichen Unbequemlichkeit, Schwierigkeit beim Transport, Zerbrechlichkeit und anderer Nachteile vielfach Verwendung, weil sie den verschiedensten Aufgaben im Laboratorium am schnellsten anzupassen sind. Flüssigkeitsfilter sind z. B. geeignet als Monochromatfilter in Verbindung mit Gasentladungslampen.

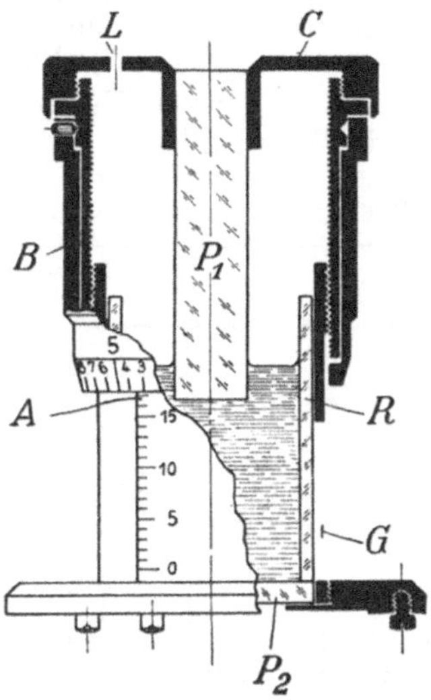

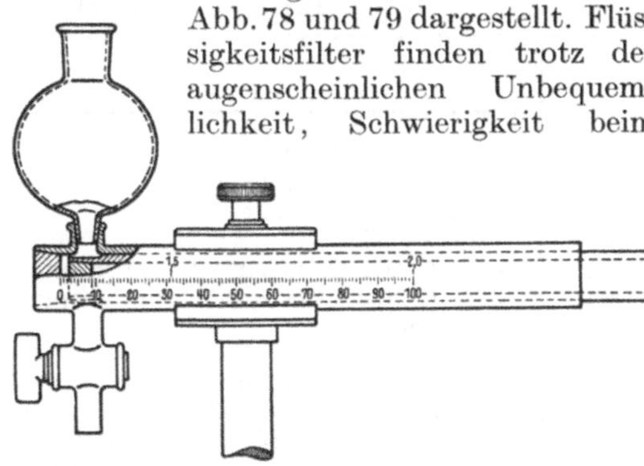

Abb. 78 und 79. Absorptionsgefäß mit veränderbarer Schichtdicke (Zeiß).

322. Monochromatfilter. Monochromatfilter werden dann angewendet, wenn einerseits eine saubere und enge Begrenzung des Spektralgebietes nötig ist, andererseits ein Monochromator, entweder wegen der großen Kosten oder der Komplizierung der Apparatur oder (meistens!) wegen der zu geringen Lichtströme auszuschließen ist. Früher kamen Monochromatfilter nur für die Quecksilberlampe in Frage. Seitdem wir aber über Hochleistungsleuchtröhren mit den verschiedensten Gas- und Metalldampffüllungen verfügen, sind auch eine Menge neue Monochromatfilter zusammengestellt worden, die aus der Vielheit der Linien jeweils nur eine einzige oder wenige dicht beieinanderliegende aussieben. Indessen empfiehlt sich ihr Gebrauch nur, wenn nicht äußerste spektrale Reinheit

Bedingung ist, dagegen die Lichtstärke der Anordnung eine Rolle spielt (und das ist bei lichtelektrischen Messungen fast immer der Fall). Wir haben heute Monochromatfilter, die in Verbindung mit einigen Gasentladungslampen eine verhältnismäßig dichte Besetzung des sichtbaren und ultravioletten Spektrums mit einzelnen Linien gestatten. Eine Auswahl davon zeigt die Tabelle 7. Die erste Spalte gibt die zu verwendende Gasentladungslampe, die zweite die Filter an; in der dritten Spalte steht die ausgesiebte Wellenlänge. Die meisten Filter wurden von H. Alterthum und M. Reger mit den Osram-Metalldampf-Kleinlampen ausprobiert und deren Veröffentlichung (*99*) entnommen. Die als Kombination 1—6 bezeichneten Filterzusammenstellungen stammen aus einer Arbeit von Bulian (*6*). Die Filter Zeiß A—C sind speziell für die Quecksilberlampe entwickelt, aber auch für Helium brauchbar, wobei A die gelbe Heliumlinie noch zu 40% durchläßt, A + B gemeinsam für die rote Heliumlinie zu 65% durchlässig sind. Die genauen Zahlen der Durchlässigkeit der Zeißschen Filter für die verschiedenen Hg- und He-Linien sind in der Zeiß-Druckschrift Meß 545 B zu finden.

Tabelle 7. Monochromatfilter.

Lampe	Filter bzw. Filterkombination	Wellenlänge mμ
Cd	RG 1 oder RG 2 (Schott)	644
Zn	RG 1 oder RG 2 (Schott)	636
Hg	Kombination 1 Rot	612, 623
Na	Wratten 23	589, 590
Hg	Zeiß A oder Wratten 22 oder Kombination 2 Gelb	577, 579
Hg	Zeiß B oder Wratten 77 oder Kombination 3 Grün	546
Tl	Wratten 62	535
Cd	Wratten 61	509
Hg	Kombination 4 Grün	492
Hg	Zeiß C oder Wratten 50 oder Kombination 5 Blau	436
Hg	Corning Red Purple Ultra oder Kombination 6 Violett	405, 408
Tl	Corning Red Purple Corex + Schott GG 2	378
Hg	Wratten 18 A	365, 366
Cd	Corning Red Purple Corex + Kaliumchromat	326
Hg	Corning Red Purple Corex + Kaliumchromat	313
Zn	Corning Red Purple Corex + Pikrinsäure	308
Hg	Corning Red Purple Corex + 20 cm Cl_2 1 at	254

Kombination 1. Rot 612—623 mμ, hochkonzentrierte Lösung von Chrysoidin in 1 cm Schichtdicke, dazu 5 ccm destilliertes Wasser.

Kombination 2. Gelb 577—579 mμ, 3%ige Lösung von $CuSO_4$ in 3 cm Schichtdicke, dazu 1 cm Chininhydrochloridlösung (2 g in 100 ccm H_2O, angesäuert mit 6 ccm HCl), dazu 1 cm Lösung von 0,02 g Tartrazin + 0,02 g Erythrosin in 100 ccm H_2O.

Kombination 3. Grün 546 mμ, 3 cm 3%ige $CuSO_4$-Lösung, dazu 1 cm Chininhydrochloridlösung (s. o.), dazu 3 cm Tartrazin (0,02 g auf 100 ccm H_2O), dazu 1 cm 0,01%ige Guineagrünlösung, dazu 1,3 cm Didymglas.

Kombination 4. Grün 492 mμ, 3 cm 3%ige $CuSO_4$-Lösung, dazu 1 cm Chininhydrochloridlösung (s. o.), dazu 2 cm 0,02%ige Guineagrünlösung.

Kombination 5. Blau 436 mμ, 3 cm 3%ige $CuSO_4$-Lösung, 1 cm Chininhydrochloridlösung (s. o.), 5 cm Säurerhodamin (0,003 g auf 100 ccm H_2O).

Kombination 6. Violett 405—408 mμ, 3 cm 3%ige $CuSO_4$-Lösung bzw. 0,7 cm Sinuvalglas, dazu 1 cm 0,1%ige Methylviolettlösung.

In die obige Tabelle sind als Lichtquellen nur die stärksten Linien der Hochleistungsmetalldampflampen aufgenommen, die von der Studiengesellschaft für elektrische Beleuchtung, Berlin, gebaut werden. Durch Verwendung anderer Gasentladungslampen und passender Filterkombinationen läßt sich eine noch dichtere Ausfüllung des Spektrums erreichen. Vielleicht wird es nützlich sein, bald einmal einen derartigen „Monochromater für technische Zwecke“ in handlicher Form zusammenzustellen.

323. Neutralfilter, Stufenfilter, Graukeile. Neutralfilter, die alle Bezirke des Spektrums in gleichem Maße absorbieren, werden als photometrische Schwächungsvorrichtungen verwendet und wären demgemäß in Abschnitt 34 zu behandeln. Da sie aber im Grunde doch Filter sind, sollen einige kurze Hinweise hier eingeschoben werden.

Alle grauen Farbstoffe absorbieren mehr oder weniger selektiv, sind also nicht absolut grau. Zahlreiche Untersuchungen hierüber verdanken wir Goldberg (*104*), der verschiedene Verfahren zur Herstellung leidlich grau absorbierender Stoffe angegeben hat. Nach dem Goldbergschen Verfahren kann man auch Filter mit keilförmig verlaufender Absorption (Graukeile) herstellen, die als stetiges photometrisches Schwächungsmittel mit großem Intervall gute Dienste leisten, wenn es auf äußerste Genauigkeit nicht ankommt. Auch stufenförmige Keile werden in verbesserter Ausführung neuerdings von Zeiß-Ikon hergestellt. Man braucht sie z. B. bei der Sensitometrie (425) nach dem Dinorm-Verfahren.

Die Herstellung eines sehr gut grau, also an keiner Stelle des sichtbaren Spektrums selektiv absorbierenden Farbstoffs ist nach zahlreichen Versuchen R. Diehl gelungen. Der Farbstoff besteht aus einer gut gepufferten, ganz schwach alkalischen Stammlösung, die außer dem Höchster Filter-Blaugrün ein Gemisch aus acht Farbstoffen, zum Teil sauren und basischen Azofarbstoffen, zum Teil geringen Mengen von Phtaleïnen und Sulfophthaleïnen enthält. Die genaue Zusammensetzung dieser Lösung, die von E. Leitz in Wetzlar in den Handel gebracht wird, wird aus verständlichen Gründen verschwiegen. Nach den von Diehl (*101*) mitgeteilten Werten übersteigen die Abweichungen vom Mittelwert des Extinktionskoeffizienten an keiner Stelle zwischen 400 und 700 mμ wesentlich $\pm$ 1,5%. Der Extinktionskoeffizient ist ziemlich groß.

Feste Graufilter, die auch im Ultraviolett verwendbar sind, können durch Aufstäuben dünner Platinschichten auf Quarzplatten gewonnen werden. Derartige abgestufte Filter mit den Durchlässigkeiten von 0,10—0,63 in fünf Stufen bzw. 0,01—0,40 in fünf Stufen fertigt Carl Zeiß, Jena, unter dem Namen Stufenfilter an (Beschreibung in der Druckschrift Astro 88/II).

Alle „Graufilter" der beschriebenen Bauarten sind mit mehr oder weniger erheblichen Fehlern in bezug auf ihre spektrale Durchlässigkeitsverteilung behaftet. Da sie meistens (besonders die Flüssigkeitsfilter) auch eine ziemliche Dicke in der Richtung des Strahlengangs haben oder (Gelatinefilter) nicht völlig homogen sind, ist die Extinktion von der Stellung im Strahlengang und der Konvergenz der Bündel nicht unabhängig. Die Filter sind also mit Vorsicht zu benutzen. Für äußerste Genauigkeit wird man meist zu Schwächungsanordnungen anderer Art greifen (Kapitel 34).

33. Spektralapparate und Monochromatoren.

331. Apparate mit einfacher Zerlegung. Zur Spektralphotometrie mit hoher Dispersion, in Verbindung mit Konkavgittern, Stufengittern oder Interferometern (Lummer-Gehrcke, Perot-Fabry, Michelson) eignet sich fast ausschließlich die photographische Platte. Dieser Zweig der objektiven Spektralphotometrie, der vorwiegend für den Spektroskopiker und Atomforscher von Interesse ist, wird in diesem Buch

Abb. 80. Handspektroskop nach Janssen-Hoffmann (Askania).

nur in seinen wesentlichsten Problemen kurz umrissen; diese Beschränkung fiel um so leichter, als es eingehende und vorzügliche Darstellungen der photographischen Spektralphotometrie gibt [Ornstein-Moll-Burger (*155*), Frerichs (*130*), Eberhard (*128*)]. Das verwendete Instrumentarium ist, besonders was den spektrographischen Teil anbetrifft, in den erwähnten Büchern genügend ausführlich beschrieben, außerdem in den Prospekten z. B. der Firmen Schmidt & Haensch, Berlin, Carl Zeiß, Jena, Adam Hilger, London; Bausch & Lomb, Rochester, Bernhard Halle Nachf., Berlin. Wir brauchen also an dieser Stelle Spektralapparate und Monochromatoren nur als Hilfsmittel und Bauelemente für vergleichsweise einfache objektiv-spektralphotometrische Arbeiten zu behandeln, z. B. Messung der Absorptions- und Emissionsspektren für analytische Zwecke, der spektralen Verteilung der Emission (Untersuchung künstlicher Lichtquellen), der Absorption und Rückstrahlung von Baustoffen, Filtern, Textilien u. dgl.

Im allgemeinen sind bei kleiner Dispersion im sichtbaren Gebiet gewöhnliche Spektroskope oder Spektrographen mit einem oder mehreren Prismen ausreichend. Die Forderungen genügenden Öffnungsverhältnisses und guter spektraler Reinheit sind nicht immer leicht in Einklang zu bringen, besonders nicht im Ultraviolett. Da bei lichtelektrischen Spektralphotometern am Monochromator die Photozelle und häufig in mehr oder weniger fester Verbindung damit ein Meßgerät oder geschirmte

Zuleitungen vorzusehen sind, empfiehlt sich die Verwendung von Spektralapparaten mit konstanter Ablenkung (fester Winkel zwischen Kollimator und Fernrohr). Es gibt solche mit gestrecktem Winkel, die 3- oder 5teilige Prismensitze nach Wernike, Thompson, Amici enthalten (Abb. 80), die heute sehr gebräuchliche Anordnung mit konstanter rechtwinkliger Ablenkung und Wellenlängentrommel (Abb. 81), endlich Autokollimationsspektroskope mit Abbé-Prisma (Abb. 82), die einen sehr gedrängten Aufbau ermöglichen. Die meisten Konstruktionen sind sowohl als Spektroskop (mit Okularlupe) oder als Monochromator (mit Okularspalt) verwendbar.

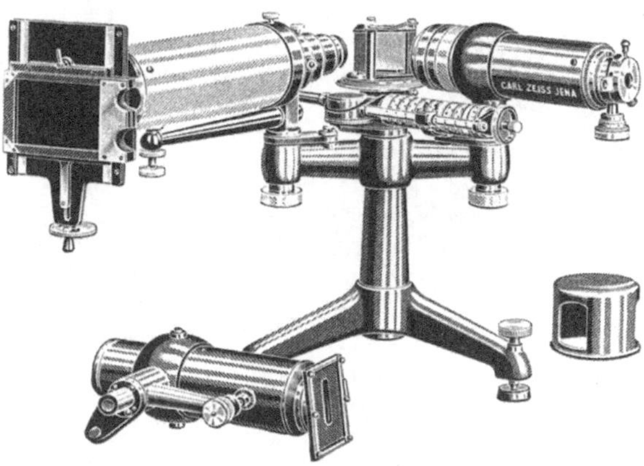

Abb. 81. 90°-Monochromator mit Wellenlängentrommel (Zeiß).

Instrumente mit großer Öffnung und Mehrprismenanordnungen von höherer Dispersion werden meist als Spektrographen mit festen Kameras gebaut, z. B. von Carl Zeiß in Verbindung mit dem Försterlingschen

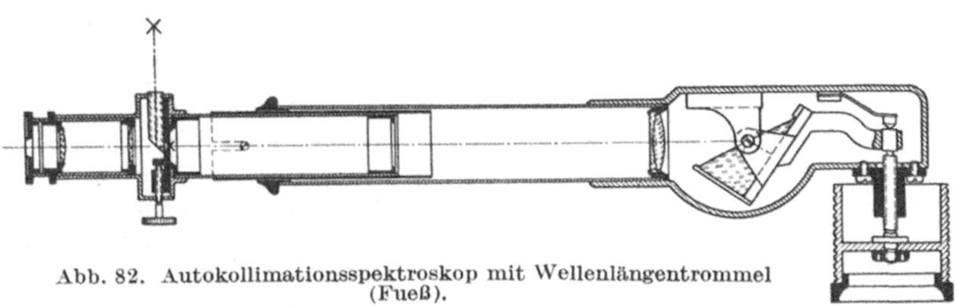

Abb. 82. Autokollimationsspektroskop mit Wellenlängentrommel (Fueß).

Dreiprismensatz mit gemeinsamer Einstellung auf Minimum der Ablenkung (Abb. 83). Sie kommen wesentlich für die photographische Spektralphotometrie in Frage.

Spektrographen für das Quarzultraviolett werden meist nur mit einem Dispersionsprisma ausgerüstet, weil die Dispersion des Quarzes bei kurzen Wellenlängen stark zunimmt. Für das fernere Ultraviolett und Ultrarot verwendet man Dispersionsprismen aus Steinsalz oder Flußspat. Die Unmöglichkeit vollständiger chromatischer Korrektion der Objektive macht besondere Fokussierungseinrichtungen (Verstellbarkeit der Objektive und neigbare Plattenkassetten) nötig, wenn man nicht als Kollimator und Objektiv Hohlspiegel verwendet (wie beim Quarzspektrographen Qu 18 von Zeiß). Ein Monochromator mit sehr gedrängter Bauart, der besonders für das Ultrarot, aber auch für das sichtbare und ultraviolette Gebiet unter Vermeidung jeder Linsenoptik geeignet ist, ist das Spiegelspektroskop von Zeiß. Den Strahlengang zeigt Abb. 84. O_1 und O_2 sind Kollimator- bzw. Fernrohr-Hohlspiegel (Oberflächen vergoldet). Das Quarz-Cornuprisma P und der

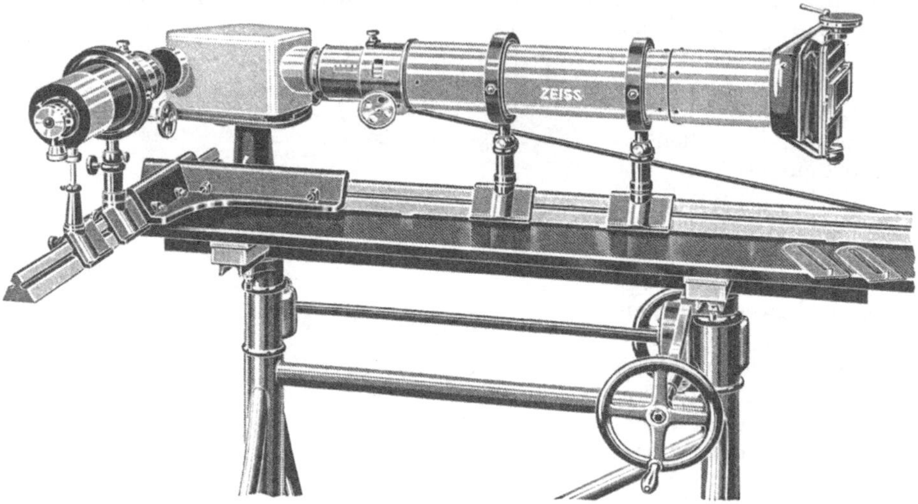

Abb. 83. Dreiprismenspektrograph mit Försterling-Prismensatz (Zeiß).

Planspiegel S sind um den gemeinsamen Drehpunkt Dr schwenkbar, wobei mittels Tangentialschraube eine genaue Einstellung und Ablesung der Wellenlänge möglich ist. Die Spalte Sp_1 und Sp_2 stehen fest, das ganze Instrument ist in ein geschlossenes zylindrisches Gehäuse eingebaut. Bis 3 μ wird mit Quarzprisma, bis 15 μ mit Steinsalzprisma gearbeitet. Mit dem Quarzprisma ist bei der Wellenlänge 1,5 μ das Öffnungsverhältnis 1 : 6,75.

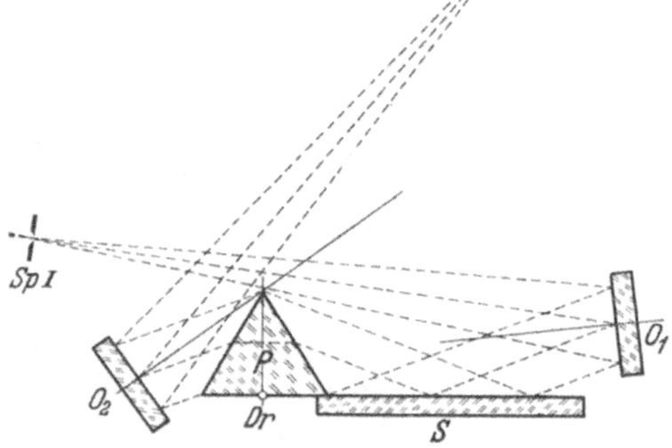

Abb. 84. Spiegelspektroskop (Zeiß).

332. Apparate mit doppelter Zerlegung. Die infolge von Reflexionen an optischen Flächen und Gehäusewänden bei einfachen Monochromatoren nie ganz befriedigende spektrale Reinheit einerseits, sowie die große Empfindlichkeit andererseits gewisser Photozellen gegen kurzwelliges Streulicht hat für lichtelektrische Messungen, sowie für die objektive Spektralphotometrie zu immer weiterer Verbreitung von Monochromatoren mit doppelter Zerlegung geführt.

Das einfachste Mittel zur besseren Reinigung besteht in der Vorschaltung von Filtern, die für das jeweilig bearbeitete Gebiet durchlässig sind, alles andere aber möglichst weitgehend absorbieren. Dazu sind aber eine ganze Menge verschiedener Filter nötig, die Anordnung kompliziert sich und die Umrechnung der Intensitäten erfordert außer der Berücksichtigung der Dispersionskurve noch die der verschiedenen Filterdurchlässigkeiten.

Auch der Vorsatz eines kleinen prismatischen Zerlegers bringt noch keinen entscheidenden Fortschritt, weil eine derartige Apparatur schwierig zu bedienen ist. Denn außer der Einstellung der beiden Wellenlängenskalen müssen im Ultraviolett unter Umständen an vier Objektiven bzw. Kollimatoren einzeln die Fokusdifferenzen berücksichtigt und eingestellt werden.

Unter den verschiedenen versuchten Konstruktionen haben sich besonders drei als praktisch brauchbar herausgestellt. Der von Spindler & Hoyer, Göttingen, nach Angaben von Pohl und Hilsch hergestellte Doppelmonochromator mit Steinsalzprismen für das Gebiet von 186 bis 4000 mμ ist weitgehend aus normalen optischen Stativteilen aufgebaut. Ebenso wie die beiden anderen nachstehend beschriebenen Konstruktionen enthält er zwei völlig symmetrische Zerlegersysteme mit einem gemeinsamen Mittelspalt. Die Wellenlänge wird ausgewählt durch Schwenkung des einen Arms, der die Lichtquelle und den ersten Zerleger enthält, gegen den zweiten Arm mit der Photozelle hinter dem Austrittsspalt, welcher fest stehen bleibt. Dabei wird gleichzeitig und automatisch die Scharfeinstellung aller vier Quarzlinsen, sowie die Einstellung der beiden Prismen auf minimale Ablenkung besorgt. Mit vielem Zubehör kostet das Instrument etwa RM. 4600.—.

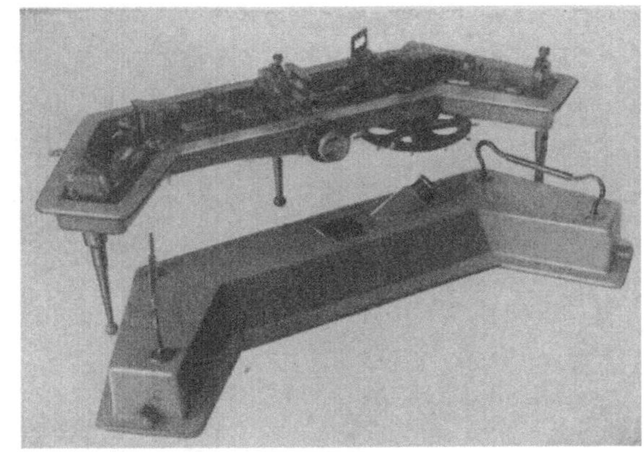

Abb. 85. Vakuum-Doppelmonochromator mit Quarzoptik (Leiß).

Die zweite Konstruktion stammt von van Zittert und wird von Kipp & Zonen in Delft und Dr. C. Leiß in Berlin gebaut. Sie besteht aus zwei vollständigen spiegelbildlich zueinander angeordneten Quarzmonochromatoren, deren beide mittlere Arme in einer Achse stehen und von einem senkrecht zur Achse verschiebbaren Spalt getrennt werden. Der Mittelspalt, in dessen Ebene das Spektrum durch das erste System entworfen wird, dient als Eintrittsspalt für das zweite System. Die vier chromatischen Quarzlinsen werden gemeinsam durch einen großen, mit Wellenlängenskala versehenen Teilkopf scharf eingestellt, wobei (Ausführung von Leiß, Abb. 85) die übertragenden Zahnstangen jeden toten Gang ausschalten. Der Mittelspalt dient zur

Wellenlängeneinstellung. Das Instrument ist in einem Gußgehäuse mit abnehmbarem und abdichtbarem Oberteil untergebracht, welches beim Arbeiten im Schumann-Ultraviolett (bis 160 mμ) zur Verringerung der Luftabsorption evakuiert werden kann.

Die dritte, zur Zeit vielleicht die vollendetste Konstruktion eines Doppelmonochromators stammt von C. Müller und wird von Bernh. Halle Nachf., Berlin, und von Adam Hilger Ltd., London, ausgeführt (Abb. 86). Als Dispersionssysteme werden zwei 30°-Quarzprismen von 55 mm Höhe und 97 mm Seitenlänge mit rückseitiger Verspiegelung (Hochheimsche Legierung, hohes Reflexionsvermögen vom Ultrarot bis Ultraviolett) verwendet, die in Autokollimationsanordnung gestellt,

Abb. 86. Quarz-Doppelmonochromator nach Müller (Halle).

also je zweimal durchlaufen werden. Mit der die Wellenlängenwahl besorgenden Drehung der beiden Prismen ist die Verschiebung derselben in der Achsenrichtung zwecks Fokussierung mittels einer Kurvenschiene automatisch und zwangsläufig gekuppelt, so daß nur ein einziger Handgriff zur Bedienung zu betätigen ist. Dieser hat die Form einer Wellenlängentrommel von außergewöhnlicher Größe (Abwicklung der Skala 7 m!). Zur Umlenkung und gleichzeitig zur Ausschaltung von Streulicht sind 4 Stück 90°-Quarzprismen vorgesehen. Eintritts-, Mittel- und Austrittsspalt sind durch Spindeln symmetrisch auf 0,01 mm genau einstellbar. Nutzbares Wellenlängenintervall 200—4000 mμ, Öffnungsverhältnis für Na-Linien f: 5,5; Preis mit Quarzoptik RM. 3700.—.

34. Schwächungsvorrichtungen.

Schwächungsvorrichtungen in photometrischen Systemen haben den Zweck: a) einen größenordnungsmäßigen Angleich der Leuchtdichten bzw. Lichtströme von Normal (Vergleichsleuchte) und unbekannter Lichtquelle herzustellen; b) bei photometrischen Nullmethoden, wozu praktisch ausnahmslos die visuellen Methoden gehören, den Abgleich auf genau gleiche Leuchtdichten im Vergleichsfeld (photometrischen Kontakt) zu erzielen.

Zu dem Zweck a) können für visuelle und objektive Messungen meist in gleicher Weise Schwächungsvorrichtungen ziemlich beliebiger Art verwendet werden, von denen man nur verlangt, daß sie keine selektive Durchlässigkeit haben und daß ihre Schwächungswirkung zeitlich konstant bleibt. Hierzu eignen sich Matt- und Trübgläser, Graufilter, Blenden und Diaphragmen verschiedener Art. Bei manchen Milch- und Trübgläsern und bei Verwendung im Ultrarot empfindlicher Strahlungsempfänger (Thermoelemente, Caesiumphotozellen) ist zu berücksichtigen, daß öfters erhöhte Transparenz im Rot und Ultrarot vorkommt, was gegebenenfalls vorher zu prüfen ist. Die Stellung der meisten Schwächungsmittel im Strahlengang ist nicht gleichgültig, da ihre schwächende Wirkung von der Richtung des auffallenden Lichtes abhängig ist. Der betreffende Zahlenwert ist also in der Anordnung selbst zu ermitteln.

Kontinuierlich und meßbar schwächende Vorrichtungen, welche die visuelle Photometrie nicht entbehren kann, sind für die meisten objektiven Photometer kein wesentlicher Bestandteil, da die lichtelektrischen Umformer nicht nur als Null-, sondern auch als Ausschlagsinstrumente arbeiten. Ihre Anwendung bietet jedoch bei lichtelektrischen Methoden gelegentlich methodische und schaltungstechnische Vorteile; man kann so z. B. Schwankungen und Alterungsvorgänge der lichtelektrischen Empfänger eliminieren und Verstärkerschaltungen anwenden, deren Verstärkungsgrad zeitlich nicht absolut unveränderlich ist wie die Eigenschaften eines verläßlichen elektrischen Meßinstruments. Die Wahl des betreffenden Schwächungsmittels richtet sich nach der gewünschten Charakteristik desselben (funktionaler Verlauf der Durchlässigkeit gegenüber einem mechanisch vorzunehmenden Eingriff), nach der gewünschten Genauigkeit sowie nach den speziellen Anforderungen des Problems. Einige der wichtigsten Schwächungsvorrichtungen sind nachstehend aufgezählt. Dabei blieb die einfachste Vorrichtung, beruhend auf dem quadratischen Abstandsgesetz, wegen des unter normalen Bedingungen geringen überbrückbaren Intervalls außer Betracht.

341. Veränderbare Blenden. Voraussetzung ist ein definierter und unveränderlicher Strahlengang, sowie möglichst eine über die ganze maximale Öffnung der Blende gleichmäßige Verteilung des Lichtstroms. Andernfalls, zweckmäßig jedoch immer, ist die Schwächungskennlinie der Blende experimentell unter den jeweiligen Umständen neu zu ermitteln. Man sieht ohne weiteres ein, daß die Durchlässigkeit nicht immer proportional der Öffnung zu sein braucht, die ja an sich geometrisch auszumessen wäre. Als veränderbare Blenden eignen sich:

a) Spalte. Die Bewegung der Spaltbacken wird zweckmäßig symmetrisch durch Muttern und Schrauben mit gegenläufigem Gewinde besorgt. Nach großen Öffnungen ist die Durchlässigkeit durch die Geometrie des Strahlengangs begrenzt (praktisch Schwächung Null), nach kleinen Öffnungen hin durch die am Spalt auftretenden Beugungserscheinungen, welche die einfache geometrische Kennlinie namentlich dann stören, wenn die interferierenden Bündel sich aus dem Strahlengang absplittern. Sonst ist die Charakteristik des linearen Spalts im parallelen homogenen Lichtbündel eine gerade Linie (Abb. 87a).

Kerbt man die dicht übereinander liegenden Spaltbacken eines Bilateralspalts rechtwinklig ein, sodaß die Verschiebung in Richtung der Diagonalen des Blendenquadrats erfolgt, so erhält man eine quadratische Kennlinie (Abb. 87b). Das sog. „Katzenauge" wird u. a. beim Pulfrich-Photometer (Zeiß) angewendet.

b) Irisblende. Ein sehr bequemes Schwächungsmittel ist die Irisblende. Gelegentlich auftauchende Zweifel bezüglich der Reproduzierbarkeit der Einstellungen sind bei guter Herstellung der Blende und Berücksichtigung des unvermeidlichen toten Ganges unbegründet, wie eigene Versuche zeigten. Die Kennlinie verläuft praktisch linear mit dem Winkel der Verstellung (Abb. 87c), maximale und minimale Öffnung können aus konstruktiven Gründen höchstens 1 : 100 gemacht werden, wobei allerdings die kleinen Öffnungen bereits unsicher werden.

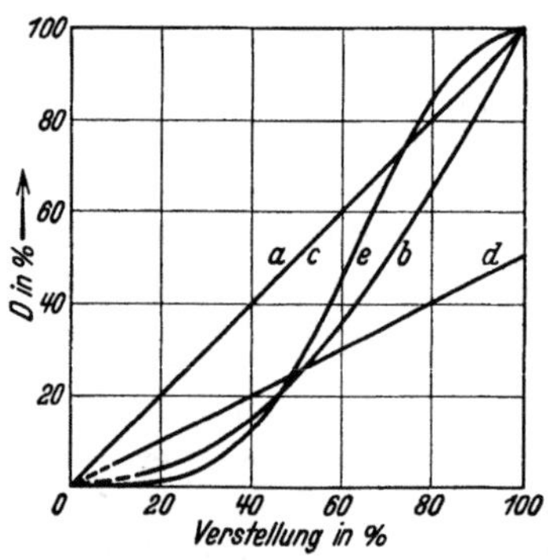

Abb. 87. Kennlinien optischer Schwächungsvorrichtungen. a Spalt, b Katzenauge, c Irisblende, d Sektor, e Polarisator.

Jeder der beschriebenen Blenden kann man eine beliebige andere Kennlinie erteilen, indem man sie entweder mit Profilausschnitten versieht, oder dem betreffenden Antrieb über eine Kurvenscheibe besorgt, die eine entsprechende Verzerrung bzw. Entzerrung der Kennlinie in gewollter Weise ergibt. Von diesem Mittel wird verschiedentlich Gebrauch gemacht [Bertling (*100*)].

Für spektralphotometrische Zwecke wurden Kombinationen von Blenden oder Rastern für wellenlängenunabhängige, exakt definierte und stufenweise Schwächung durch astigmatische Abbildung verwendet [Frerichs (*130*), Hansen (*106*)].

342. Rotierender Sektor. Der rotierende Sektor gestattet den Mittelwert der hindurchgelassenen Lichtmenge dadurch zu ändern, daß in einstellbaren Intervallen rhythmisch auf- und zugeblendet wird. Der Momentanwert der Leuchtdichte im parallelen Bündel ist stets 0 oder 100%. Wenn die Intervalle kurz genug sind, nimmt das Auge den zeitlichen Mittelwert der Leuchtdichte $\frac{1}{T}\int b\,dt = c \cdot \varphi$ wahr, worin φ den Winkel der Sektoröffnung bezeichnet (Talbotsches Gesetz). Lichtelektrische Umformer, die trägheitsfrei arbeiten, können ohne weiteres in Verbindung mit dem rotierenden Sektor gebraucht werden. Die Integration wird in diesem Fall durch ein Meßgerät, z. B. ein Drehspulinstrument, ausgeführt, dessen Schwingungsdauer groß ist gegen die Dauer einer Periode des Sektorumlaufs. Bedenken gegen die Anwendung des rotierenden Sektors bestehen für die Kombination mit nicht trägheitsfrei arbeitenden lichtelektrischen Umformern, namentlich Thermoelementen und Photowiderständen, aber auch Sperrschichtelementen, weil von vornherein nicht als gegeben anzunehmen ist, daß die Amplitude der Photoströme bzw. ihr Gleichstrommittelwert dem Lichtstrommittelwert proportional ist. Eicht man für eine Verbindung aus rotierendem Sektor und lichtelektrischem Umformer die Abhängigkeit des Photostrommittelwertes gegen die Sektoröffnung aus, und erhält man dabei eine geradlinige Abhängigkeit, so ist dies ein Zeichen dafür, daß der Umformer genügend trägheitsfrei arbeitet und infolgedessen in Verbindung mit einem rotierenden Sektor gebraucht werden kann, nicht aber dafür, daß der betreffende Umformer eine lineare Abhängigkeit zwischen Lichtstrom und Photostrom hat. Diese Kennlinie ist getrennt zu ermitteln, wobei eine stationäre Schwächungsvorrichtung anzuwenden ist (z. B. Abstandsgesetz, Blenden). Der rotierende Sektor hat vor allen anderen Schwächungsvorrichtungen den großen Vorteil, daß er an beliebiger Stelle in den Strahlengang eingeschaltet werden kann, ohne daß auf die Art der Bündelung oder die Gleichmäßigkeit der Ausleuchtung im Bündel Rücksicht genommen zu werden braucht. Die Durchlässigkeit ist dem Öffnungswinkel proportional (Abb. 87d). Da aus konstruktiven Gründen mindestens die halbe Kreisscheibe bedeckt bleiben muß, schwächt der Sektor mindestens um 50%. Die maximale Schwächung hängt von der erforderlichen Genauigkeit ab. Nicht einstellbare Sektoren können in Präzisionsausführung bis zu 1^0 Öffnungswinkel hergestellt werden. Relativ einfach ist der Bau eines im Ruhezustand veränderbaren Sektors, der aus zwei an der Achse zusammengepreßten Scheiben mit je einem 180^0-Ausschnitt bzw. zwei 90^0-Ausschnitten besteht.

Die Herstellung während der Drehung mechanisch veränderbarer Sektoren bietet konstruktive Schwierigkeiten, wenn hohe Genauigkeit verlangt wird. Trotzdem gibt es derartige Konstruktionen [vgl. Walsh (*117*), S. 176f.]. Die eleganteste Bauart des im Betrieb verstellbaren Sektors stammt von Brodhun. Der Sektor ruht und ist stetig verstellbar; das axial ankommende Bündel wird durch rotierende Prismen so abgelenkt, daß seine Achse eine Zylinderfläche um die Sektorachse herum beschreibt, und durch ein spiegelbildlich angeordnetes zweites Prismensystem wieder zurück in die Achse gesandt. In dieser Form liegt der Brodhunsche Sektor dem Präzisionsphotometer und der Sektorenmeßvorrichtung von Schmidt & Haensch zugrunde.

Schwächungen beliebig vorgegebener Charakteristik kann man durch einen vor einem tangentialen Spalt rotierenden Sektor mit dieser Charakteristik entsprechenden Ausschnitten erreichen, dessen Achse relativ zum Spalt radial verschoben wird. Eine derartige Vorrichtung ist von Hyde angegeben und wird bei verschiedenen visuellen Spektralphotometern verwendet; sie liegt auch dem nach Angaben von Bollmann von Schmidt & Haensch hergestellten Reflexionsdensitometer zugrunde.

Die Ausleuchtung eines radialen Spaltes kann mittels rotierenden Sektors mit passenden Ausschnitten nach einer beliebigen Gesetzmäßigkeit geschwächt werden. Auf diese Weise kann z. B. ein energiegleiches Spektrum (344) oder ein optischer Integrator (355) hergestellt werden.

343. Polarisatoren. Durch zwei Polarisationsprismen nach Nicol oder Glan-Thomson, die im parallelen oder schwach konvergenten bzw. divergenten Bündel mit einem gegenseitigen Winkel α der Hauptschnitte hintereinander aufgestellt werden, wird, von Reflexionen an den Prismenflächen und Absorptionsverlusten abgesehen, eine Schwächung des durchgelassenen Lichtstroms bewirkt, die proportional dem tg-Quadrat α ist (Abb. 87e). Vorteile der Anordnung: sehr großes überbrückbares Intervall, bequeme und gedrängte Anordnung. Nachteile: verschiedene Steilheit der Charakteristik, also nicht gleichmäßige Empfindlichkeit. Vorsicht ist am Platze, wenn das zu schwächende Licht bereits ganz oder teilweise linear oder elliptisch polarisiert ist, bzw. der Polarisationsgrad sich in unkontrollierbarer Weise ändern kann (Himmelslicht). Zu beachten ist ferner, daß der selektive lichtelektrische Effekt an Alkalikathoden stark abhängig vom Polarisationszustand des Lichtes ist, und daß auch bei anderen lichtelektrischen Umformern, z. B. Sperrschichtelementen, derartige Abhängigkeiten vorkommen können.

344. Energienivellierer. Energienivellierer sind optische Einrichtungen, die aus einem Spektrum beliebig vorgegebener, aber konstanter Energieverteilung durch Schwächung aller Spektralbezirke auf den kleinsten im Spektrum vorkommenden Energiebetrag ein Spektrum konstanter Energieverteilung machen. Das Problem kann noch dadurch ausgedehnt werden, daß die spektrale Empfindlichkeitscharakteristik eines nicht auf alle Wellenlängen gleichmäßig ansprechenden lichtelektrischen Umformers einbezogen wird, so daß die von diesem gelieferten Ströme oder Spannungen unabhängig von der Wellenlänge in dieser Anordnung der Energie direkt proportional sind. Ohne nähere Erläuterung ist verständlich, daß ein derartiges Meßgerät z. B. für spektral-photometrische Absorptionsmessungen eine große Erleichterung für die Auswertung der Messungen bedeutet. Die zu erfassenden Größen sind:

1. Die Energieverteilung der Lichtquelle, zweckmäßig eines Temperaturstrahlers.
2. Die Dispersionskurve des spektralen Zerlegers, die bei Prismen und Gittern bzw. Interferometern grundsätzlich verschieden ist.
3. Gegebenenfalls die spektrale Empfindlichkeitsverteilung des lichtelektrischen Umformers.

Für eine beliebige gegebene Kombination aus Lichtquelle, Monochromator und lichtelektrischem Umformer ist die herzustellende Schwächung eine eindeutige Funktion der Wellenlänge und kann infolgedessen mittels einer mit der Wellenlängetrommel des Monochromators gekuppelten Schwächungsvorrichtung hergestellt werden. Die Kupplung wird zweckmäßig mittels einer Kurvenscheibe bewirkt, die den genannten, empirisch gefundenen funktionalen Zusammenhang herstellt. Ein Beispiel einer derartigen Anordnung ist von Bertling (*100*) angegeben.

35. Sonstige optische Hilfsmittel.

351. Photometrische Kontakte. Bei allen visuellen Photometern ist neben der Schwächungsvorrichtung ein integrierender Bestandteil der photometrische Kontakt, eine Vorrichtung, welche die beiden auf ihre Leuchtdichte zu vergleichenden Felder unmittelbar nebeneinander stellt. Nicht bei allen objektiven Lichtmessern ist dieses Gerät notwendig vorhanden. Z. B. fällt es fort, wenn der lichtelektrische Umformer nicht, wie das Auge, als Nullinstrument, sondern als Ausschlagsinstrument benutzt wird, oder wenn Normalintensität und unbekannte Intensität in mehr oder weniger raschem Wechsel miteinander verglichen werden, oder wenn für jedes der beiden Strahlenbündel je ein lichtelektrischer Umformer vorgesehen ist. Dagegen braucht man einen photometrischen Kontakt u. a. bei solchen Null- oder Kompensationsmethoden, die mit Differentialzellen, -thermoelementen oder -photoelementen arbeiten und in ihrem Aufbau den visuellen Photometern stark ähneln.

Der für visuelle Zwecke gebräuchlichste Kontakt, der Lummer-Brodhun-Würfel mit Gleichheits- oder Kontrastfeld, ist für lichtelektrische Photometrie ungeeignet. Besser eignet sich der Hüfner-Rhombus (Abb. 88), wie er auch bei visuellen Photometern vorkommt, der die Aufgabe hat, zwei nebeneinander liegende parallele Strahlengänge zu sich parallel derart zu verschieben, daß sie mit einer scharfen Kante aneinander stoßen. Da an die optische Qualität der Abbildung in der objektiven Photometrie selten so hohe Ansprüche zu stellen sind, wie in der visuellen, genügt meist auch eine einfache aus Prismen oder Spiegeln zusammengestellte Anordnung als photometrischer Kontakt.

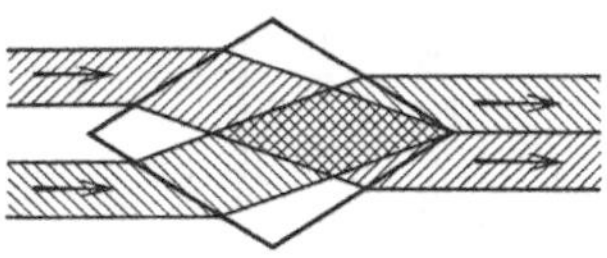

Abb. 88. Hüfner-Rhombus.

352. Optische Schalter. Für periodische Steuerung verschiedener Strahlengänge können rotierende Spiegel oder Prismen verwendet werden. Auch zwei synchron rotierende, zweckmäßig mechanisch gekuppelte Sektoren sind geeignet, die abwechselnd die entsprechenden Lichtwege freigeben und abschließen. Ein von Sharp und Little (*132*) gebautes und ein von Hardy (Abb. 107) entwickeltes lichtelektrisches Gerät besitzt als optischen Schalter einen ebenen rotierenden Spiegel mit sektorförmigen Ausschnitten, der unter 45^0 gegen den Strahlengang geneigt ist und, je nachdem ob seine durchlässigen oder verspiegelten Teile vor der Zelle stehen, für eine im Strahlengang bzw. senkrecht dazu angeordnete Lichtquelle den Weg zur Zelle freigibt.

Einen Stufensektor als optischen Schalter im Strahlengang seines Registrierphotometers verwendet C. Müller. Das Wesentliche dieser Methode besteht darin, daß neben der durch die Untersuchungssubstanz veränderten Energiekurve (bei Absorptionsmessungen) noch Empfindlichkeitskurven verschiedener Teilintensitäten der ungeschwächten Strahlung gewissermaßen als Koordinatenlinien erzeugt werden, wobei Abweichungen hinsichtlich der Proportionalität der Ausschläge ausgeglichen werden. Um die im Verlauf der Registrierzeit eintretenden schleichenden Empfindlichkeits- und Nullpunktsänderungen auszugleichen, werden die einzelnen Kurven einschließlich der zu messenden punktweise in periodischem Wechsel aufgezeichnet.

Für die punktweise Abtastung periodischer Lichtvorgänge, die mit der Netzfrequenz synchron laufen, z. B. der Phasenabhängigkeit des Lichtstromes wechselstrombetriebener Glühlampen und Leuchtröhren, eignet sich ein vom gleichen Netz betriebener Synchronmotor mit Spaltscheibe und Vorrichtung zur meßbaren Drehung der Phase.

Für seltene Ausnahmefälle braucht man sehr schnelle optische Schalter ohne mechanische Trägheit, z. B. zur Untersuchung kurzzeitigen Phosphoreszenznachleuchtens. Dazu ist die Verwendung der Kerrzelle mit Erfolg versucht worden.

353. Selektoren. Selektoren dienen zur Aussiebung von Lichtbündeln mit eng begrenzter Streuung gegen eine optische Achse. Das längst bekannte Hilfsmittel hierfür ist eine Sammellinse mit im Brennpunkt angebrachter spaltförmiger Blende (für lineare Bündel, z. B. Objektivrohr der Monochromatoren) oder enger kreisförmiger Blende (für runde Bündel) Abb. 89a. Der durchgelassene Winkelbereich hängt vom Verhältnis der Brennweite der abbildenden Linse zur Blendenöffnung ab. Die Richtoptik mit runder Blende bildet z. B. einen Bestandteil lichtelektrischer Signalanlagen jeder Art, wenn es sich um Ausschaltung störenden Fremdlichts handelt (Visomat).

Selektoren braucht man bei lichttechnischen Messungen, die die Ermittlung des räumlichen Verlaufs einer optischen Größe (z. B. Lichtstrom, Leuchtdichte, Intensität) bezwecken. Außer den beschriebenen Richtoptiken eignen sich hierfür Selektoren der von Skaupy beschriebenen Bauart. Sie bestehen in der einfachsten Form aus einem innen geschwärzten Rohr mit quadratischem oder rundem Querschnitt, der klein gegen die Länge ist in der weiteren Entwicklung aus einer gebündelten Anzahl dicht zusammengepackter Kanäle von kreisförmigem oder anderem Querschnitt (Abb. 89b). Der durchgelassene Winkelbereich hängt, je nach Form des Querschnitts, Güte der Herstellung und Schwärzung mehr oder weniger scharf abschneidend, von dem Verhältnis Öffnung zu Länge ab. Die Anordnung hat die Vorteile billigster Herstellung und gedrängter Bauart. Sie wurde in einem Lichtverteilungsmeßgerät von Sewig verwendet.

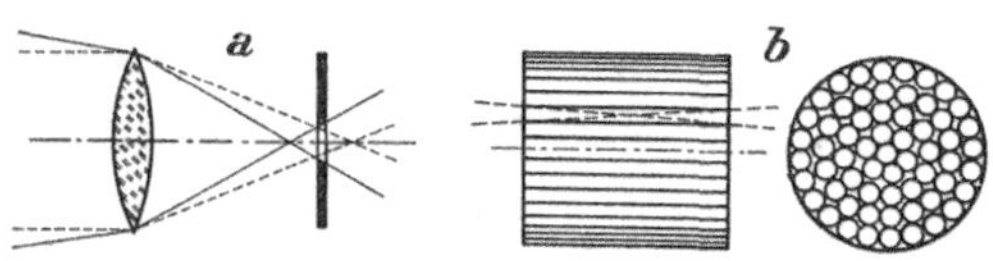

Abb. 89. Optische Selektoren.

Im übrigen eignen sich als geometrische Selektoren die verschiedenen Formen von Dreh- und Schwenkspiegeln, die aus den Methoden der visuellen Photometrie bekannt sind [Liebenthal (*153*), S. 284f., Walsh (*117*), S. 194f.].

354. Integratoren. Integratoren dienen der Ermittlung des räumlichen Integrals oder Mittelwertes einer optischen Größe (Lichtstrom, Lichtstärke, Leuchtdichte), gelegentlich auch zur Farbmischung. Von den verschiedenen Methoden, durch rasch umlaufende Spiegelkombinationen diese Mittelwerte zu bilden, wird heute kaum noch eine verwendet. Der fast ausschließlich benutzte Apparat ist die Ulbrichtsche Kugel, obwohl ihr manche unverkennbare Nachteile anhaften, die nur zum Teil in ihrem Prinzip, wesentlich jedoch in den Materialeigenschaften der lichttechnischen Baustoffe begründet sind. Die Lichtstromintegration in der Ulbrichtschen Kugel setzt eine vollständig diffus reflektierende innere Oberfläche des Anstrichs voraus, die nur annähernd zu erreichen ist. Daraus ergeben sich Kugelfehler, mit denen jede Messung in mehr oder weniger starkem Maße behaftet ist. Eine eingehende, zahlenmäßige, experimentelle Untersuchung hierüber ist von Weigel und Knoll (*119*) ausgeführt.

355. Auswertungshilfsmittel. Von den zahlreichen optischen Hilfsapparaten zur Auswertung objektiv-photometrischer Messungen können hier nur wenige erwähnt werden. Fortgelassen sind besonders alle auch in der visuellen Photometrie verwendeten graphischen und nomographischenHilfsmittel, speziell Koordinatenpapiere und überschlägige Rechenmethoden.

Abb. 90. Einfaches Meßmikroskop (Fuess).

Zur Auswertung von Registrieraufnahmen aller Art, die mit hoher Genauigkeit aufgenommen wurden, speziell spektrophotometrischen Diagrammen und Schwärzungskurven, genügt meist kein gewöhnlicher Maßstab. Es gibt hierfür Meßmikroskope bzw. -lupen verschiedener Art, Güte und Ausführung, von denen ein einfaches und ein genaueres Exemplar in den Abb. 90 und 91 dargestellt ist. Derartige Meßmikroskope werden von den meisten Firmen hergestellt, die sich mit der Fabrikation photometrischer Apparate befassen.

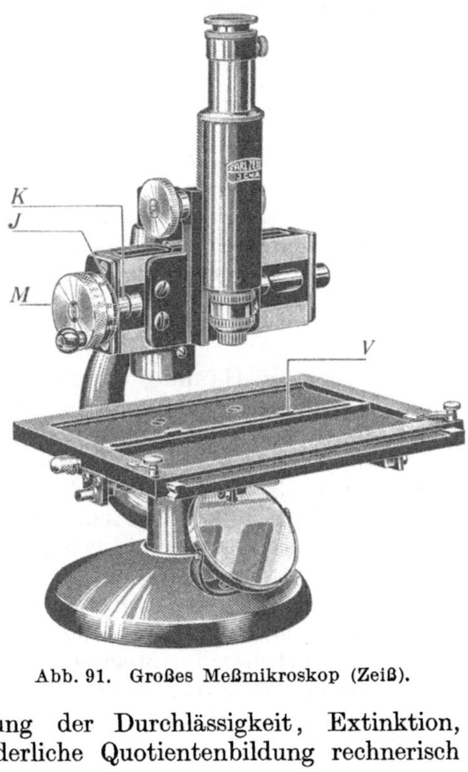

Abb. 91. Großes Meßmikroskop (Zeiß).

Bei vielen spektralphotometrischen Apparaten, speziell solchen für Absorptions- und Trübungsmessungen, erscheinen die Meßergebnisse in Gestalt von zwei Kurvenzügen über der Wellenlänge als Abszisse, deren Ordinaten den Intensitäten des ungeschwächten bzw. des durch den Prüfling im durchgegangenen oder an ihm gestreuten Licht entsprechen. Die zur Ermittlung der Durchlässigkeit, Extinktion, Absorption bzw. Streuung erforderliche Quotientenbildung rechnerisch auszuführen, ist zeitraubend. Hier hilft in Fällen, wo es auf große Genauigkeit nicht ankommt, eine von Parlin (*112*) unter dem Namen „Ratiometer" angegebene Vorrichtung (Abb. 92). Sie besteht aus einem auf durchsichtiges Papier oder Zelluloid gezeichneten Koordinatennetz mit engen parallelen Ordinatenlinien und einer Schrägteilung, die von den Ordinaten dezimal unterteilte, proportionale Strecken abteilt. Man legt die Teilung so über die Registrierkurven, daß die unterste horizontale Abszisse mit der Nullinie der Registrieraufnahme zusammenfällt. Bei den folgenden Verschiebungen des Nomogramms müssen diese beiden Linien immer in Deckung bleiben. Die Schablone wird dann seitlich so verschoben, daß der zu messende Punkt der oberen (ungeschwächten) Kurve mit der 100%-Linie zusammenfällt; dann kann an dem senkrecht darunter liegenden Punkt der anderen Kurve der Quotient abgelesen bzw. interpoliert werden.

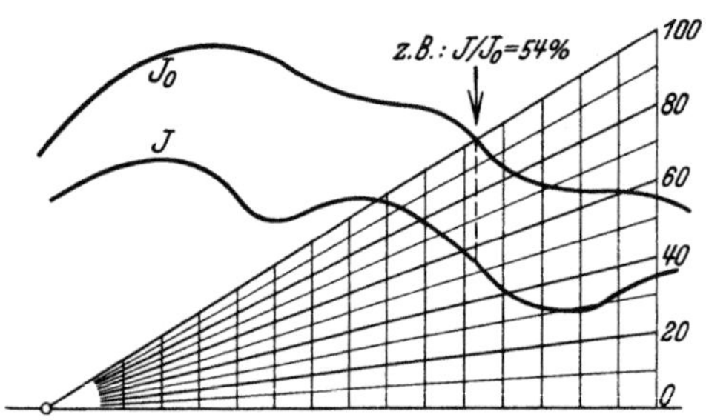

Abb. 92. Ratiometer (Parlin).

Bei manchen spektralphotometrischen und kolorimetrischen Untersuchungen sind Integrationen des Produkts der Meßwerte einer Größe und einer Funktion der Wellenlänge über das Spektrum auszuführen. Um z. B. die Farbkoordinaten $\mathfrak{R}$, $\mathfrak{G}$, $\mathfrak{B}$, $\mathfrak{H}$ aus den gemessenen spektralen Intensitäten i_λ und den Grundempfindungswerten $\mathfrak{r}_\lambda$, $\mathfrak{g}_\lambda$, $\mathfrak{b}_\lambda$, $\mathfrak{h}_\lambda$ zu ermitteln, müssen Integrationen vom Typ $\mathfrak{R} = \int_{380}^{720} i_\lambda \mathfrak{r}_\lambda \, d\lambda$ ausgeführt werden. Um aus der spektralen Verteilung der Emission einer Lichtquelle E_λ deren visuellen Gesamtlichtstrom zu ermitteln, müssen die jeweilig gemessenen Intensitäten mit den zugehörigen Werten der spektralrelativen Hellempfindlichkeit des Auges V_λ multipliziert und alles gleichfalls integriert werden:

$$\Phi = c \int_{380}^{720} E_\lambda \, V_\lambda \, d\lambda .$$

Wo es sich um Häufung von Messungen handelt, ist zur Ausführung dieser Integration eine geeignete automatische Vorrichtung gerechtfertigt. Ives (*107*) hat für die Ermittlung der Farbkoordinaten über das projizierte Spektrum des Prüflings Schablonen gesetzt, deren Ausschnitte den Grundempfindungskurven entsprechen und gleichzeitig den Eigenschaften der Meßanordnung Rechnung tragen (Dispersion, Absorption, spektrale Energieverteilung), und photometriert den durch Prüfling, Spektralapparat und Schablone hindurchgelassenen Lichtstrom, welcher den zu ermittelnden Koordinaten proportional ist. Hardy (*132*) hat zur Ergänzung seines Farbenanalysators eine vollautomatisch arbeitende Integriermaschine gebaut. Rösch (*114*) hat einen optischen Spektralintegrator entwickelt, bei dem das Spektrum als Schablone aus schwarzem Papier mit der Intensität als Ordinate über der Wellenlänge als Abszisse aufgetragen ist, und führt die Integration mittels eines rotierenden Sektors aus, dessen zahlreiche Ausschnitte die Form der Grundempfindungskurve haben. Dabei stehen die feste und die rotierende Schablone, mit ihren Wellenlängenkoordinaten richtig orientiert, in einem parallelen Strahlengang. Der durchgelassene Lichtstrom, der dem Integralprodukt beider Größen proportional ist, wird mittels eines Graukeilphotometers gemessen. An Stelle der Sektoren mit den Grundempfindungskoordinaten kann natürlich ein solcher mit der Augenempfindlichkeitskurve treten; sonstige ähnliche Integrationen können in analoger Weise ausgeführt werden.

Die punktweise Auswertung von Doppelkurven zu ihrem Produkt oder Quotientenwerten oder die Integration von Produktwerten kann nach Sewig auf elektrischem Wege bewerkstelligt werden (Abb. 93). Zwei Schleifdrähte ab und cd (Meßbrücken) sind dicht nebeneinander so aufgebaut, daß die Zeiger ihrer längs einer gemeinsamen Geraden beweglichen Schleifkontakte direkt auf dem Registrierpapier oder auf dem vergrößerten Projektionsbild der Kurvenpaare auf die zugeordneten Wertepaare eingestellt werden. Sind die zugehörigen Schleifdrahtstellungen x_1 und x_2, so zeigt das Galvanometer G in der Schaltung Abb. 93a einen dem Produkt $x_1 \cdot x_2$, in Abb. 93b einen dem Quotienten x_1/x_2 entsprechenden Spannungs- bzw. Stromwert an, wie sich aus einer einfachen Überlegung sofort ergibt. Die Bedingung, daß der Widerstand von G bei verschiedenen Schleifdrahtstellungen auf das Resultat keinen die Fehlergrenze überschreitenden Einfluß hat, ist bei der Produktbildung nach Abb. 93a leicht zu erfüllen, indem man G einen Widerstand gibt, der groß gegen ab ist, und auch den Widerstand von ab groß gegen den von cd macht. Die entsprechenden Bedingungen in der Quotientenschaltung (Abb. 93b) sind mit normalen Meßwerken weniger leicht zu erfüllen, wie die Durchrechnung zeigt. Deshalb wird nach Abb. 92c zur Quotientenmessung besser ein Kreuzspul-Ohmmeter oder ähnliches Quotienteninstrument benutzt, dessen Anzeigen übrigens von der Spannung der Batterie in erster Näherung unabhängig sind. Die Schaltungen nach Abb. 93a und b lassen sich in einfacher Weise zur Integration der Produkte oder Quotienten verwenden, indem man den Registrierstreifen mit den beiden Kurven durch einen untersetzten Synchronmotor langsam vorschiebt, die Einstellung der Kurve von Hand vornimmt und an Stelle von G einen Milliamperestundenzähler setzt. Bis auf einen konstanten, durch Eichung leicht zu ermittelnden Faktor wird dann vom Zähler das Produktintegral bzw. Quotientenintegral angezeigt. Ist die eine Kurve stets dieselbe (z. B. Augenempfindlichkeit, physiologische Grundempfindungen), so kann diese als massive Schablone ausgeführt und mechanisch durch einen Stift abgetastet werden. Die Vorrichtungen

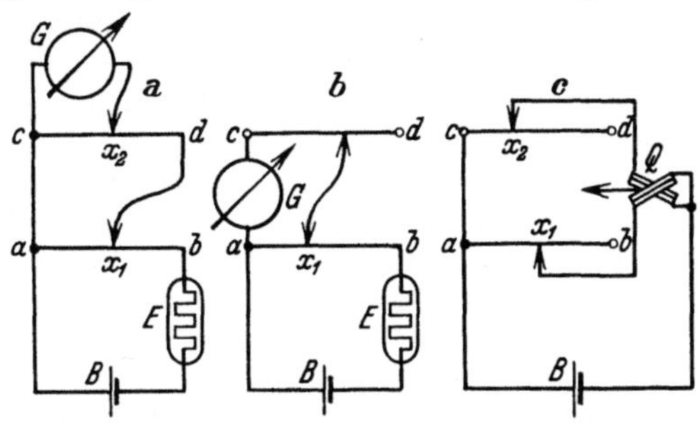

Abb. 93. Elektrische Produkt- (a) und Quotientenbildung (b, c).

haben bei guter Genauigkeit den Vorteil einer bequemen Selbstanfertigung unter Verwendung von handelsüblichen und in den meisten Laboratorien vorhandenen Instrumenten. Anschaffung oder Bau solcher Geräte wird sich allerdings nur lohnen, wenn wirklich sehr viele Messungen ausgeführt werden müssen.

356. Lichtquellen. Sofern nicht die Ausmessung der Eigenschaften einer Lichtquelle selbst das Problem ist, sind geeignete Lichtquellen als Zubehör nötig. In den weitaus meisten Fällen arbeitet man mit Glühlampen, unter denen sich die Auswahl nach der Aufgabe richtet. Einige der wichtigsten, von Osram hergestellten Typen zeigt Abb. 94.

Fast immer ist eine hohe Leuchtdichte erwünscht, wenn nicht erforderlich. Für kleine Lichtstärken genügen häufig Auto-Scheinwerferlampen von 25—35 W, Nitralampen mit einfach oder doppelt gewendeltem Leuchtdraht. Für größere Lichtstärken, entsprechend Leistungsaufnehmen von 35—2000 W, können Tonfilmlampen (Abb. 94d) bzw. Projektions-Nitralampen mit mehreren enggewendelten Drähten geeignet sein. Die größeren Einheiten werden gelegentlich mit kleinen eingebauten Kugelspiegeln ausgerüstet, welche mittels des nach rückwärts ausgestrahlten Lichtstroms ein Bild der Wendel in deren Ebene selbst entwerfen, das gerade die Zwischenräume ausfüllt. Auf diese Weise wird eine hohe nutzbare Leuchtdichte erreicht. Für noch größere Intensitäten und Leuchtdichten bleibt nur noch der Krater der Reinkohlenbogenlampe. Allerdings ist die Bogenlampe für photometrische Zwecke wegen ihrer Inkonstanz kein willkommenes Hilfsmittel. Ähnliches gilt für die Wolframbogenlampe (Punktlichtlampe), die hinsichtlich Konstanz und nutzbarer Leuchtdichte zwischen der Nitralampe und dem Kohlebogen steht.

Lampen mit wesentlich linearer Ausdehnung des Leuchtdrahtes bzw. der Wendel sind besonders für spektralphotometrische Zwecke zur Spaltbeleuchtung erwünscht. Es sind entweder Vakuumlampen mit geradem, gespanntem Wolframfaden (Abb. 94c) oder ausgestreckter Wendel, oder ebensolche hochbelastbare Nitralampen (Abb. 94e). Soll auch die Ultraviolettstrahlung ausgenutzt werden, so erhalten die Lampen entweder ein auf einem Tubus aufgekittetes Quarzfenster (Abb. 94f), oder sie werden als „Strömungslampen" gebaut, die einen offenen seitlichen Ansatz haben und dauernd von frischem Stickstoff durchströmt werden, welcher an dieser Tubusöffnung austritt. Als lineare Lichtquelle im ultraroten Gebiet der Glasabsorption wird auch heute noch gern der Nernststift benutzt. Für genaue photometrische Messungen befriedigen hochbelastete Nitralampen wegen ihrer nicht genügenden Konstanz und der nur zwischen 100 und 1000 h betragenden Lebensdauer nicht. Hierfür sind Spezialtypen entwickelt worden.

Photometrische Normallampen, die in einer bestimmten Richtung eine gut definierte Lichtstärke haben, und z. B. für Lichtstärkemessungen und sensitometrische Zwecke benutzt werden, bekommen W-förmigen, in einer Ebene liegenden Faden (Abb. 94a), solche, die außerdem einen bestimmten Gesamtlichtstrom herstellen, haben käfigförmig gespannte, lineare Fäden (Abb. 94b). Lampen konstanter Leuchtdichte braucht man zur Messung der schwarzen Temperatur mit dem Glühfaden-

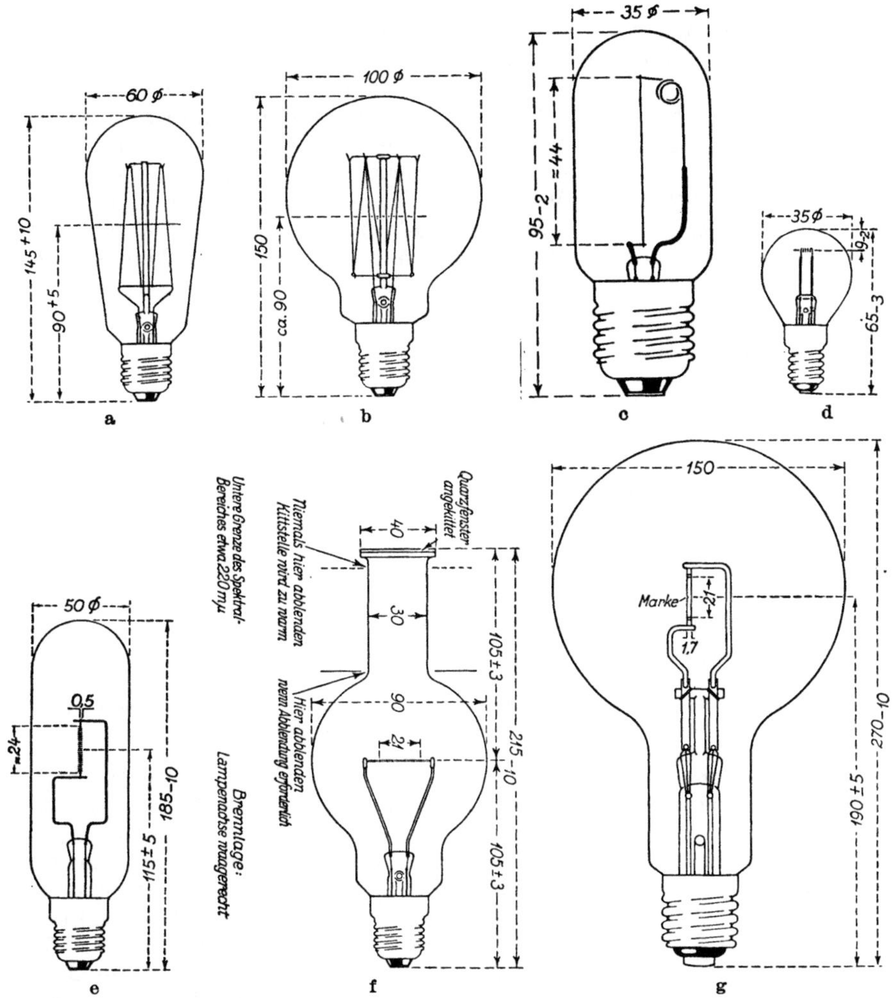

Teilstrahlungspyrometer. Hierfür eignen sich als Haupt- und Eichnormal Wolframbandlampen (Abb. 94g) mit dünnem bandförmigem Leuchtkörper, die in Kugel- oder Röhrenkolben eingeschmolzen werden und erforderlichenfalls gleichfalls mit Quarzfenstern ausgerüstet sind, sowie als Zwischennormale (Vergleichslampen), die besonders bei visuellen Messungen gern benutzten Pyrometerlämpchen (Abb. 94h) mit bügelförmigem Leuchtdraht, eingeschmolzen in zylindrische Kolben mit zwei planparallelen Fenstern zur Vermeidung von Spiegelung und Abbildungsfehlern.

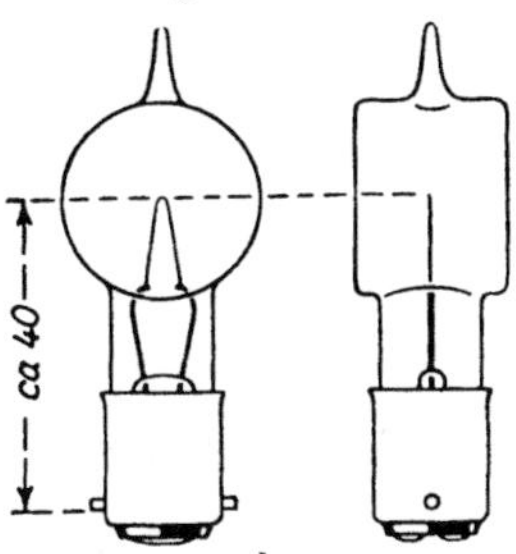

h

Abb. 94a—h. Glühlampen für Meßzwecke (Osram).

Die Angaben über diese Speziallampen sind der Liste 53 der Osram-Gesellschaft entnommen, in der sich nähere Mitteilungen finden. Über die Eigenschaften von photometrischen Normallampen vgl. ferner: v. Göler und Pirani (*105*), Pirani und Reeb (*113*).

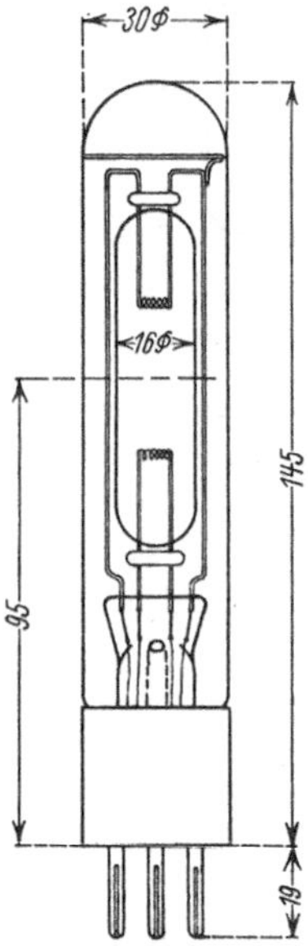

Abb. 95. Metalldampfkleinlampe (Osram).

Für intensive monochromatische Beleuchtung eignen sich Metalldampflampen. Abb. 95 zeigt die von der Studiengesellschaft für elektrische Beleuchtung in Berlin hergestellten Metalldampf-Kleinlampen mit Füllung von Natrium, Kadmium, Thallium. Sie sind mit Oxydkathoden ausgerüstet und können mit

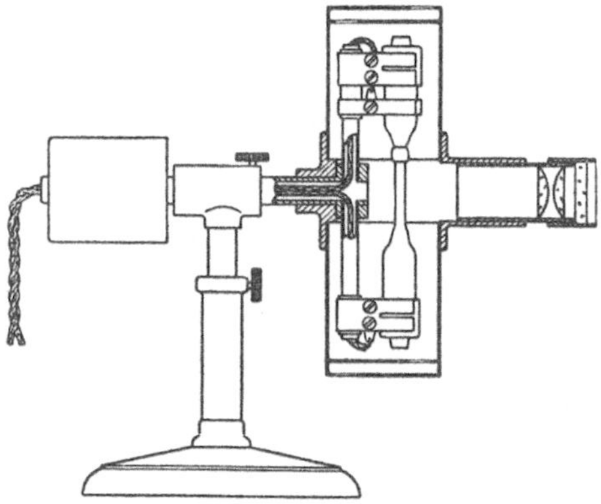

Abb. 96. Lineare Quecksilberdampflampe nach v. Hippel (Schott).

einem Vorwiderstand oder Drossel direkt ans Gleich- oder Wechselstromnetz angeschlossen werden. Die meisten handelsüblichen Quecksilberdampf-Lichtbogenlampen für Therapiezwecke sind für photometrische Anwendung meist zu inkonstant. Besser in dieser Beziehung verhält sich die von Schott in Jena hergestellte Hochdruck-Quecksilberlampe nach v. Hippel (Abb. 96 und 97). Sie werden mit Glas- oder Quarzrohr hergestellt, nehmen 150 mA Strom auf und enthalten einen kleinen im Stativ eingebauten Vorwiderstand zum Anschluß an das Gleichstromnetz (110 oder 220 V); sie zünden ohne Kippen mittels der im Stromkreis liegenden Heizspirale, die das Brennerrohr am oberen Ende umgibt und kurz nach dem Einschalten die ursprünglich geschlossene Quecksilbersäule zu einer Blase auseinanderzieht. Die Lampen haben nach Messungen von R. Sewig und F. Müller (*166*) im mittleren Drittel der positiven Säule eine sehr

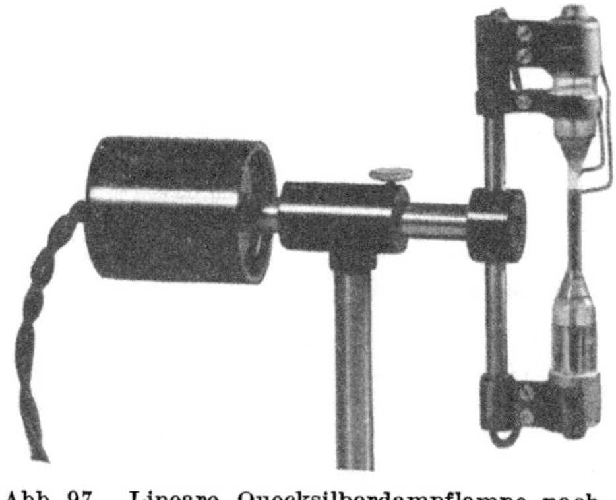

Abb. 97. Lineare Quecksilberdampflampe nach v. Hippel (Schott).

konstante und von Schwankungen der Betriebsspannung ziemlich unabhängige Leuchtdichte (± 0,4% bei Spannungsschwankungen von ± 10%). Sie werden auch mit Kadmium-Quecksilberamalgam gefüllt und liefern dann im roten und grünen Spektralbezirk mehr Linien. Näheres in der Schott-Liste 4703.

Als konstante und intensive Lichtquelle mit kontinuierlichem Spektrum im Ultraviolett ist von Lau u. a. (*109*) ein mit Wasserstoff gefülltes Leuchtrohr mit eingelegten Metallschirmen entwickelt worden, welches das Rekombinations-Kontinuum des Wasserstoffs neben den schwächer als gewöhnlich kommenden Bogen- und Funkenlinien emittiert. Die Intensität ist der Stromstärke weitgehend proportional, die Konstanz nach Messungen in der P.T.R. für photometrische Zwecke befriedigend. Die Röhre wird von Dr. C. Leiß, Berlin-Steglitz, vertrieben.

4. Objektive Photometrie.

Der vorliegende 4. Teil enthält einen Überblick über Apparate und Methoden der objektiven Photometrie. Vollständigkeit konnte wegen des Umfangs weder angestrebt, noch erreicht werden. Aus diesem Grunde wurde, wie in den Teilen 1—3, auch hier auf ausführliche Quellenangaben verzichtet. Unter den mitgeteilten Methoden und Apparaten sind die technisch wichtigeren bevorzugt und vieles weggelassen, was lediglich von wissenschaftlichem Spezialinteresse ist.

41. Gesamtstrahlungsmessung.

Gesamtstrahlungsmessungen werden entweder für meteorologische und klimatologische Zwecke ausgeführt, und haben dann zum Gegenstand die Ermittlung der gerichteten oder totalen von Sonne oder Himmel kommenden Strahlung, oder zum Zwecke der Feststellung der Temperatur glühender Körper aus dem Integral ihrer Strahlung. Bezüglich der Benennung der Instrumente herrscht trotz verschiedener Vorschläge zur Vereinheitlichung zur Zeit noch Verwirrung: man spricht von Pyrheliometern, Solarimetern, Aktinometern u. a., ohne daß über die kennzeichnenden Unterschiede Einigkeit bestände. Hier werden diese Namen ohne die Absicht einer differenzierenden Kennzeichnung in der von den Konstrukteuren vorgeschlagenen Weise gebraucht, sonst allgemein von Aktinometern gesprochen. Meines Erachtens wäre es zweckmäßig, Instrumente zur Messung der Gesamtstrahlung der Sonne allein als Pyrheliometer, solche zur Messung der Gesamtstrahlung des Himmels als Aktinometer zu bezeichnen. Da aber jede neue Klassifizierung zu einer weiteren Verwirrung führt, verzichte ich auf die konsequente Durchführung dieses Vorschlags.

Über die Gültigkeit der aus Messungen der Gesamtstrahlung etwa anzugebenden oder zu errechnenden Temperaturen sollte man sich keinen Täuschungen hingeben. Eine absolute Messung der Gesamtstrahlung hat nur dann eine einfach erfaßbare Beziehung zur Temperatur des Strahlers, wenn derselbe als schwarzer Körper strahlt, der Empfänger über das gesamte nicht nur sichtbare Spektrum unselektiv arbeitet und alle Verluste durch Absorption und durch direkte und diffuse Reflexion im Instrument und den Zwischenschichten (Atmosphäre, Gassäulen) ausgeschlossen sind. Das ist niemals der Fall, besonders wegen der langwelligen ultraroten Absorption von Wasserdampf und Kohlensäure, sowie der kurzwelligen Absorption des Ozons in der Atmosphäre. Als weitere Fehlerquelle kommt, z. B. bei pyrometrischen Messungen, die kontinuierliche und selektive Strahlung erwärmter Gassäulen zwischen dem Temperaturstrahler und dem Meßgerät hinzu, die zahlenmäßig kaum zu erfassen ist.

Die besten unselektiven lichtelektrischen Umformer sind Thermosäule und Bolometer; dementsprechend haben die meisten objektiven Gesamtstrahlungs-Photometer eines von ihnen als Indikator. Die lichtelektrischen Zellen jeder Art kommen wegen ihrer Selektivität ebensowenig in Frage wie die photographische Platte, wohl aber zwei Geräte, welche direkte mechanische Anzeige durch Erwärmung liefern: Radiometer (412) und Ausdehnungsthermometer nach dem Bimetallprinzip (413).

Im Kapitel 41 nicht aufgeführte Konstruktionen und Methoden, sowie Literaturangaben lese man in den Artikeln von Bernheimer (*128*) oder Kienle (*146*) nach.

411. Thermoelektrische Aktinometer. Relative Aktinometer bestehen aus einem empfindlichen Thermometer irgendwelcher Art (Thermoelement, Widerstandsthermometer, Bolometer), dessen gemessene Temperaturerhöhung der Gesamtintensität der auffallenden Strahlung proportional angenommen wird. Type: Silver-disc-Pyrheliometer (*128*).

Absolute Pyrheliometer enthalten Vorrichtungen, aus denen der Absolutwert der Gesamtstrahlung durch Messung oder Kompensation jederzeit ermittelt werden kann. Wesentlich hierfür sind definierte Formen der Strahlungsauffänger, die man zweckmäßig als schwarze Körper ausbildet. Type: Kompensations-Pyrheliometer nach Angström oder Tingwaldt.

Die Einflüsse der Umgebungstemperatur auf den Strahlungsempfänger können im allgemeinen durch Einschachteln der eigentlichen Messung, bei der der Empfänger der zu messenden Strahlung ausgesetzt wird, zwischen zwei Messungen mit verdunkeltem Empfänger eliminiert werden.

Das Beispiel eines thermoelektrischen Gesamtstrahlungs-Meßgeräts ist das in Abb. 98 gezeigte Solarimeter von Gorczynski in der Ausführung von Kipp & Zonen. Es besteht aus einer vielpaarigen Mollschen Thermosäule, die unter einer Flintglashalbkugel luft- und feuchtigkeitsdicht abgeschlossen und mit einem empfindlichen Zeigergalvanometer zusammen in einem Kasten eingebaut ist. Zur Eliminierung der Umgebungstemperatur werden Ablesungen mit zugeklapptem Deckel und einem im Deckel befindlichen, in der Abb. 98 aufgezogen gezeichneten Schieber gemacht. Zur Verringerung der Schwankungen durch die Umgebungstemperatur ist die Thermosäule auf einem Metallklotz mit hoher Wärmekapazität angeordnet. Das Meßgerät kann direkt in cal/cm^2·s geeicht werden. Es wird auch mit getrenntem Registrier-Meßwerk —

Fallbügelpunktschreiber — hergestellt. Zur Integrierung der Gesamtstrahlung über eine längere Beobachtungszeit kann es auch statt mit dem Meßwerk oder Punktschreiber in Verbindung mit einem elektrolytischen Milliamperestundenzähler betrieben werden.

Zur Messung der gesamten sichtbaren Strahlung ist ein nach Angaben von D. Burger von der gleichen Firma hergestelltes thermoelektrisches Aktinometer entworfen, bei welchem über der in ähnlicher Weise mit einer Glashalbkugel abgedeckten Thermosäule eine größere Glashalbkugel von 25 cm Durchmesser angeordnet ist, die zwecks Absorption der Wärmestrahlung mit destilliertem Wasser gefüllt ist. Ein

Abb. 98. Solarimeter nach Gorczynski (Kipp).

eingebautes Quecksilberthermometer erlaubt die Temperaturerhöhung in dem Wasserfilter festzustellen.

Bolometrische Gesamtstrahlungs-Meßgeräte sind von Langley, Abbot u. a. entwickelt worden.

Ein absolutes Pyrheliometer hat Tingwaldt (*174*) auf der Basis des Kompensations-Pyrheliometers von Angström entwickelt. Es ist gleich diesem ein Nullinstrument, unterscheidet sich aber von seinen Vorbildern besonders durch die definierten als Aufhänger benutzten schwarzen Körper. Es besteht im wesentlichen aus zwei kleinen Hohlräumen mit geringer Wärmekapazität, von denen abwechselnd der eine oder andere der zu messenden Strahlung ausgesetzt und der jeweils verdunkelte mittels einer Heizwicklung und eines Stroms mit genau meßbarer Leistung soweit erwärmt wird, bis die an Differential-Thermoelementen festgestellten Temperaturdifferenzen beider Gefäße verschwinden.

Ein anderes Kompensations-Meßgerät, welches wohl einen einfachen Aufbau hat, aber kaum an Genauigkeit mit dem Tingwaldtschen konkurrieren kann, ist das Pyranometer nach Angström. Es besteht aus zwei oder vier abwechselnd schwarz und weiß angestrichenen (also stark bzw. schwach absorbierenden) dünnen Metallstreifen, deren Temperaturdifferenz mittels rückseitig angebrachter Thermoelemente gemessen wird. Der bei der Einstrahlung kälter bleibende weiße Streifen wird durch einen meßbaren Hilfsstrom zusätzlich soweit erwärmt, daß die Temperaturdifferenz verschwindet.

412. Radiometer. Die Radiometer sind konstruktive Verfeinerungen der bekannten Lichtmühle von Crookes. An einem dünnen Torsionsfaden aus Quarz hängt ein ausbalancierter radialer Flügel, der auf einer Seite blank, auf der anderen geschwärzt ist. Das Instrument ist mit Luft oder Wasserstoff von geringem Druck gefüllt. Der durch Reflexionen der Moleküle auf beiden Seiten ausgeübte Druck und damit das Drehmoment ist bei Einstrahlung verschieden. Die resultierenden Drehungen des Systems gegen die Torsionskraft des Aufhängefadens werden mit einem kleinen Spiegel abgelesen. (Es handelt sich nicht um einen „Lichtdruck", also eine Impulsübertragung durch die Lichtquanten direkt, wie vielfach angenommen wird, was aus dem wesentlichen Einfluß der Gasfüllung hervorgeht.)

Radiometer von ungleich subtilerer Konstruktion sind von verschiedenen, namentlich amerikanischen Astronomen für Wärmestrahlungsmessungen an Sternen, sogar im spektral zerlegten Licht, entwickelt und gebraucht worden.

Es ist nicht ausgeschlossen, daß das Radiometer als Gesamtstrahlungs-Meßgerät in geeigneter Form noch eine Rolle spielen wird, da es sich durch einen prinzipiell sehr einfachen Aufbau auszeichnet. Erwähnung verdient in diesem Zusammenhang der Vorschlag von Geffcken und Richter (*15*, S. 83), an den Radiometerflügel ein hantelförmiges System anzubringen, welches je nach der Drehung des Flügels zwei Gasstrecken mehr oder weniger stark überbrückt und damit die Zündspannung verändert. Eine schwache magnetische Richtkraft ist vorgesehen. Nachteilig ist für die Radiometer, ebenso wie für die in 114 beschriebenen Mikroradiometer die große Erschütterungsempfindlichkeit. Bei kleinen Richtkräften kommt außerdem noch die Empfindlichkeit des Systems gegenüber elektrostatischen Aufladungen störend ins Spiel.

413. Bimetallaktinometer. Ausdehnungsthermometer werden für Gesamtstrahlungsmessung verhältnismäßig selten angewendet. Eine Ausnahme bilden die Bimetallthermometer, die sowohl als Pyrometer (414), wie als Aktinometer zu Konstruktionen durchgebildet worden sind, die in der Praxis Eingang gefunden haben.

Das Bimetallthermometer besteht aus zwei dünnen Metallbändern von verschiedenem Ausdehnungskoeffizienten, die auf ihrer ganzen Länge zusammengelötet oder -geschweißt oder durch Walzen fest verbunden sind. Erwärmt sich ein solches System, so verbiegen sich die Bänder derart, daß das Metall mit größerem Ausdehnungskoeffizienten konvex nach außen gewölbt wird.

Für aktinometrische Zwecke sind Bimetall-Meßwerke von W. A. Michelson, W. Marten, L. W. Pollack, Büttner und Albrecht entwickelt worden. Durch elektrische Heizung eines geschlitzten Bimetallbandes (Pollack) sind Absolutmessungen möglich. Temperaturschwankungen der Umgebung lassen sich (Büttner) durch eine Kompensationslamelle unschädlich machen, ähnlich wie dies für das Bimetall-

Strahlungspyrometer in 414 beschrieben ist. Das Büttnersche Bimetallaktinometer in der Ausführung von Günther & Tegetmeyer zeigt Abb. 99.

414. Gesamtstrahlungspyrometer. Zugrunde liegt den Gesamtstrahlungspyrometern das Stefan-Boltzmannsche Gesetz, demzufolge das

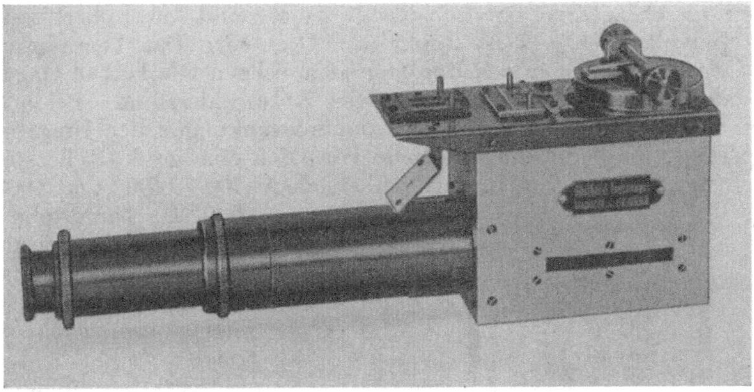

Abb. 99. Bimetallaktinometer nach Büttner (Günther & Tegetmeyer).

Gesamtstrahlungsintegral proportional der vierten Potenz der absoluten Temperatur ist. Der Zusammenhang ist nur bei schwarzstrahlenden Körpern erfüllt; Abweichungen im Emissionsvermögen, wie sie mehr oder weniger alle Körper zeigen, können in Rechnung gestellt werden,

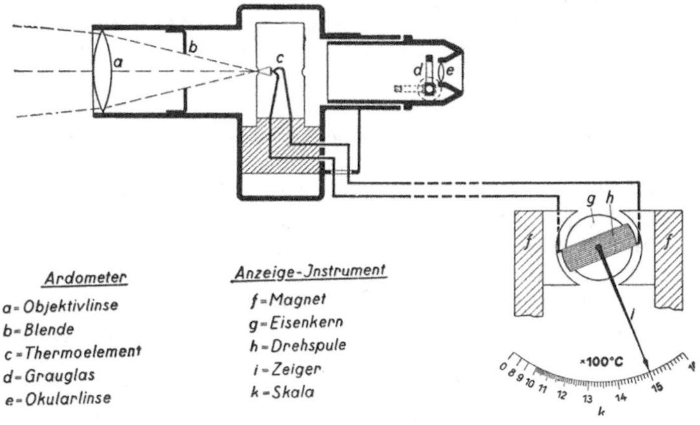

Abb. 100. Ardometer (S. & H.).

wenn sie über das ganze sichtbare Spektrum bekannt sind. Annähernd schwarze Strahlung liegt bei Öfen vor, die bis auf eine kleine Öffnung geschlossen sind und im Innern überall gleiche Temperatur haben. Für solche Fälle sind Gesamtstrahlungs-Pyrometer gute, zuverlässige und vor allem relativ einfache und billige Meßgeräte.

Als Strahlungsempfänger nimmt man Thermoelemente oder Bimetallstreifen. Mit Thermoelement und Millivoltmeter arbeiten z. B. das „Ardometer" von S. & H. und das „Aestometer" von Keiser & Schmidt, Berlin. Das erste zeigt schematisch Abb. 100. Die Linse *A* bildet den zu pyrometrierenden Körper auf die Auffangfläche des Thermoelements *c* ab. Die Einstellung kann durch das Okular *e* mit der zum Schutz der Augen vorschlagbaren Grauscheibe *d* besorgt und kontrolliert werden. Das Millivoltmeter *f*—*k* ist direkt in ^{0} C geteilt. Das Thermoelement ist in einem mit Argon gefüllten angeschmolzenen Glaskolben eingebaut und erhält einen temperaturabhängigen Nebenwiderstand. Beide Maßnahmen dienen zur Eliminierung von Schwankungen der Umgebungstemperatur, die gerade in der Nähe von Öfen eine große Rolle spielen. Das Instrument wird mit zwei Meßbereichen (700—1400^0 und 1000 bis 2000^0 C) hergestellt. Es ist in ein betriebsmäßig robustes Leichtmetallgehäuse eingebaut, das Anzeigeinstrument davon getrennt.

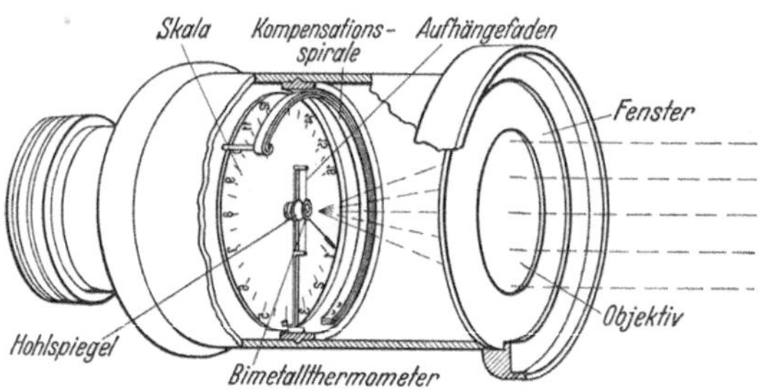

Abb. 101. Bimetallpyrometer (Keiser & Schmidt).

Gesamtstrahlungspyrometer nach dem Bimetallprinzip werden seit langem nach Angaben von Féry von der Cambridge Instr. Co. hergestellt. Ein ähnliches Instrument von Keiser & Schmidt, Berlin, zeigt Abb. 101. An Stelle des Thermoelements tritt hier ein spiralförmig aufgewundener Bimetallstreifen, der zwecks möglichst geringer Wärmeableitung an einem dünnen Aufhängedraht gehaltert ist. Die Konzentrierung des Strahlungsflusses durch das Objektiv wird von einem hinter dem Bimetallband angebrachten kleinen Hohlspiegel wirksam unterstützt. Der am freien Ende der Spirale sitzende Zeiger spielt über einer in ^{0} C geteilten Skala, die durch das gleiche Okular betrachtet wird, mit dem man die Einstellung auf die Lichtquelle besorgt. Die Kompensation der Schwankungen der Umgebungstemperatur ist in eleganter Weise durch einen größeren Bimetallstreifen gelöst, der die Skala entsprechend verstellt. Lieferbar sind 7 Meßbereiche: 600—1200; 600 bis 1400; 600—1600; 600—1800; 800—2000; 1000—2200; 1000—2400^0 C.

Ein gewisser Einfluß von Abstand und Größe des zu pyrometrierenden Körpers ist bei derartigen primitiven optischen Systemen natürlich immer vorhanden. Solange jedoch der Gegenstand so groß ist, daß er die Auffangfläche des Pyrometers (Bimetall- oder Thermoelement) immer voll bedeckt, liegt der Einfluß innerhalb der Fehlergrenzen.

42. Teilstrahlungsmessung I: Breite Spektralbezirke.

Als breite Spektralbezirke im Sinne der Unterteilung zwischen diesem und dem folgenden Abschnitt seien solche Bezirke bezeichnet, die sich aus kontinuierlichen Spektren durch Absorptionsfilter aussieben lassen, als enge Spektralbezirke solche, die nur mittels einer dispergierenden Vorrichtung (Prisma, Gitter, Interferometer) getrennt werden können. Diese Trennung ist durch die verschiedene Methodik der optischen Anordnungen und besonders der Intensitätsmessungen gerechtfertigt, denn bei Messungen breiter, durch Filter ausgesonderter Spektralbezirke haben wir viel größere Intensitäten verfügbar als bei einer Zerlegung der gleichen Strahlung mit Monochromatoren. Messungen in breiteren Spektralbezirken sind im weiteren Sinne auch solche über das Gesamtgebiet des sichtbaren Spektrums; wegen ihrer Bedeutung und der meist anderen Methodik (Berücksichtigung der spektralrelativen Augenempfindlichkeit) ist ihnen ein besonderer Abschnitt (44) gewidmet.

421. Teilstrahlungspyrometer. Zur Temperaturmessung schwarz oder annähernd schwarz strahlender Körper aus der Leuchtdichte eines engen Spektralgebiets bedient man sich der Teilstrahlungspyrometer, deren klassischer Vertreter das Instrument von Holborn und Kurlbaum ist. Der zu pyrometrierende Körper wird in natürlicher Größe oder in gewünschtem Maßstab durch ein Objektiv in der gleichen Ebene abgebildet, wo sich der bügelförmige Leuchtfaden einer kleinen Vergleichslampe mit zweckmäßig planparallelen Fenstern befindet, und beide Bilder durch eine Okularlupe mit vorgeschaltetem Rotfilter und Gesichtsfeldblende betrachtet. Dabei erscheint der Faden der Vergleichslampe auf dem zu pyrometrierenden Körper als Hintergrund; eingestellt wird auf gleiche Leuchtdichte, Kriterium der Einstellung ist das Verschwinden des Vergleichslampenfadens bzw. seines mittleren Teiles. Die Abhängigkeit des Heizstroms der Vergleichslampe von der Temperatur wird mittels eines schwarzen Körpers bekannter Temperatur ausgeeicht. Zur Extrapolation auf höhere Temperaturen, als sie im Laboratorium am schwarzen Körper in Verbindung mit Thermoelementen herstellbar sind, kommt man durch Vorschaltung von Graufiltern, deren Absorption in dem benutzten Spektralintervall konstant und bekannt ist, oder genauer durch einen rotierenden Sektor, wobei man bedenke, daß die Temperaturskala bei hohen Temperaturen ja auf einer Extrapolation des Planckschen Strahlungsgesetzes beruht (*142*). In der Praxis wird für Teilstrahlungspyrometer ein enges Wellenlängengebiet mit dem Schwerpunkt bei 650 mμ benutzt. An sich kann man bei hohen Temperaturen natürlich auch andere, z. B. grüne Filter benutzen; die Herstellung solcher Filter aus gefärbten Gläsern mit konstanter Absorption im engen Spektralbezirk ist aber bisher noch nicht gelungen.

Das Pyrometrieren mit dem Glühfadenpyrometer ist besonders bei Massenmessungen und bei tiefen Temperaturen, also geringer Leuchtdichte, eine mühsame und zeitraubende Arbeit. Aus diesem Grund ist von Lewin, Löbe und Samson (*151*) ein objektives Pyrometer mit Photozelle entwickelt worden, welches speziell für Messung kleiner Gegenstände (Glühlampenfäden) bestimmt und infolgedessen mit einer stark vergrößernden Optik ausgerüstet ist. Auf eine Vergleichslampe wurde verzichtet, und die Abhängigkeit der Photoströme von der Temperatur des Strahlers mit einer Wolfram-Bandlampe ausgeeicht. Verwendet wird eine Caesium-Photozelle mit einstufiger Gleichstromverstärkung. Die Reproduzierbarkeit der Anordnung, welche an sich nur relative Werte genau anzeigen sollte, wird mit $\pm 3^0$ bei etwa 2400^0 C angegeben, ist also etwa ebenso gut wie bei sauberem visuellen Photometrieren. Mit diesem Mirkopyrometer ist von seinen Erbauern die Temperaturverteilung auf dem Glühkörper der als Temperaturnormale benutzten Wolfram-Bandlampen ermittelt worden, wobei sich gezeigt hat, daß die Einstellung exakt derselben Stelle des Bandes für genaue Temperaturmessungen sehr wesentlich ist.

422. Farbpyrometer. Die Farbtemperatur eines Temperaturstrahlers ist als diejenige Temperatur des schwarzen Körpers definiert, bei welcher er mit dem Auge in der gleichen Farbe erscheint wie der zu untersuchende Strahler. Die Farbe ist gegeben durch die spektrale Energieverteilung des Strahlers und die Augenempfindlichkeitskurve Abb. 76. Sinn hat der Begriff der Farbtemperatur offenbar nur für Temperaturstrahler mit kontinuierlicher spektraler Energieverteilung, nicht dagegen für Lumineszenzstrahler.

Die Bestimmung der Farbtemperatur ist durch Ausmessung der Energieverteilung über das gesamte Spektralgebiet oder durch Messung der relativen spektralen Energien von zwei willkürlichen Wellenlängen λ_1 und λ_2 möglich. Näheres über die hierfür maßgebenden Gleichungen, die visuellen Meßmethoden und Literaturangaben entnehme man dem Artikel von Haase (*137*). Daselbst findet sich auch ein Vorschlag zur objektiven Messung der Farbtemperatur mittels Photozellen.

Vorgeschlagen wird die Messung des Verhältnisses zweier spektraler Intensitäten $E_{\lambda_1}/E_{\lambda_2}$ mittels zweier Photozellen, die im roten bzw. grünen Spektrum empfindlich sind und deren Ansprechbereich durch rote bzw. grüne Filter auf ein enges Wellenlängengebiet eingeengt wird. Um Schwankungen der Empfindlichkeit der Zellen und des Verstärkungsgrades auszugleichen, macht Verfasser den Vorschlag, eine sowohl im roten, wie im grünen empfindliche Zelle abwechselnd durch Rot- und Grünfilter in schnellem Wechsel zu belichten und durch einen mit diesem Wechsel synchron laufenden Schalter die Verteilung der verstärkten Photoströme auf die beiden Spulen eines Kreuzspulinstruments besorgen zu lassen. Dieses Instrument würde dann direkt das Verhältnis zweier spektraler Teilintensitäten angeben und sich infolgedessen in Farbtemperatur-Grade eichen lassen.

Über die Ausführung dieses Verfahrens ist nichts bekannt geworden. Wenn man aber berücksichtigt, daß die vorgeschlagene Anordnung einfach und mit handelsüblichen Bauelementen auszuführen ist, daß es Quotientenmesser mit hoher Verhältnis-Empfindlichkeit gibt, daß die Farbtemperaturmessung im Gegensatz zur Messung der schwarzen Temperatur aus der monochromatischen Leuchtdichte (421) keine optisch einwandfreie Abbildung verlangt und möglicherweise sogar genauere Resultate gibt als diese, kann man sich manchen Erfolg von dieser neuen Meßmethode versprechen.

423. Lichtelektrische Ultraviolettmessung. Einige Verfahren und Apparate zur meteorologischen Teilstrahlungsmessung sind bereits in Abschnitt 41 behandelt worden. Für Messung der Gesamtstrahlung aller Wellenlängenbereiche, sowie ihres sichtbaren und ultraroten Anteils sind die unselektiven thermoelektrischen oder bolometrischen Instrumente überlegen, um so mehr, als die großen verfügbaren Intensitäten die Anwendung einfacher Meß-, Registrier- und Zählinstrumente ermöglichen. Zur Messung des gesamten sichtbaren Spektrums unter Berücksichtigung der spektralrelativen Augenempfindlichkeit kommt außerdem das Selen-Photoelement mit der Filterkombination von Dresler (313) in Betracht. Für Ultraviolettmessungen sind die thermoelektrischen Methoden wegen der geringen Intensitäten unzweckmäßig, und die sonst als Vorteil zu buchende Unselektivität erweist sich als ein schwerer Nachteil, weil auch bei sorgfältiger Filterung die ultraroten Anteile infolge ihrer großen Intensität die Messungen erheblich fälschen würden.

In diesem Fall benutzt man Photozellen, deren Kathoden ausschließlich oder vorwiegend in dem zu messenden Intervall empfindlich sind. Die meiste Verbreitung hat die Kadmiumzelle gefunden, deren Grenzwellenlänge von verschiedenen Beobachtern zwar ziemlich erheblich verschieden gemessen wurde, aber in der Nähe von $\lambda_0 = 320\,\mathrm{m}\mu$ liegen dürfte, also am langwelligen Ende des von $\lambda = 280$—$320\,\mathrm{m}\mu$ reichenden sog. „Dornogebiets", welches von Hausser und Vahle als der langwelligste Teil des Spektrums gefunden wurde, der Rötung (Erythem) und Bräunung der Haut hervorruft. Biologische und klimatologische Untersuchungen sind es hauptsächlich, bei denen Messungen im Dornogebiet ausgeführt werden.

Ultraviolett-empfindliche Photozellen, speziell solche mit Kadmiumkathoden, werden meistens in Quarzkolben eingeschmolzen. Um den bei Messungen des Erythemgebiets unerwünschten Anteil $\lambda < 280\,\mathrm{m}\mu$, auf den die Zellen stark ansprechen, auszuschließen, schaltet man Filter vor, deren Durchlässigkeit bei etwa $280\,\mathrm{m}\mu$ zu Ende ist (Uviolglas, Molybdänhartglas, Schwarzglas der Sendlinger Optischen Glaswerke, Filter UG 2, BG 1, BG 3 von Schott).

Wegen der geringen Ultraviolettintensitäten und der ziemlich kleinen lichtelektrischen Ausbeute der Ultraviolettzellen kommen nur Elektrometer, Entladungsschaltungen oder Verstärker für solche Meßgeräte in Betracht. Zellen und Elektrometer werden entweder zu einer Apparatur baulich vereinigt, gegebenenfalls noch mit einer Vorrichtung zur räumlichen Orientierung der Zelle, oder sie werden durch ein kapazitätsarmes, hochisolierendes Kabel (263) verbunden. Als Ultraviolettaktinometer geeignete Anordnungen aus Zelle und Elektrometer, zum Teil auch mit kleinen eingebauten Monochromatoren, sind unter anderem von Dorno, Alt, Linke, Dember angegeben worden. Abb. 102 zeigt die von Günther & Tegetmeyer in Braunschweig ausgeführte Konstruktion von Dorno.

Ein wegen seiner hohen Empfindlichkeit, guten Konstanz und bequemen Handhabung für Messungen dieser Art geeignetes Instrument ist das „Mekapion" von Strauß, das in 244 besprochen ist. Ultraviolettmeßgeräte mit Photozelle und Verstärkerbrückenschaltungen sind von Coblentz und seinen Mitarbeitern eingehend erprobt worden. Die letzte

Veröffentlichung von Coblentz (*126*) enthält auch zahlreiche Literaturangaben hierüber und Hinweise für die absolute Eichung und Kontrollierung der Anordnung.

Neuerdings werden auch Ultraviolettmesser mit Sperrschichtelementen in den Handel gebracht (Hanovia Chemical and Manufacturing Co., Newark N. Y., USA.); das aus Westonelement und Galvanometer zu sammengesetzte Gerät ist im Aufbau den transportablen Beleuchtungsmessern (441) ähnlich. An Stelle des Zeigergalvanometers kann auch ein hoch empfindliches Fallbügelschreibwerk geliefert werden.

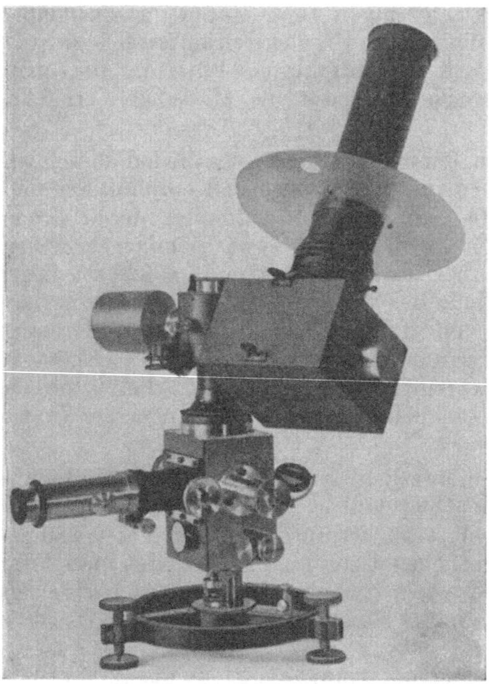

Abb. 102. Lichtelektrisches Aktinometer nach Dorno (Günther & Tegetmeyer).

424. Photochemische Ultraviolettmessung. Photochemische Ultraviolettmeßmethoden, die in zahlreichen Varianten in der Literatur zu finden sind, beruhen auf unter dem Einfluß des absorbierten Lichts sich vollziehenden chemischen Reaktionen. Die meßtechnische Auswertung kann z. B. durch Titration der Reaktionsprodukte, oder potentiometrisch bzw. kolorimetrisch aus der Änderung der Wasserstoffionenkonzentration oder direkt durch Messung der Verfärbung einer sog. phototropen Lösung geschehen. Ein Beispiel für ein auf dem letzten Verfahren beruhendes Meßgerät, welches sich in der Praxis der biologischen und klimatologischen Strahlungsmessung gut eingeführt hat, ist das Ultraviolettdosimeter nach Weyde und Frankenburger, welches von der I. G. Farbenindustrie, Abteilung Ammoniak-Laboratorium Oppau, hergestellt wird.

Die Leukosulfite und Leukozyanide von Triphenylmethanfarbstoffen verfärben sich stark bei Einstrahlung ultravioletten Lichts. Setzt man den alkoholischen Lösungen der Leukozyanide etwas Zyankali, oder den wäßrigen Lösungen der Leukosulfite etwas schweflige Säure zu, so geht die durch Bestrahlung eingetretene Färbung wieder zurück. Da die Verfärbung nach etwa 10 Minuten verschwindet, könnte man mit einer derartigen Lösung beliebig viele Messungen machen, wenn nicht durch sekundäre Reaktionen nach etwa 500 Belichtungen eine allmähliche Gelbfärbung eintreten würde, die die Lösung unbrauchbar macht.

Entscheidend wichtig für die Brauchbarkeit eines solchen Geräts für meterologische und klimatologische Untersuchungen ist die spektrale Verteilung seiner Empfindlichkeit. Bei der ersten Ausführungsform war als lichtempfindliche Testsubstanz eine farblose Lösung der Leukosulfitverbindung des Kristallvioletts verwendet, die sich bei Bestrahlung blau verfärbt. Wegen der Abweichungen des Empfindlichkeitsspektrums *I* dieser Reaktion von der der Hauterythemkurve *III* (Abb. 103) wurde später von Frankenburger (*129*) das Leukosulfit des Fuchsins gewählt (Empfindlichkeitsspektrum *II* der Abb. 103), welches sich bei Einstrahlung von Ultraviolett rot verfärbt. Daß auch hier noch erhebliche Abweichungen gegen die Hauterythemkurve vorliegen, ist insofern nicht allzu kritisch, als die Hauterythemkurve von der Konstitution der Versuchsperson, ihrer Vorbestrahlung, sowie von der Körperstelle innerhalb ziemlich weiter Grenzen abhängt.

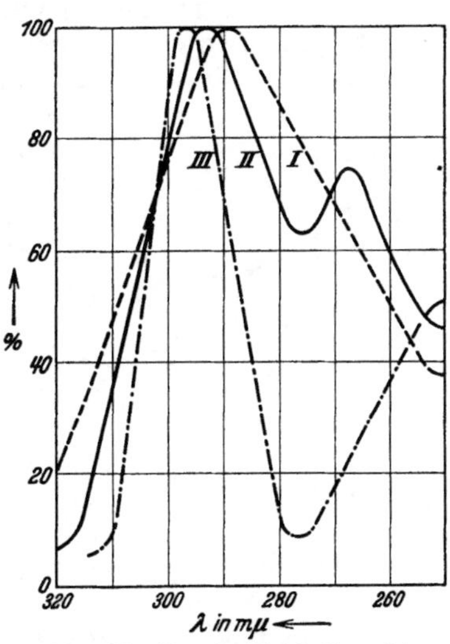

Abb. 103. Empfindlichkeitsspektren chemischer Ultraviolettmeßgeräte.

Die Messung des Farbtons wurde bei dem älteren Instrument durch Vergleich mit einem Farbkeil durchgeführt. Dabei wird das Röhrchen mit der Testflüssigkeit in der Längsachse (end-on) betrachtet, während es bei der Bestrahlung in seiner ganzen Länge exponiert wird. Gegen dieses ältere Meßverfahren sprach eine gewisse Abhängigkeit der Farbe von der Temperatur, sowie die Schwierigkeit, einen sauberen photometrischen Kontakt der beiden zu vergleichenden Felder herzustellen. Bei dem neuen Gerät (*181*) sind eine Reihe verschieden dichter Grünfilter vor dem Ende der Röhre mit der rot verfärbten Testflüssigkeit angebracht, die der Reihe nach vorgeschlagen werden können. Dabei dient als Einstellkriterium der Umschlag von Rot- auf Grünfärbung, bzw. die dazwischen auftretende unbunte, neutrale Färbung des Gesichtsfeldes, welches zwischen je einem ausgesprochen grünen und roten Feld erscheint.

Das neue Dosimeter wird in zwei Ausführungsformen hergestellt, eine für starke künstliche Ultraviolettlichtquellen (Quarzlampe, Eisenbogen usw.) und die andere für klimatologische Messungen, also vorwiegend schwächere Ultraviolettintensitäten. Wegen der Temperaturempfindlichkeit der Reaktion erhält das „bioklimatische" Dosimeter ein Thermometer, zur Ermittlung der für die Reaktion wichtigen Umgebungstemperatur. Beide Instrumente kosten je RM. 55.—.

Mit dem beschriebenen Dosimeter wurden bei der I. G. Farbenindustrie und an anderen Stellen interessante Messungen über das biologische Ultraviolettklima, über die relative Empfindlichkeit verschiedener Körperstellen für Erythembildung, sowie über die Ungültigkeit des Bunsen-Roscoeschen Reziprozititätsgesetzes für die Erythembildung angestellt. Nähere Angaben und Literaturhinweise bei Frankenburger (*129*).

Bei den lichtelektrischen und photochemischen Methoden der Ultraviolettmessung wird ein für therapeutische Zwecke sehr wichtiger Faktor prinzipiell nicht berücksichtigt, nämlich die individuell verschiedene Reaktion der Haut verschiedener Patienten auf die gleiche Ultraviolettdosis. Obgleich hier nur eine lockere Verbindung zur objektiven Photometrie vorliegt, insofern nämlich als die Erythembildung kolorimetrisch erfaßt und die Bestrahlung meßbar geschwächt wird, soll auf eine Lösung dieses Problems kurz eingegangen werden.

Von Wucherpfennig und Mathiesen ist eine automatische Sektorentreppe entwickelt worden (Herstellung Körting & Mathiesen, Leipzig), die in Abb. 104 schematisch dargestellt ist. Sie gestattet eine in bestimmten festgelegten Stufen veränderte Dosierung dicht nebeneinander liegender kleiner Haut felder. Hierzu wird ein durch Uhrwerk angetriebener, treppenförmig ausgeschnittener Sektor *d* benutzt, der die aus der Grundplatte *a* ausgesparten Fenster *c* und durch diese die Rückenhaut des Patienten derart bestrahlt, daß jedes Feld 20% länger belichtet wird als das nächstfolgende, die Unterschiede der Bestrahlungszeiten sich also maximal wie 1 zu 4 verhalten. Aus dem 6—8 Stunden später am deutlichsten ausgebildeten Erythem, dessen Schwellenwert bei einigermaßen richtiger Dosierung an einem mittleren Feld der Treppe gerade erkennbar sein sollte, ist dann durch eine einfache Umrechnung die erforderliche Dosis zu entnehmen.

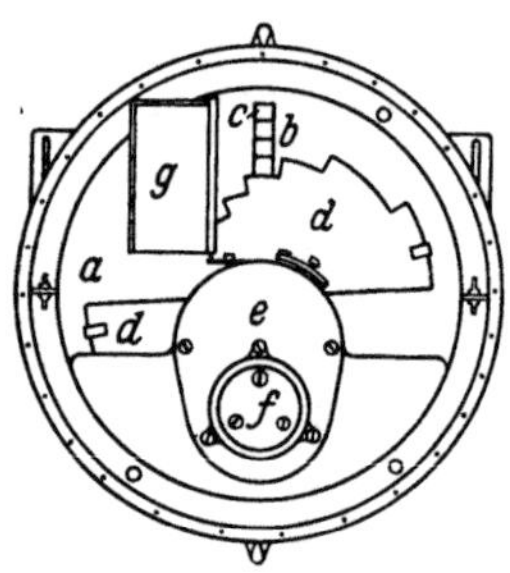

Abb. 104. Sektorentreppe (Körting & Mathiesen).

425. Aktinitätsmessung und Sensitometrie. Gegenstand der meisten in diesem Teil behandelten photometrischen Probleme ist die Messung der Eigenschaften und Wirkungen von Lichtquellen (z. B. Intensität, Leuchtdichte, Gesamtstrahlung, spektrale Energieverteilung, Beleuchtungsstärke) oder Materialeigenschaften (z. B. Absorption, Durchlässigkeit, Remission). Untersuchungen der Eigenschaften photographischer Materialien, sowie von deren Zusammenhang mit den Eigenschaften von Lichtquellen werden im allgemeinen nicht als photometrische Fragen angesehen, müssen aber wegen ihres engen Zusammenhangs mit solchen, der ähnlichen Methodik und der Bedeutung für die photographische Photometrie (432) kurz erwähnt werden.

Aufgabe der Sensitometrie ist die Bestimmung der wichtigsten Eigenschaften photographischer Schichten. Aufgabe der Aktinitätsmessung ist die Auffindung eines Maßes für die Wirksamkeit verschiedener Lichtquellen auf eine bestimmte photographische Schicht.

Ausgangspunkt aller sensitometrischen und Aktinitätsmessungen ist die charakteristische Kurve, auch Schwärzungskurve einer photographischen Schicht. Ist τ die photometrisch mit diffusem Licht gemessene Durchlässigkeit der entwickelten Schicht, so bezeichnet $S = \log 1/\tau$ ihre Schwärzung und die Abhängigkeit $S = f\,(Et)$ mit E = Beleuchtungsstärke in Lux, t = Belichtungszeit in Sekunden, ihre Charakteristik.

Diese hat den bekannten S-förmigen Verlauf mit den Gebieten: Schleierschwärzung, Unterexposition, geradliniger Teil, Überexposition, Solarisation. Die Abhängigkeit der Form und der Bestimmungsstücke der Charakteristik von der Art der Belichtung (Abweichungen vom Bunsen-Roscoeschen Gesetz, Schwarzschildexponent, Intermittenzeffekt), von der Lichtfarbe, Art und Dauer der Entwicklung macht das Problem der Sensitometrie kompliziert und ist für die große Zahl der verschiedenen Lösungen verantwortlich. Zusammenstellungen der Definitionen, Meßmethoden und Literatur bei Reeb und Jacobsohn (*158*).

Das DIN-Verfahren zur Sensitometrie bedient sich als Maß der Empfindlichkeit einer photographischen Schicht derjenigen Belichtungszeit, die bei optimaler Entwicklung mittels eines vorgeschriebenen Entwicklers gerade eine bei diffuser Beleuchtung gemessene Schwärzung von 0,10 über der Schleierschwärzung ergibt. Die Apparatur zur Herstellung dieser Belichtung (Abb. 105) enthält eine Vakuumlampe mit in einer Ebene W-förmig gespanntem Faden (*1*) mit einer Lichtstärke von 40 HK, die eine Farbtemperatur von 2360° K hat. Durch ein vorgesetztes Flüssigkeitsfilter (*4*) nach Devis und Gibson (*158*) wird die Farbe der Lampe der eines mittleren Tageslichts angeglichen. Der schwarze Körper *2* hinter der Lampe soll Fremdlicht und Reflexionen ausschließen. Die Blenden bei *3* und in dem Rohr *5* blenden ein schmales Bündel aus, welches in die Kassette *6* eintritt. Die Belichtung wird durch Ziehen des Stiftes *7* eingeleitet, wobei der mit einem Schlitz *8* versehene Fallverschluß *9* frei herunterfällt. Dadurch wird für die Dauer von 0,050 s der Lichteintritt in die Kassette freigegeben. In dieser befindet sich der Probestreifen mit einem davor aufgepreßten normalisierten Stufenkeil. Die Auswertung der Messungen geschieht mit einem einfachen visuellen Gerät zur Schwärzungsvergleichung, welches mittels eingebauten Kontraststreifens gerade auf einen Kontrast der Felder von 0,10 eingestellt ist, und mit welchem außer dem Aufsuchen des gerade um das Schwärzungsmaß 0,10 gegen den Schleier kontrastierenden Teilfeldes noch in Verbindung mit dem Graukeil selbst die Schleierschwärzung gemessen werden kann.

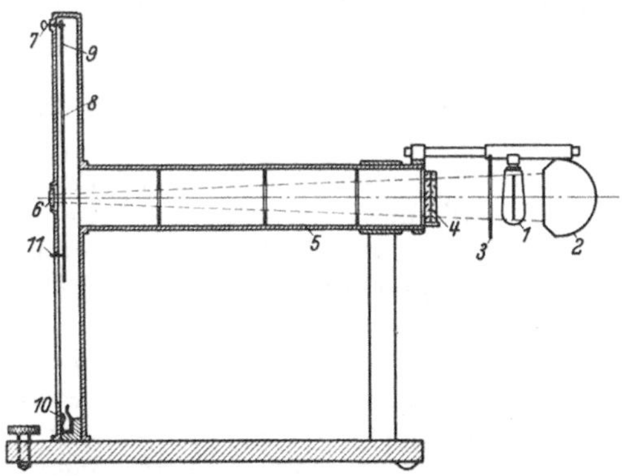

Abb. 105. DIN-Sensitometer (Zeiß-Ikon).

Die photographischen Verfahren zur Aktinitätsmessung unterscheiden sich von denen der Sensitometrie dadurch, daß an Stelle der Normallampe bzw. abwechselnd mit dieser die zu messende Lichtquelle benutzt wird. Ebenso wie bei der Sensitometrie hängt die aufzufindende Zahl entscheidend von der Wahl des Kriteriums der Messung ab. Die verschiedenen Verfahren und Literaturangaben sind bei Reeb und Jacobsohn (*158*) zu finden.

43. Teilstrahlungsmessung II: Enge Spektralbezirke.

431. Lichtelektrische Spektralphotometrie. Anwendungsgebiete der lichtelektrischen Spektralphotometrie sind unter anderem Intensitätsmessungen in Spektren für die Zwecke der Atomforschung oder der quantitativen Spektralanalyse, Messung der Emission von Lichtquellen, der Durchlässigkeit von Filtern, der Remission von Körperfarben hinsichtlich ihrer spektralen Intensitätsverteilung zum Zwecke der Ermittlung der Farbkoordinaten in einem trichromatischen System, Ermittlung der Farbtöne und des Farbumschlags bei chemischen Reaktionen.

Soweit diese Methoden mit gröberen Mitteln der spektralen Zerlegung ausgeführt werden können, sind sie in Abschnitt 42 besprochen. Die bei der Messung enger Spektralbezirke bis auf wenige unten aufgeführte Ausnahmen nötige Verwendung von Monochromatoren mit einfacher oder doppelter Zerlegung machen in den meisten Fällen die Wahl empfindlicher lichtelektrischer Umformer in Verbindung mit gleichfalls hochempfindlichen Meßgeräten, oder aber zeitliche Integrierung mit der photographischen Platte nötig (432). Die erforderlichen Hilfsmittel — lichtelektrische Umformer, Meßgeräte und -verfahren, optische Hilfsmittel — sind dem jeweiligen Zweck entsprechend aus den in den ersten drei Teilen aufgezählten auszuwählen, so daß uns nur noch die Besprechung einiger typischer Aufgaben und dazu ausgeführter Lösungen bleibt.

Die verschiedenen Methoden der visuellen Spektralphotometrie, besonders für Absorptions- und Remissionsmessungen, sind in gedrängter und übersichtlicher Weise bei Weigert (*120*, S. 175f.) zusammengestellt. Die Beschreibung eines vollständigen Instrumentariums zur quantitativen Analyse von Emissionsspektren hinsichtlich der Absolutbeträge und der spektralen Verteilung der Energie vom Ultrarot bis ins Ultraviolett mitsamt den dazu gehörigen lichtelektrischen Umformern, elektrischen Meßgeräten, Eich- und Hilfseinrichtungen, ist von Krefft und Pirani (*150*) gegeben worden. Eins der ersten lichtelektrischen Spektralphotometer mit Alkalizellen und Einfadenelektrometer rührt von v. Halban und Siedentopf her [Weigert (*120*), S. 202]. Bei diesem Instrument wird die Photozelle nur als Nullinstrument benutzt und die Schwächung mittels Keils oder rotierenden Sektors vorgenommen. Dies Verfahren hat den Vorzug unbedingter Korrektheit, indem man sich nicht auf die Linearität der Kennlinie der Photozelle und des Meßgeräts zu verlassen braucht. Bei gasgefüllten Photozellen ist diese Vorsicht durchaus am Platze, desgleichen bei Photowiderständen. Bei Sperrschichtphotoelementen, die man in allgemeinen bei kleinen Lichtströmen als völlig proportional arbeitend annahm, sollte man nach den Untersuchungen von Hamaker und Beezhold (154) gerade bei den extrem kleinen Lichtströmen in der Spektralphotometrie mit hoher Dispersion vorsichtig sein. Der Nachteil liegt in der Umständlichkeit und zeitraubenden Messung, die die Ablesung zweier Instrumente nötig macht: des Nullelektrometers und des Schwächungsmittels.

Hat man sich aber durch Messungen von der Proportionalität der Charakteristik des elektrischen Meßgeräts überzeugt, und verwendet man lichtelektrische Umformer mit einwandfrei linearer Kennlinie, z. B. gut gepumpte Vakuumphotozellen, so haben Ausschlagsmessungen den unzweifelhaften Vorteil bequemer und schneller Ablesung oder Registrierung. Das in Abb. 106 schematisch dargestellte lichtelektrische Spektralphotometer von Sewig, Behr und Zincke (*165*) enthält eine Vakuumzelle Z und ein Lindemann-Elektrometer E, dessen Proportionalität unter den Betriebsbedingungen geprüft wurde. Der Faden des Elektrometers wird als Schattenzeiger mittels Mikroskop und zweier Spiegel S_1, S_2 auf eine Mattscheibe projiziert, die entweder mit transparentem Zeichenpapier zur Nachziehung der Kurve mit der Hand, oder

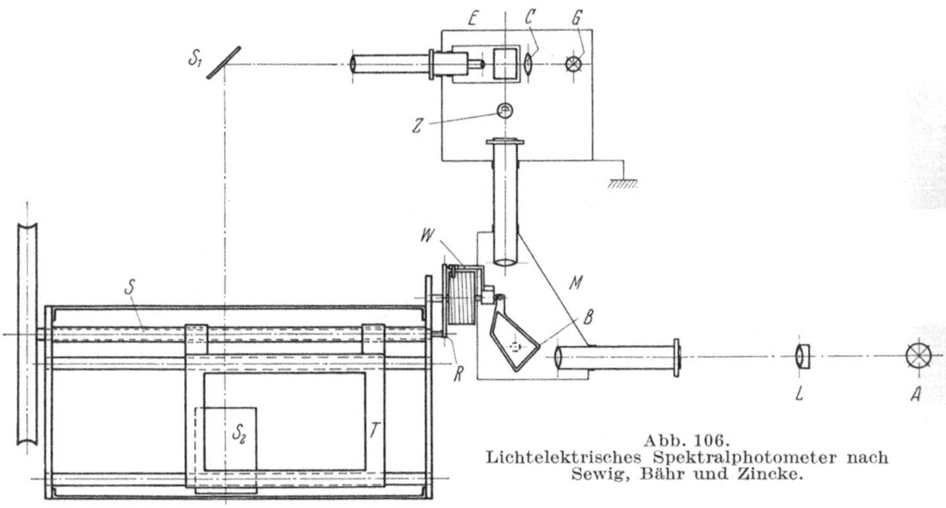

Abb. 106.
Lichtelektrisches Spektralphotometer nach Sewig, Bähr und Zincke.

mit empfindlichen photographischem Bromsilberpapier zur automatischen Registrierung bespannt wird. Die Fortbewegung des Mattscheibenrahmens T wird durch untersetzten Motor, Schraube S und Mutter besorgt, und ist über ein Zahnradgetriebe R mit der Wellenlängentrommel W des Monochromators M gekuppelt. Das Registrierpapier bekommt ein Dispersionsnetz mit passender Teilung.

Die Idee der Kupplung von Registrierplatte und Wellenlängeneinstellung liegt dem bereits früher beschriebenen automatischen, lichtelektrischen Kolorimeter von Hardy (*132*) zugrunde. Es ist insofern komplizierter, als die Zelle nur als Nullinstrument dient, und demzufolge eine automatische Kompensation des Schwächungsmittels (Irisblende) vorgenommen werden muß. Die in Abb. 107 erkennbare Anordnung enthält eine hochkerzige Nitralampe, die in zwei symmetrischen Strahlengängen über die Kondensoren C_1 und C_2 und die veränderbaren Blenden B_1 und B_2 auf Prüfling P und Vergleichskörper V spaltförmige Beleuchtung entwirft. Die reflektierten Bündel werden von den Linsen L_1 und L_2 in der Ebene einer rotierenden, abwechselnd mit spiegelnden und durchlässigen Sektoren versehenen Scheibe P vereinigt und treten von dort aus in den Monochromator, der aus dem Kollimator L_3, Prisma Pr und Objektiv L_4 besteht und in der Ebene der verschiebbaren

Spaltblende B_3 das Spektrum entwirft. Das durch B_3 ausgesiebte monochromatische Lichtbündel fällt dann auf die Photozelle Z. Der Motor M_2 treibt außer der Sektorenscheibe F, die abwechselnd die von P und V

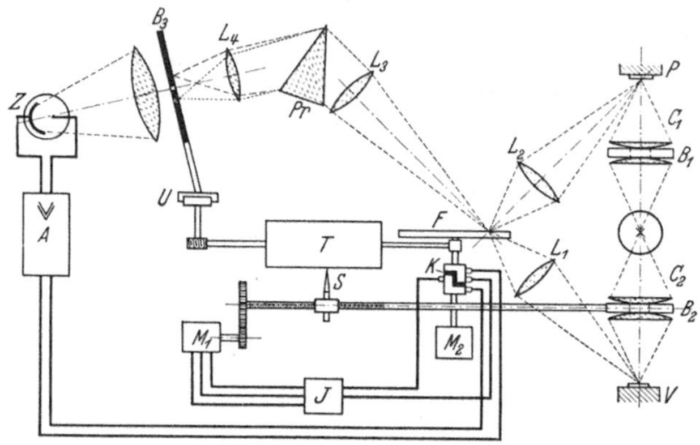

Abb. 107. Lichtelektrisches Kolorimeter nach Hardy.

reflektierten Lichtströme in den Monochromator steuert, den synchron damit rotierenden Kommutator K und, erheblich verlangsamt, die Schreibtrommel T an. Ferner zieht er die Blende B_3 langsam durch das

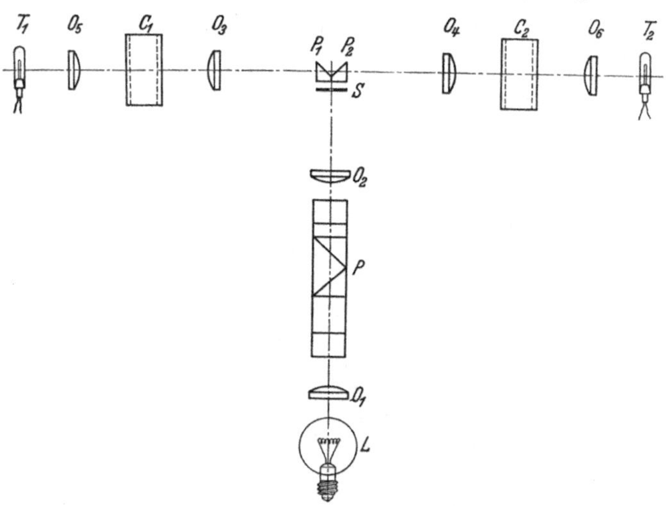

Abb. 107a. Thermoelektrischer Trübungs- und Farbmesser nach Moll (Kipp).

Spektrum, wobei eine zwischengeschaltete Kurvenscheibe U eine der Dispersion entsprechende Verzerrung derart bewirkt, daß auf der Abszissenteilung längs der Trommelachse die Wellenlängenskala proportional wird. Wenn nun zwischen den von P und V remittierten Lichtströmen bei einer Einstellung der Wellenlänge Ungleichheit besteht, so liefert die Photozelle Stromimpulse wechselnder Intensität, die über einen

Verstärker und den rotierenden Umschalter K an ein Kontaktgalvanometer J weitergegeben werden; dies schaltet im Falle der Unsymmetrie einen Motor M_1 in der einen bzw. anderen Richtung ein und verstellt damit den auf der Trommel gleitenden Schreibstift S sowie gleichzeitig die veränderte Blende B_2 in dem Sinn, daß die Differenz kleiner wird. Nach Abgleich der Intensitäten wird der Motor M_1 durch das Relais J wieder abgeschaltet, und der Schreibstift kommt zur Ruhe. Da das Kontaktrelais empfindlich eingestellt ist, und der Vorgang der Einstellung in dauernd folgenden ganz kleinen Schritten vor sich geht, kann unter der Zeit der Motor M_2 ruhig Trommel und Wellenlängenspalt weiterbewegen, so daß ein Diagramm mit ganz feinen Treppenstufen entsteht. Nach einer neuerdings erschienenen Mitteilung (*178 II*) stellt die General Electric Co. Schenectady eine neue Ausführungsform des Hardyschen Apparates her, der für Farbmessungen an festen und flüssigen Prüflingen geeignet ist. Der Aufbau wurde durch Verwendung eines Autokollimations-Monochromators stark zusammengedrängt, die Zeit zur vollen Aufnahme einer Kurve soll nur $3^1/_2$ min betragen.

Der Hardysche Apparat stellt, obwohl er zweifellos ziemlich kompliziert und teuer ist, für massenhafte Messungen, z. B. Betriebskontrolle, ein ideales Meßgerät dar. Er ist aber auch sehr vielseitig verwendbar; z. B. kann durch einfache Eingriffe in die Optik ein Spektrophotometer daraus gemacht werden, welches zwei Lampen oder Leuchtröhren hinsichtlich ihrer Intensitäten miteinander vergleicht, oder zur quantitativen Spektralanalyse der Emission oder Absorption geeignet ist. Von Intensitätsschwankungen der Lampe L und Änderungen der spektralrelativen oder absoluten Empfindlichkeit der Photozellen ist die Messung weitgehend bzw. gänzlich unabhängig.

Hardy selbst scheint sein Gerät besonders für Farbmessungen gebraucht zu haben, sowie für die Ermittlung der Koordination im Farbdreieck aus diesen. Hierzu müssen bekanntlich die einzelnen Ordinaten der Spektralkurve mit den entsprechenden der Grundempfindungskurven multipliziert und über die Wellenlänge integriert werden. Die hierfür gebaute automatische Integriermaschine, auf die schon in 355 hingewiesen wurde, ist zu kompliziert, um hier in Einzelheiten beschrieben zu werden.

Von einem handelsüblichen Kolorimeter für Messungen der spektralen Verteilung der Absorption und Trübung nach Moll zeigt Abb. 107a den Strahlengang in Aufsicht. Die horizontale gerade dünne Wendel der Nitralampe L dient als Eintrittsspalt des Monochromators mit den korrigierten Objektiven O_1 und O_2 und dem Geradsichtprisma P. Das Spektrum wird in der Ebene des horizontalen, in vertikaler Richtung (also senkrecht zur Zeichnungsebene) verschiebbaren Spalte S abgebildet und der ausgeblendete schmale Wellenlängenbereich über die rechtwinkligen Prismen P_1 und P_2 in zwei symmetrische Fortsetzungen des Strahlenganges reflektiert. Diese enthalten die korrigierten Objektive O_3 und O_4, welche die Bündel parallel richten, die Absorptionsküvetten C_1 und C_2 und die korrigierten Objektive O_5 und O_6, welche je ein scharfes verkleinertes Bild des Spaltes auf die Lötstelle der Mollschen Thermoelemente T_1 und T_2 entwerfen. Mittels Spiegelgalvanometer und einer von Hand zu bedienenden Kompensationsschaltung wird direkt der

Prozentsatz der Extinktion der gefärbten bzw. trüben Lösungen gemessen. Eine vereinfachte Ausführungsform des gleichen Geräts wird ohne Monochromator für Absorptions- und Trübungsmessungen im unzerlegten weißen Licht gebaut; an Stelle der hierbei zu verwendenden Glühlampen könnte man auch Metalldampfröhren mit passenden Monochromatfiltern (322) nehmen, also eine Art von technischem Monochromator, der bei Einsatz heute handelsüblicher Metalldampflampen (Osram) und Monochromatfilter (322) bereits eine ziemlich dichte Besetzung des Spektrums mit hellen Linien gestattet, und für viele Zwecke ausreichen dürfte, wo z. B. kontinuierliche Absorption auf breiten Gebieten zu erwarten ist. Abgesehen vom Fortfall des Monochromators gewinnt man dadurch viel an nutzbarem Lichtstrom, der dem lichtelektrischen Umformer verfügbar wird, und kann unter Umständen mit einfachen und billigen Meßgeräten auskommen.

An einem Fall der Messung des Farbumschlags von Indikatoren bei chemischen Reaktionen oder der

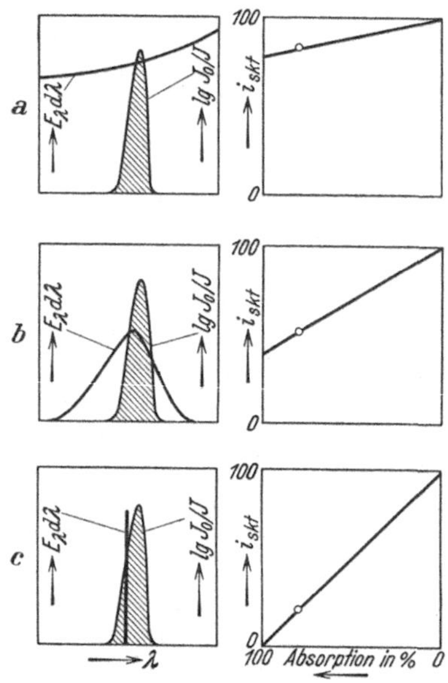

Abb. 108a. Extinktion und Photostrom bei verschiedener Beleuchtung.

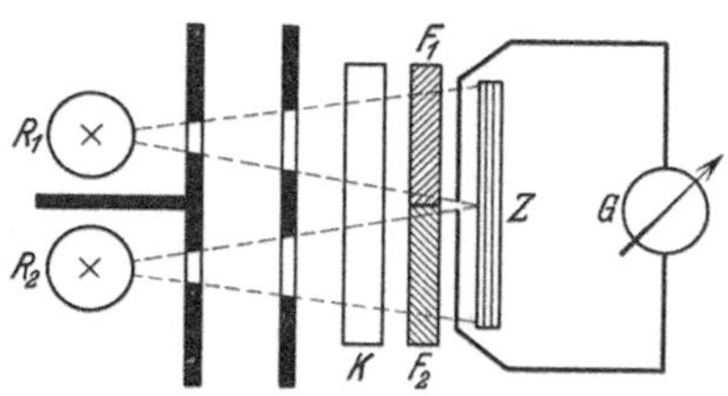

Abb. 108b. Anordnung zur Farbumschlagsmessung nach Sewig und F. Müller.

Bestimmung der Zahlenwerte der Wasserstoffionenkonzentration aus der Färbung von Indikatoren ist dies von Sewig und Müller (*166*) gezeigt worden. Für diese Zwecke ist die Aufnahme der gesamten spektralen Verteilung der Durchlässigkeit unnötig, andererseits bringt die Anwendung scharf monochromatischer Beleuchtung erhebliche Vorteile, die an Hand der Abb. 108a gezeigt wird.

Die Farbindikatoren sind durch mehr oder minder scharfe im sichtbaren Gebiet gelegene Absorptionsmaxima gekennzeichnet [Tödt (*175*), Kolthoff (*149*)], welche den schraffierten Teilen der Abbildung entsprechen sollen, und deren Ordinatenhöhe $\log I_0/I$ zu messen sei. Wird diese Messung mit ungefiltertem Licht vorgenommen, dessen Energieverteilung $E_\lambda\, d\lambda$ über λ in Abb. 108a über das ganze Spektrum reicht, so gibt eine über das ganze sichtbare Spektrum empfindliche lichtelektrische Zelle zwischen 0 und 100% Absorption nur wenige Skalenteile Ausschlag (Diagramm rechts), weil der gesamte, nicht mit der Absorptionskurve sich überdeckende Teil des Spektrums in beiden Grenzfällen den gleich großen Beitrag zum Ausschlag liefert. Günstiger wird es schon, wenn ein Filter vorgesetzt wird, dessen Durchlässigkeitsmaximum mit dem Maximum der Absorption des Indikators zusammenfällt (b), und eine von 0—100% ausgesteuerte Kurve erhält man (c) bei Benutzung einer einzigen Linie, die zweckmäßig in der Nähe des Absorptionsmaximums liegt. Die den Diagrammen der Abb. 108a zugrunde liegenden Werte wurden durch Titration einer n/10 HCl-Lösung mit NaOH für Phenolphthalein erhalten, und zwar a) mit ungefiltertem Glühlampenlicht, b) mit Glühlampe und passendem Grünfilter, und c) mit der grünen Quecksilberlinie $\lambda = 546\ m\mu$. Dem Einwand, daß man dasselbe mit passender Kompensation des Photostroms erreichen könnte, ist entgegenzuhalten, daß hierdurch eine erhebliche Unruhe des Nullpunkts und Abhängigkeit von Schwankungen der Intensität der Lampe hineinkommen. In der von Sewig und Müller benutzten Anordnung (Abb. 108b) sind $R_1 R_2$ zwei Metalldampflampen, aus denen die Filter F_1 und F_2 zwei Linien in der Nähe der Absorptionsmaxima der beiden Umschlagfarben des Indikators auswählen; dieser befindet sich in der auf ihren p_H-Wert zu prüfenden Lösung in der Küvette K. Hinter den Filtern, und mit seiner Trennlinie mit der der Filter zusammenstoßend, steht ein Sperrschichtelement Z, dessen resultierende EMK von dem Galvanometer G gemessen wird. Mit Thymolblau und Pufferlösungen zwischen $p_H = 8{,}0$—$9{,}6$ konnte eine Empfindlichkeit von $0{,}02\ p_H$ erreicht werden, die noch nicht das äußerste des Möglichen darstellt. Eine Reihe von Indikatoren, deren Absorptionsmaxima mit den Osrammetalldampflampen und Schottschen bzw. Wrattenfiltern erfaßbar sind, finden sich S. 108 zusammengestellt.

432. Grundlagen der photographischen Spektralphotometrie. Eine eingehende Beschreibung der photographischen Spektralphotometrie würde ein Buch vom Umfang des vorliegenden füllen. Da ausgezeichnete Abhandlungen über dies Gebiet vorliegen [Ornstein-Moll-Burger (*155*), Frerichs (*130*), Ley (*152*), Eberhard (*128*)] brauchen hier nur grobe Umrisse gezeichnet zu werden.

Die photographische Platte bleibt für alle die Probleme der Spektralphotometrie, wo die Intensitäten für lichtelektrische Methoden nicht hinreichen, das letzte Hilfsmittel; sie hat aber auch viele Nachteile, mit denen gleichfalls lichtelektrische Umformer behaftet sind, und noch einige mehr, und bietet dem ungeübten Beobachter die vielseitigsten Möglichkeiten, Fehler zu machen.

Die Grundlage der photographischen Photometrie und der damit notwendig verbundenen Schwärzungsmessung ist die charakteristische Kurve, welche die Schwärzung als Funktion des Lichtstroms bzw. seines log angibt und allgemein eine S-Kurve (425) darstellt. Eine lichtelektrische Zelle mit der Intensität proportionalem Photostrom in Verbindung mit einem Milliamperestundenzähler würde in ihrem Verhalten einer photographischen Platte entsprechen, die dem Bunsen-Roscoeschen Reziprozitätsgesetz folgt: die Schwärzung wäre proportional dem Produkt $I \cdot t$ (Intensität · Zeit). Hier beginnt sich die Platte bereits von der lichtelektrischen Zelle zu unterscheiden: das Reziprozitätsgesetz gilt nicht, die Schwärzung wird vielmehr $S = I \cdot t^p$, worin der Schwarzschildsche Exponent p von der Plattensorte und anderen Faktoren abhängt.

Wird ein Stück einer photographischen Platte mit der gleichbleibenden Intensität I eine Zeit t bestrahlt, und ein anderes Stück mit der gleichen Intensität I während zahlreicher kürzerer Intervalle Δt, jedoch so, daß $\Sigma \Delta t = t$ ist, so ist die Schwärzung beider Stücke verschieden; sie hängt von der Frequenz und dem Verhältnis von Belichtung und Dunkelpause ab; die Platte hat also eine Frequenzabhängigkeit, ähnlich, aber stärker, als die meisten lichtelektrischen Umformer.

Die Abhängigkeit der Schwärzung von der Intensität bei gleichbleibender Belichtungszeit ist nur in einem mittleren Bereich linear, und auch da nicht in der Strenge, wie der Photostrom einer Vakuumzelle mit der Lichtintensität wächst. Die Steilheit dieser Kurve hängt außer von der Lichtfarbe von der Art und Dauer der Entwicklung, der Zusammensetzung des Entwicklers und dessen Zusätzen und von anderen Faktoren ab. Die Beträge der Schwärzung bei gleicher Intensität und Steilheit (Gradation) der charakteristischen Kurve richten sich stark nach der Wellenlänge; ähnlich wie bei Photozellen treten Maxima und Minima auf, entsprechend auch eine relativ scharfe, langwellige Grenze (wenn das absorbierte Lichtquant nicht mehr zur Auslösung eines photochemischen Elementarprozesses ausreicht) und eine ziemlich verwaschene kurzwellige Grenze (wenn die Absorption in der Gelatineschicht so groß wird, daß nicht mehr genügend Bromsilberkörner sich an der Absorption beteiligen können). Die Abhängigkeit der Gradation von der Wellenlänge führt zu einer analogen Erscheinung, wie der in der visuellen Photometrie bekannte Purkinje-Effekt des Auges.

Eine gewisse, aber bei den meisten Emulsionen nicht empfindlich störende Abhängigkeit von der Temperatur ist gleichfalls vorhanden.

Die Lagerfähigkeit der photographischen Platten ist nicht unbeschränkt, unbelichtete Platten büßen nach einigen Jahren von ihrer Empfindlichkeit ein und neigen zu Schleierbildungen.

Die Schwärzung der photographischen Platte ist keine Größe, die prinzipiell beliebig genau gemessen werden kann. Sie ist bei parallelem, auffallendem Licht größer als bei diffusem Licht, was mit der Größe, Gestalt und dem Reflexionsvermögen der reduzierten Silberkörner zusammenhängt (Callier-Effekt). Die Platte hat stets eine Schleierschwärzung, aus der sich die zu messenden Schwärzungen herausheben, wie bei einer Photozelle die Photoströme aus dem Dunkelstrom. Die Schwärzung eines Feldes hängt vom Schleier ab; die Mitte eines größeren beleuchteten Feldes zeigt geringere Schwärzung als die eines ganz gleich belichteten, aber kleineren Feldes (Nachbar-Effekt, Eberhard-Effekt). Die Empfindlichkeit ist ebensowenig an allen Stellen der Platte die gleiche, wie an allen Stellen einer Photokathode; diese Erscheinung liegt weniger an Unhomogenitäten der Beschaffenheit der Emulsion, als der Schichtdicke, die teils regellos (durch Unebenheiten der Unterlage), teils systematisch (Keilfehler) variiert, und bei Filmen eine geringere Rolle spielt als bei Glasplatten. Hier fällt allerdings ausnahmsweise der

Vergleich zwischen lichtelektrischem und photographischem Verfahren zahlenmäßig zugunsten des letzten aus.

Die hier aufgeführten und andere nicht erwähnte Eigenschaften der photographischen Platte schränken die photographischen Verfahren der Photometrie hinsichtlich der Methodik und der Genauigkeit der Ergebnisse stark ein. Offenbar ist es wegen der Krümmung der charakteristischen Kurve unzulässig, die Zahlenwerte der Schwärzung zweier benachbarter Linien ihren Intensitäten verhältnisgleich zu setzen; dies ist nur bei eng benachbarten Linien, wo die Unterschiede der spektralen Empfindlichkeitsverteilung der Platte nichts ausmachen, und nur dann erlaubt, wenn die Schwärzungen im mittleren Teil der Kennlinie liegen, fast gleich sind, und wenn die Linien der gleichen Lichtquelle entstammen. Alle diese Bedingungen treffen kaum jemals gleichzeitig zu, so daß nach Methoden gesucht werden mußte, die andernfalls auftretenden Fehler zu eliminieren.

Zu spektralanalytischen Zwecken eignet sich die Methode der homologen Paare von Gerlach und Schweitzer (*133*). Sie beruht auf dem Vergleich der Schwärzungen benachbarter Linien, von denen je eine der Grundsubstanz bzw. der Verunreinigung angehört. Macht man eine Reihe von Aufnahmen mit veränderter Konzentration der Verunreinigung, so lassen sich meistens bei mehreren Konzentrationen benachbarte Linienpaare von Grundsubstanz und Verunreinigung finden, die gleiche Schwärzungen ergeben. Von Scheibe und Schnettler (*161*) ist dies Verfahren dahin erweitert worden, daß die Konzentration der verunreinigenden Komponente aus der Schwärzung einer Linie mittels Interpolation zwischen den Schwärzungen zweier Linien der Grundsubstanz aufgefunden wird (Dreilinienmethode).

Schwächt man die Intensitäten sämtlicher Linien, also des ganzen untersuchten Spektralbezirks, stufenweise oder kontinuierlich über ihre Längsausdehnung verlaufend ab, derart, daß die jeder Stelle der Linie zukommende Intensitätsschwächung bekannt ist, so ist aus den Schwärzungen nahe benachbarter Linien der gleichen Lichtquelle ihr Intensitätsverhältnis zu entnehmen. Bei weiter entfernten Linien kommt jedoch die spektrale Charakteristik der Platte hinein. Die Schwächung kann durch stufenförmige oder stetige Graukeile oder stufenförmig bzw. stetig ausgeschnittene rotierende Sektoren bewirkt werden. Anordnung der Abschwächer vor dem Spalt setzt stigmatische Abbildung des Spektrographen und gleichmäßige Ausleuchtung der ungeschwächten Linien über die benutzte Spaltlänge voraus. Für stark astigmatisch abbildende Spektrographen mit Konkavgittern hat Frerichs (*130*) eine Schwächungsanordnung von Stufenblenden oder Maschennetzen angegeben, die exakte Unterteilung in stufenförmig geschwächte Bezirke ermöglicht, und auch bei großer Dispersion und im Ultraviolett anwendbar ist. Hiermit sind Intensitätsmessungen von Multipletts, Zeemann-Komponenten und Bandenlinien ausgeführt worden.

Andere Methoden der sukzessiven Abschwächung beruhen auf der Änderung der Stromstärke der Lichtquelle, der Leuchtdichte ihres auf den Spalt entworfenen Bildes durch Abstandsänderung, Ausblendung oder Polarisation, oder auf der Änderung der Spaltbreite (bedenklich wegen des Eberhard-Effektes). Als Mittel der gleichzeitigen Abschwächung sind außer Stufenblenden noch Graukeile oder -treppen oder keilförmige oder treppenförmige Spalte geeignet.

Der exakte Weg des Vergleichs spektral benachbarter Linien ist die Konstruktion ihrer Schwärzungskurve aus den meßbar geschwächten Intensitäten; aus der Verschiebung der Schwärzungskurven können dann die Intensitätsverhältnisse abgelesen werden. Die Schwärzungskurve kann auch durch Aufkopieren von kontinuierlichen oder Linienspektren einer Hilfslichtquelle mit gemessener Intensitätsabstufung nach einem der oben genannten Verfahren ermittelt werden, was aber in verschiedener Hinsicht bedenklich ist.

Ein relativ bequemes Verfahren zum Auffinden von Schwärzungskurven in engen Spektralbezirken ohne Schwächungsvorrichtungen besteht im Aufkopieren von solchen Spektrallinien, deren Intensitätsverhältnisse bekanntermaßen konstant und unabhängig von den besonderen Bedingungen der Anregung sowie eventuellen Verunreinigungen sind. Hierfür eignen sich verschiedene Multiplett- und Zeemann-Typen, von denen zahlreiche Messungen besonders aus den Utrechter und Bonner physikalischen Instituten vorliegen.

Für photographische Vergleichung der Intensitäten von spektral weit getrennten Linien braucht man zur Eliminierung bzw. Erfassung des Einflusses der Wellenlänge auf die Gradation eine zweckmäßig kontinuierlich strahlende Normallampe (Wolframbandlampe) mit konstanter und zahlenmäßig genau bekannter Intensitätsverteilung. Diese kann über die schwarze Temperatur mit dem Glühfadenpyrometer oder über die Farbtemperatur, z. B. durch Messung der Intensitätsverhältnisse zweier eng begrenzter Spektralgebiete, in beiden Fällen durch Anschluß an den schwarzen Körper und gegebenenfalls Extrapolation des Planckschen Strahlungsgesetzes gefunden werden. Zum Zwecke der Einfügung der Linien mit unbekannter Intensität müssen entweder diese oder das Normalspektrum mittels eines geeigneten, hier notwendigerweise wellenlängenunabhängigen schwächenden Mittels (Vorsicht mit Graukeilen!) in mehreren Intensitätsstufen aufkopiert werden.

Photographische Absolutmessungen spektral zerlegten Lichts können durch Vergleich der zu messenden Strahlung mit derjenigen einer Normallichtquelle ermittelt werden, deren Intensität hinsichtlich des Absolutwerts und der spektralen Verteilung bekannt ist. Diese Messungen sind ungleich schwieriger auszuführen, weil die geometrischen Verhältnisse des Strahlengangs, auch vor dem Eintrittsspalt des Spektrographen, eine entscheidende Rolle spielen. Die für diese Zwecke geeigneten Meßverfahren und -apparate befinden sich zur Zeit noch im Anfangsstadium einer vielversprechenden Entwicklung.

Näheres und Literatur über photographisch-photometrische Methoden zur Spektralanalyse bei Pfeiffer und Limmer (*156*), zur Spektroskopie bei Frerichs (*130*), Ornstein-Moll-Burger (*155*), zur Astrophotometrie bei Eberhard (*128*).

433. Grundlagen der Schwärzungsmessung (Densitometrie). Bei allen im vorigen Abschnitt besprochenen Methoden war stillschweigend vorausgesetzt, daß das Problem der zahlenmäßigen Feststellung der Schwärzung des photographischen Bildes gelöst ist. Auch bei der Ausmessung der Schwärzungen müssen mancherlei Vorsichtsmaßregeln beobachtet werden. Bei der Definition der Zahlenwerte der Schwärzung ist der Callier-Effekt (432) zu berücksichtigen. Messungen im parallelen Licht kommen für Schwärzungsuntersuchungen schmaler Spektralbezirke sowieso nicht in Frage, weil dann die Intensitäten zu klein werden; ebensowenig übrigens aus dem gleichen Grunde Messungen in vollständig diffusem Licht, was man ja durch Hinterlegen der auszumessenden Platte mit einer Milchglasscheibe mit guter Kosinusverteilung des durchgelassenen Lichts herstellen könnte. Vielmehr wird durchweg bei den objektiven Schwärzungsmessern (Densometer, Densographen) mit stark konvergentem beleuchtenden Bündel von großer Öffnung (Apertur von Kondensor und Mikroskopobjektiv $n \cdot \sin u \sim 1$) gearbeitet, in dessen Brennpunkt bzw. Brennlinie die Schicht der Platte steht. Hierbei tritt gleichfalls Licht unter starker Streuung des Winkels auf die Platte.

Bei Ausmessung von Linien sehr verschiedener Schwärzung ist die Verbreiterung durch Diffusionslichthöfe und der Einfluß des Eberhard-Effekts zu erwägen. Selbst die wahre Intensitätsverteilung der Linien auf der Platte steht nicht immer im einfachen Zusammenhang mit der Intensität der Spektrallinie, besonders bei spektral weit auseinanderliegenden Linien. Ein rechteckiger, gleichmäßig ausgeleuchteter Spalt wird nicht als ebensolcher auf die Platte abgebildet. Der Dopplerverteilung der „natürlichen“ Breite der Linien überlagert sich die Beugung am Spalt, sowie bei Interferenzapparaten (Konkavgitter, Stufengitter, Interferometer) am Dispersionsapparat. Bei engem Spalt können die Beugungsbilder zweiter und höherer Ordnungen eng benachbarte Linien überlagern und ihre Intensitäten fälschen. Eng benachbarte Linien überdecken sich weiterhin durch ihre Schleierschwärzungen (Diffusionslichthöfe), was z. B. die Verfolgung von Bandenlinien nach der Kante hin erschwert. Gerade dieser Umstand ist ein deutliches Beispiel, wofür man registrierende Schwärzungsmesser braucht; nur aus dem Verlauf der Schleierschwärzung innerhalb und außerhalb benachbarter Linien wird man beurteilen können, wie stark die gegenseitigen Störungen auf der Platte sich auswirken.

Für die Optik lichtelektrischer Schwärzungsmesser ergeben sich einige Vorschriften aus dem bisher Gesagten: Die Tiefenschärfe der Objektive und Kondensoren darf nicht so klein sein, daß sie gegenüber den Unebenheiten der Platte ins Gewicht fällt. Gegebenenfalls muß die Brennweite des Objektivs auf Kosten der Apertur heraufgesetzt und ein engerer Okularspalt eingestellt werden. Da der Lichtstrom hinter dem Okular (außer bei den thermoelektrischen Schwärzungsmessern) meist divergent auf die Zelle fällt, macht ja die Erfassung der Beugungsfransen am Okularspalt keine Schwierigkeit, wenn nicht die Zellenempfindlichkeit über ihre Oberfläche sehr ungleichmäßig verteilt ist. Die beleuchtete Zone der auszumessenden Platte darf nicht größer sein als der Projektion des Austrittsspalts des Mikroskops auf die Platte durch das vergrößernde System entspricht, weil anders Reflexionen des seitlich der zu photometrierenden Stelle durch die Platte hindurchgehenden Lichts an den Metall- und Glasteilen des Objektivs Rückstrahlung auf die Platte und zusätzliche diffuse Reflexion ins Objektiv liefern würden. Schwarzschild und Villiger, die hierauf zuerst aufmerksam machten, setzten deshalb zwischen Objektiv und Platte und dicht auf dieser aufliegend eine schmale zusätzliche Blende ein, Koch beseitigte den Einfluß dieses Streulichtes durch eine einstellbare Blende im Strahlengang des Beleuchtungssystems, die in der richtigen Größe auf der Platte scharf abgebildet wird.

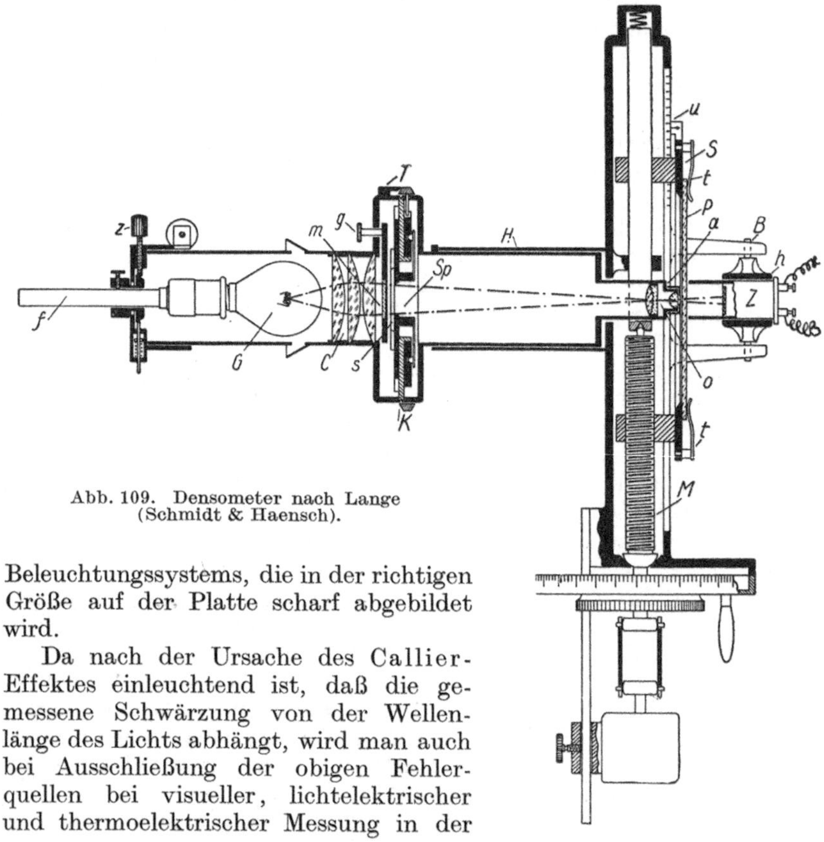

Abb. 109. Densometer nach Lange (Schmidt & Haensch).

Da nach der Ursache des Callier-Effektes einleuchtend ist, daß die gemessene Schwärzung von der Wellenlänge des Lichts abhängt, wird man auch bei Ausschließung der obigen Fehlerquellen bei visueller, lichtelektrischer und thermoelektrischer Messung in der gleichen optischen Anordnungverschiedene Zahlenwerte der Schwärzung erwarten; dies läßt sich leicht bestätigen, indem man z. B. mit einer hochempfindlichen Caesiumzelle nacheinander mit vorgeschalteten dunklen Blau- und Ultrarotfiltern Schwärzungen der gleichen Platte bei sonst gleichen optischen Verhältnissen ausmißt. Da jedoch bei allen hier interessierenden Messungen die Schwärzung nicht ihrem Absolutbetrag nach, sondern nur als Verhältniszahl zweier exponierter Stellen der Platte eingeht, kann diese und manche andere Unsicherheit außer Betracht bleiben.

434. Objektive Schwärzungsmesser (Mikrophotometer). Die eingeklammerte Bezeichnung steht in dieser Überschrift nur, weil sich der Name Mikrophotometer für Schwärzungsmesser historisch eingebürgert hat.

Objektive Schwärzungsmesser werden meistens mit kräftig vergrößernden optischen Systemen ausgerüstet. Deshalb kann man sie natürlich trotzdem zur Messung ausgedehnter Schwärzungen benutzen, z. B. für gewöhnliche Aufnahmen der Schwärzungskurve photographischer Emulsionen, sensitometrische und aktinometrische Zwecke. Dafür genügen aber auch einfache Apparate mit visuellem Photometer.

Zwischen normalen Schwärzungsmessern ohne Vergrößerung und den stark vergrößernden Mikrodensometern rangiert das nach Angaben von B. Lange von Schmidt & Haensch, Berlin, hergestellte Instrument, das Abb. 109 im Schnitt, Abb. 110 in Ansicht zeigt. Die durch Schraube Z zentrierbare Glühlampe G beleuchtet mittels dreilinsigen Kondensors C

Abb. 110. Densometer nach Lange (Schmidt & Haensch).

einen dreh- und verstellbaren Bilateralspalt Sp, der von dem Objektiv O etwa zehnmal verkleinert in der Ebene der zu messenden Platte P abgebildet wird. Der divergente Lichtstrom trifft auf ein wegklappbares Sperrschichtelement Z, das zur Einstellung des Spaltes gegen eine Lupe vertauscht werden kann. Für diesen Zweck wird vor dem Spalt eine Milchglasscheibe m mit zwei eingeätzten Strichen mittels des Handgriffs g vorgeklappt. Eine mehrgängige Schraube M mit 5 mm Steigung zieht den Plattentisch zwischen Objektiv o und Sperrschichtelement Z vorbei und erlaubt an einer 500teiligen Trommel Verschiebungen von 0,01 mm abzulesen, während volle Millimeter an einer Maßstabteilung u erkennbar sind. Statt der Handverstellung kann an die Schraube ein kleiner untersetzter Synchronmotor mit 2 Umdrehungen pro Minute als Antrieb gesetzt werden, wobei die Photoströme von einem Spiegelgalvanometer mit synchron schreibender Registriervorrichtung photographisch aufgezeichnet werden.

Primitive Schwärzungsmesser mit Thermoelement oder Photozelle und Aufzeichnung in verschiedenen Maßstäben, die sich zum Selbstbau eignen, sind wiederholt in der Literatur beschrieben worden, z. B. von Spiller (*171*).

Ein besonders für Auswertung spektralanalytischer Aufnahmen nach der Dreilinienmethode von Scheibe und Schnettler gebautes thermoelektrisches Photometer wird von R. Fueß, Berlin-Steglitz, hergestellt. Es besteht aus Lampe mit Kondensor, in zwei Koordinaten von Hand verschiebbarem Plattentisch, zwei Objektiven mit dazwischen liegendem Spalt, von denen das erste die Platte auf dem Spalt, das zweite den Spalt auf einem Vakuumthermoelement abbildet. Zu begrüßen bei diesem Apparat ist die weitgehende Verwendung von normalisierten Teilen und die Montage auf der als „Zeiß-Schiene" bekannten dreikantigen optischen Bank.

Um bei Schwärzungsmessung von Spektralaufnahmen ohne Registriervorrichtung einen guten Überblick über die gerade bearbeitete

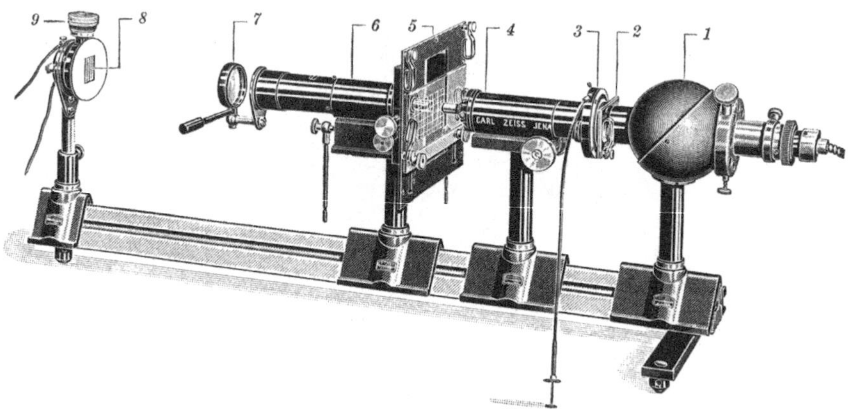

Abb. 111. Spektrallinienphotometer (Zeiß).

Stelle und die Justierung zu haben, was besonders bei Viellinienspektren angenehm empfunden wird, projiziert man die Umgebung der Platte auf einen Schirm mit einem zentralen Schlitz, hinter dem die Photozelle, Sperrschicht- oder Thermoelement steht. Dies Verfahren wird bei der unten beschriebenen Neukonstruktion des Mikro-Densographen von Goos, einer von Harrison (*140*) mitgeteilten Konstruktion und dem Zeißschen Spektrallinienphotometer gebraucht. Um nicht auf die Schwarzschildblende (433) verzichten zu müssen, wird die Umgebung durch andersfarbiges Licht projiziert, welches auf den lichtelektrischen Umformer keine Wirkung ausübt. Harrison reflektiert von der Seite her über einen halbdurchlässig versilberten Spiegel orangefarbiges Licht, für welches seine Kaliumzelle unempfindlich ist; bei dem Zeißschen Spektrallinienphotometer, welches Abb. 111 zeigt, ist zu diesem Zweck ein Vorspalt *2* mit Spaltbacken aus grünem Glas vorgesehen. Der die Linien begrenzende Präzisionsspalt *8* ist vorn von dem Projektionsschirm abgedeckt und sitzt direkt vor dem Sperrschichtelement *9*. Hinsichtlich der Verwendung genormter Bauteile gilt das gleiche wie für die ähnliche Konstruktion von Fueß.

Zu der Reihe der typischen „Mikrodensometer“ gehört das Elektrophotometer von Rosenberg (*160*), hergestellt von den Askania-Werken, Berlin-Friedenau (Abb. 112). Es lehnt sich in seinem Aufbau stark an das für die Astronomie klassisch gewordene subjektive Mikrophotometer von Hartmann an. Es enthält zwei Alkaliphotozellen *14* und *22* in Kompensationsschaltung, als Meßgerät das Lutz-Edelmannsche Einfadenelektrometer *41*. Die Platte *7* liegt auf dem Koordinatenmeßtisch, die Zelle *14* fängt das von der Platte durchgelassene Licht auf, vor Zelle *22*

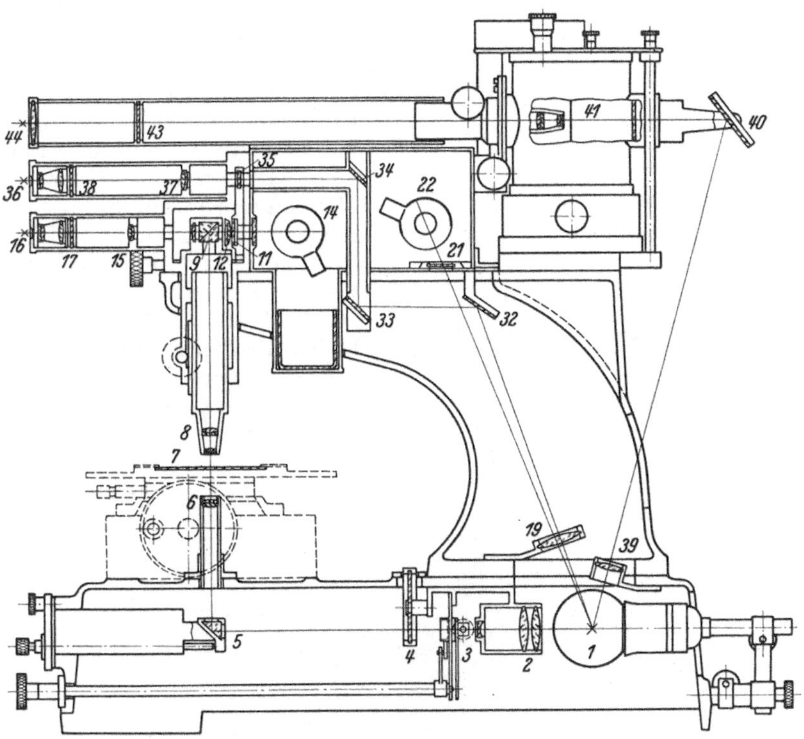

Abb. 112. Lichtelektrischer Schwärzungsmesser nach Rosenberg (Askania).

befindet sich der Graukeil *21*, durch dessen Verschiebungen die Schwärzungen gemessen werden (das Elektrometer dient nur als Nullinstrument). Man erkennt weiter die Fernrohre *44* zur Elektrometerablesung, *36* zur Ablesung der Keilstellung, *16* zur Kontrolle der Platte, ferner die verschiedenen wählbaren Schwarzschild-Spalte bei *3*, sowie die geschickte zentrale Beleuchtung aller möglichen Stellen durch die Glühlampe *1*. Das im optischen Aufbau ganz ähnliche thermoelektrische Densometer von Zeiß, von dem Abb. 113 den schematisierten Strahlengang und Abb. 114 die Ansicht zeigt, enthält lediglich an Stelle der beiden einzelnen Photozellen ein gemeinsames Differentialthermoelement und an Stelle des Elektrometers ein Zeißsches Schleifengalvanometer (224) als Nullinstrument. Der Keil wird gleichfalls mit der Hand eingestellt. Der große Kreuzkomparator und die Visiervorrichtung machen das Instrument, ebenso wie das von Rosenberg, auch für Längenmessungen an astronomischen und mikroskopischen Aufnahmen (Positions-, Wellenlängenmessungen) geeignet.

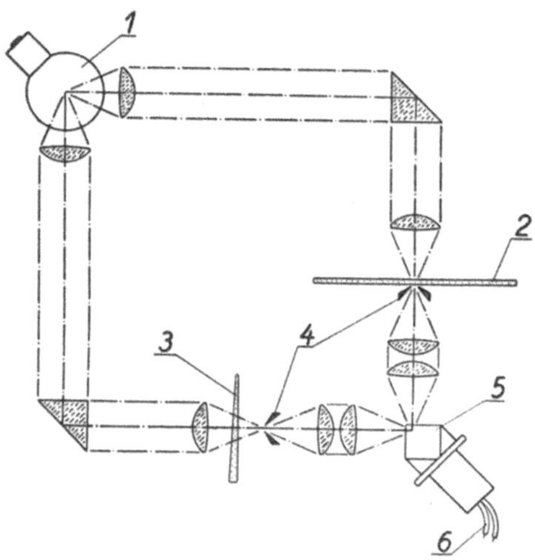

Abb. 113. Thermoelektrisches Mikrodensometer (Zeiß).

Das erste automatisch registrierende lichtelektrische Mikrodensometer von Koch (*148*) hat vor einigen Jahren eine hübsche Neukonstruktion durch Goos (*135*) erfahren, die ebenso wie die früheren Modelle von A. Krüß, Hamburg, hergestellt wird (Abb. 115). Es enthält die in 261 beschriebene Kochsche Kompensationsschaltung mit einer Photozelle als veränderbarem und Lichtstärkeschwankungen ausgleichendem Widerstand. Es registriert übrigens die Elektrometerausschläge, die den Intensitäten des auf die Zelle kommenden Lichts, also den reziproken Schwärzungen, wenn auch nicht streng, proportional sind. Es ist weiterhin gekennzeichnet durch den bereits oben erwähnten Projektionsschirm und die veränderbare Übersetzung

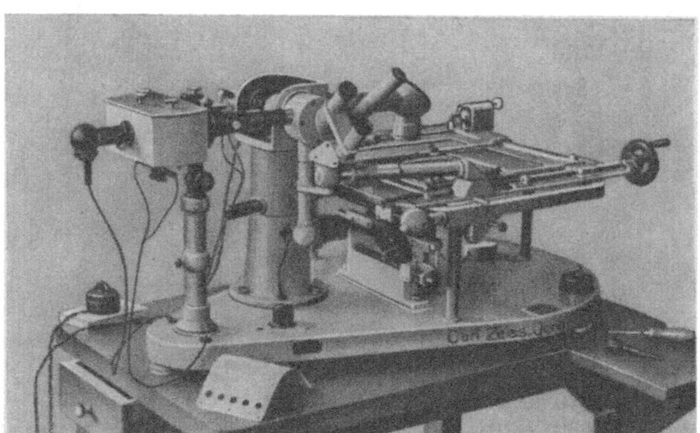
Abb. 114. Thermoelektrisches Mikrodensometer (Zeiß).

zwischen Vorschub und Platte bzw. Registrierpapier, der durch Stahlbandantrieb mittels eines Sektors besorgt wird. Im Gegensatz zu den früheren Konstruktionen ist das neue Modell sehr ausgereift und nicht mehr so subtil zu bedienen.

Das lichtelektrische Mikrodensometer von Zeiß hat statt der Kompensationszelle einen festen Krüger-Widerstand (261) und arbeitet mit Ausschlagsregistrierung eines Wulffschen Einfadenelektrometers. Das Übersetzungsverhältnis des Vorschubs zwischen zu messender Platte und Registrierpapier wird durch den einstellbaren festen Drehpunkt eines zweiarmigen Hebels in Gestalt eines Stahllineals gewählt und kann zwischen 1 : 1 und 1 : 500 verändert werden.

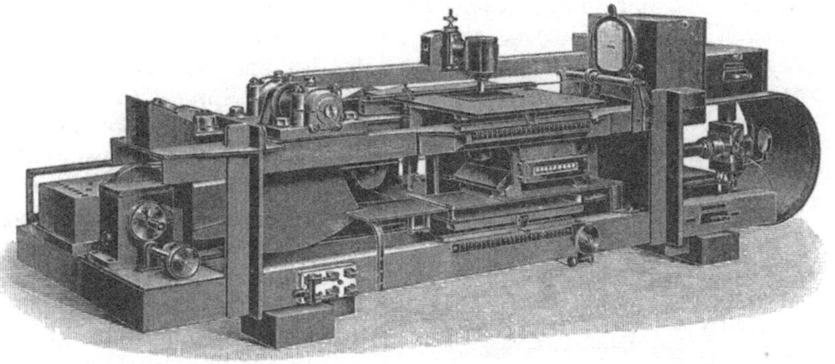

Abb. 115. Lichtelektrischer Mikrodensograph nach Goos (Krüß).

Von Weiglé in Zusammenarbeit mit der Societé Génévoise, Genf, wurde das in Abb. 116 dargestellte Instrument entwickelt (*164*). Es arbeitet mit einer Vakuumzelle und Kompensationsverstärkerschaltung

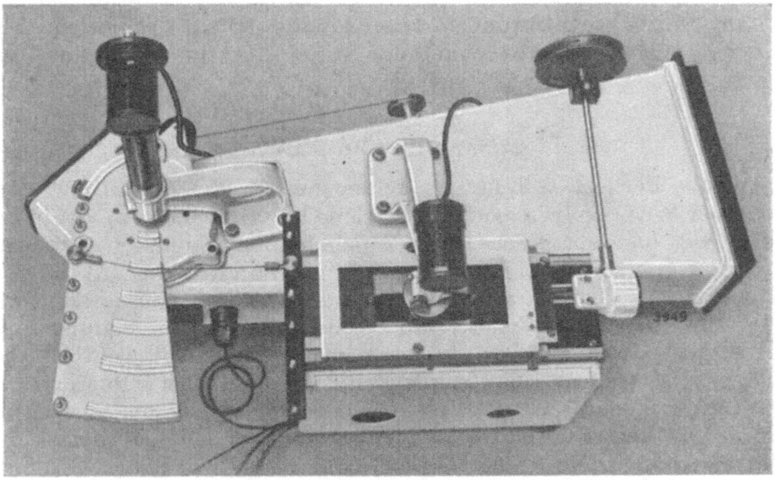

Abb. 116. Lichtelektrischer Mikrodensograph (Société Génévoise).

nach Soller, die gegen Spannungsschwankungen weitgehend unabhängig ist, enthält als Registrierinstrument ein relativ robustes Mikroamperemeter mit Spiegel und an Stelle des bei allen anderen Mikrodensographen üblichen Vorschubs des Registrierpapiers eine feste Kassette und eine Drehung des registrierenden Spiegelgalvanometers senkrecht zur Drehachse seines Systems. Die auf 3—50fache Vergrößerung in 8 Stufen einstellbare Kupplung der Systemdrehung mit dem Transport der zu messenden Platte wird in ähnlicher Weise wie beim Goosschen

Instrument durch Sektorscheiben und Stahlband bewirkt, was aus der Figur deutlich erkennbar ist.

Gut eingeführt haben sich außer den lichtelektrischen die thermoelektrischen Densographen. Hinsichtlich des optischen Aufbaues bestehen gegen jene keine wesentlichen Unterschiede, außer der Fokussierung des Austrittsspaltes auf die Lötstelle des Thermoelements zwecks besserer Ausnutzung des Lichtstroms. Die von Kipp & Zonen, Delft, entwickelte Konstruktion von Moll, die einen kompakten und soliden Eindruck macht, zeigt Abb. 117. Ihre Seele ist natürlich ein Mollsches Vakuumthermoelement; die das Registrierpapier tragende Trommel befindet sich in dem rechts sichtbaren Holzgehäuse und wird zugleich mit dem Plattentisch über ein Getriebe mit wählbarer Untersetzung angetrieben. Das registrierende schnellschwingende Spiegelgalvanometer wird zur Vermeidung von Erschütterungen abseits aufgestellt. Die gleiche Firma baut auch ein einfacheres Modell mit festem Vorschubverhältnis Platte: Registrierpapier wie 1 : 2,6 bzw. 1 : 5,3.

Abb. 117. Thermoelektrischer Mikrodensograph nach Moll (Kipp).

44. Lichttechnische Photometrie.

Aufgabe der lichttechnischen Messungen ist die Ermittlung photometrischer Werte in lichttechnischen Einheiten (HK, Lumen, Stilb, Lux), welche mit den entsprechenden physikalischen Einheiten (Intensität, Energie) durch die spektralrelative Augenempfindlichkeit (Abb. 76) und das mechanische Lichtäquivalent (690 Lm/W bei $\lambda = 555$ mμ) verknüpft sind. Um nicht komplizierte und zeitraubende Umrechnungen vornehmen zu müssen, wählt man hierzu nach Möglichkeit lichtelektrische Umformer, deren spektrale Charakteristik der des Auges entspricht (313). Wenn es sich um relative Messungen bei gleichbleibender spektraler Energieverteilung der zu messenden Größe handelt, ist jedoch diese Einschränkung unnötig; man kann dann an sich beliebige Umformer wählen, die einen definierten, zweckmäßig linearen Zusammenhang zwischen elektrischen und optischen Größen haben. Das ist z. B. bei Messungen der räumlichen Verteilung der Lichtstärke, der Transmission und Reflexion der Fall, sofern nicht dabei Änderungen der spektralen Zusammensetzung des Lichtes auftreten können.

441. Lichtstärke und Beleuchtungsstärke. Von den visuellen Methoden weichen die lichtelektrischen insofern ab, als der lichtelektrische Umformer fast ausnahmslos als Ausschlagsinstrument dient. Die technischen Photometer, die mit Photowiderständen oder Photozellen arbeiten, gehören wohl endgültig der Vergangenheit an; dagegen haben sich

Beleuchtungsmesser mit Sperrschichtelementen in einem kaum erwarteten Maß in der Praxis eingeführt. Sie enthalten durchweg einzelne oder mehrere Selenphotoelemente und hochempfindliche spitzengelagerte Mikroamperemeter, unterscheiden sich aber weitgehend in bezug auf Güte der Ausführung und Berücksichtigung der verschiedenen möglichen Fehlerquellen.

Die zahlenmäßige Erfassung der Fehlerquellen bietet keine Schwierigkeiten, wenn man die Betriebsbedingungen kennt und die 154—155 mitgeteilten Eigenschaften der Elemente berücksichtigt, zu denen noch als weiterer wichtiger Punkt die Abhängigkeit des Photostroms von der Richtung des auffallenden Lichtes hinzukommt.

Der Temperatureinfluß ist im allgemeinen so klein, daß er bei der für lichttechnische Messungen relativ geringen erforderlichen Genauigkeit meist außer Betracht bleiben kann; er hängt nicht nur vom Photoelement selbst ab, sondern auch vom Widerstand des Anzeigeinstruments. Eine Firma gibt für ihr objektives Taschenphotometer einen Fehler von 0,08% pro ^{0} C an; selbst bei großen Temperaturdifferenzen im Freien im Sommer und Winter werden, wenn der Fehler nicht größer ist, die zulässigen Grenzen der Meßgenauigkeit durch den Temperaturfehler nicht berührt.

Die Abweichungen von der Proportionalität zwischen Photostrom und Lichtstrom bzw. Beleuchtungsstärke auf dem Photoelement sind (154) nur für nicht übermäßig hohe Beleuchtungsstärken und nur für den Kurzschlußstrom erfüllt. Da jedoch die bei transportablen Luxmetern verwendeten Zeigergalvanometer einen nicht unbeträchtlichen Widerstand haben müssen, um die vom Photoelement abgegebene elektrische Leistung bestens auszunutzen und auch kleine Beleuchtungsstärken noch messen zu können, ist der Kurzschlußfall nie gegeben, infolgedessen prinzipiell stets Abweichungen von der Proportionalität vorhanden. Die Herstellerfirma eichen die Skalen der Galvanometer infolgedessen direkt in Lux, oder sie geben dem mit willkürlicher Teilung versehenen Instrument eine Eichkurve bei. Bei dezimal oder um ein kleineres Vielfaches erweiterten Meßbereichen, die bei billigen Instrumenten durch passend abgeglichene Nebenschlüsse vorgenommen werden, ändert sich aus den in 154 dargelegten Gründen der Skalencharakter etwas. Besser ist es, eine Schaltung aus Vor- und Nebenwiderständen derart zusammenzustellen, daß das Photoelement bei allen Meßbereichen auf den gleichen äußeren Widerstand arbeitet, aber die Empfindlichkeit des Instruments entsprechend den Meßbereichen herabgesetzt wird. Nur in diesem Fall kann man bei einer Skalenteilung oder einer Eichkurve mit verschiedener Maßstabbeschriftung bleiben. Eine Eichgenauigkeit von 0,2%, noch dazu für alle Meßbereiche, anzugeben, zeugt von einer Verkennung der Ansprüche, die man an ein solches Gerät stellt, sowie von Illusionen, denen sich der Fabrikant hinsichtlich der Konstanz der Photoelemente hingibt. Wie Lebensdauermessungen an guten Exemplaren zeigten, muß man auch bei sorgfältiger Behandlung und Vermeidung von Überlastung durch starke Beleuchtung und Erwärmung mit verhältnismäßig schnell verlaufenden Schwankungen von $\pm$ 5% und darüber, sowie mit einem langsamen Absinken der Photostromausbeute um 20% und darüber während einer Lebensdauer von 2000 Betriebsstunden rechnen. Besonders in den ersten hundert Betriebsstunden sinkt die Empfindlichkeit etwas. Man tut also gut, sich hin und wieder durch Nacheichung zu überzeugen, ob die angegebenen Werte noch innerhalb der Fehlergrenzen erhalten sind, die der Beobachter für seinen speziellen Zweck als hinreichend erachtet.

Eine Reproduzierbarkeit der Angaben von objektiven Luxmetern innerhalb von weniger als ± 1% sagt nicht, daß diese Messungen nicht um einen höheren Betrag von subjektiv zu ermittelnden Werten abweichen. Als Ursache hierfür ist besonders die Abweichung der spektralen Charakteristik der Zelle von der des Auges zu berücksichtigen. Wir haben oben (313) gesehen, daß bisher eigentlich nur in dem Verfahren von Dresler eine Möglichkeit gegeben ist, diese Abweichungen wirklich zu beseitigen. Kombinationen dieser Art sind bei technischen Beleuchtungsmessern vor allen Dingen wegen der Kosten und der Herabsetzung der Empfindlichkeit nicht gebräuchlich. Lediglich Weston (Bercowitz) rüstet ein Modell mit zusätzlichem Grünfilter aus, um eine bessere, wenn auch noch nicht ideale Anpassung an die Augenempfindlichkeit zu erreichen. Es besteht jedoch die Möglichkeit, für Licht bekannter spektraler Zusammensetzung, z. B. von normalen Nitralampen, von Kohlebogenlampen oder Neonlicht, Umrechnungskonstanten zu ermitteln und anzugeben, die das Photometer auch für diese Lichtquellen brauchbar machen. Wenn dagegen die spektrale Verteilung inkonstant oder sonstwie problematisch ist (Effekt-Kohlebogenlampen, Tageslicht bei wolkenlosem bzw. bewölktem Himmel) sind auf diese Weise nur Näherungswerte zu erreichen, die an Genauigkeit selbst hinter den durch visuelle heterochrome Photometrie gewonnenen zurückstehen.

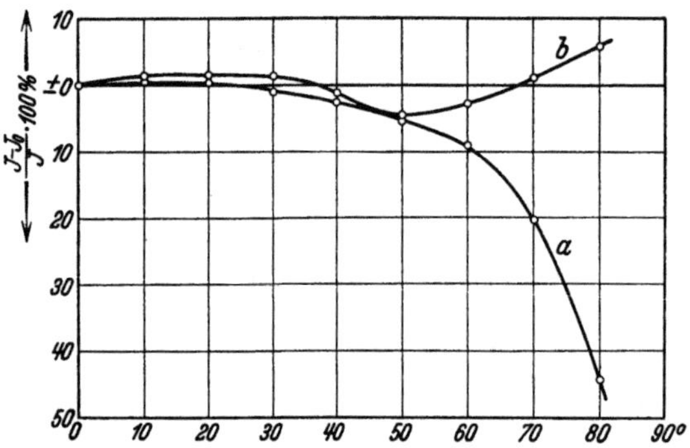

Abb. 118. cos-Fehler bei Sperrschichtelementen mit und ohne Korrektion.

Eine wesentliche Fehlerquelle, die längst erkannt und zahlenmäßig erfaßt, aber bei technischen Beleuchtungsmessern nur schwer zu berücksichtigen ist, liegt in der Abhängigkeit der Photoströme von der Richtung des auffallenden Lichts. Theoretisch sollte der Photostrom bei Beleuchtung des Elements mit einer konstanten Lichtquelle aus gleichbleibendem Abstand mit der Beleuchtungsstärke auf der Oberfläche, also mit dem Kosinus des Winkels zwischen der Oberflächenebene und der Lichteinfallsrichtung proportional abnehmen. Abweichungen hiervon, die z. B. auf spiegelnde Reflexion der Oberfläche und auf andere, noch ungenügend geklärte Ursachen zurückgehen, haben nach Messungen von Sewig und Vaillant (*167*) den in Abb. 118a gezeigten Charakter. Sie konnten durch Aufsetzen eines transparenten, kegelstumpfförmigen Hütchens auf die Oberfläche des Sperrschichtelements soweit vermindert werden, wie der Abb. 118b entspricht. An zwei Zahlenbeispielen, die a. a. O. durchgerechnet sind, zeigt sich, daß hierdurch für praktisch vorkommende Fälle eine erhebliche Verminderung der Fehler erreicht wird. Aber ein derartiger Zusatz würde dem einfachen und robusten Aufbau der technischen Beleuchtungsmesser abträglich sein. Ein anderer Vorschlag, die Abweichungen vom Kosinusgesetz durch ein zweites Sperrschichtelement zu verringern, welches bei großen Einfallswinkeln, also nahezu streifender Inzidenz, stärkere Beleuchtung erhält, stammt von Höpcke (*143*). Die praktische Ausführung dürfte an den gleichen Bedenken scheitern.

Der Aufbau der objektiven Luxmeter richtet sich — von besonderen Ansprüchen hinsichtlich Genauigkeit oder Bequemlichkeit abgesehen — namentlich nach der kleinsten zu messenden Beleuchtungsstärke. Da die Leistungsausbeute der Sperrschichtelemente bei konstanter Beleuchtungsstärke ihrer Fläche proportional zunimmt, andererseits die Empfindlichkeit der spitzengelagerten Drehspulgalvanometer, die meist schon einen recht mäßigen Gütefaktor haben, nicht beliebig gesteigert werden kann, müssen für sehr kleine Beleuchtungsstärken großflächige oder zu mehreren Einheiten parallel geschaltete Photoelemente vorgesehen werden. Die kleinste Type von Sperrschicht-Luxmetern, die den photographischen Belichtungsmessern ähnlich gebaut ist, z. B. der Parvux von Gossen haben einen vollen Meßbereich von 250 Lux (1 Skt $\triangleq$ 5 Lux) mit dezimaler Erweiterung auf 2500 Lux (1 Skt $\triangleq$ 50 Lux).

Etwas umfangreicher und teuerer ist die nächste Klasse von Luxmetern, bei denen das Sperrschichtelement meist aufklappbar, drehbar oder mit besonderem Handgriff und flexiblem Kabel verbunden ist und die ein etwas größeres und empfindlicheres Meßwerk haben. Sie werden bis zu einem vollen Meßbereich von 8 Lux (1 Skt $\triangleq$ 0,1 Lux) hergestellt. Für noch kleinere Meßbereiche werden 2, 3, 4 oder noch mehr (bis 16) einzelne Photoelemente auf gemeinsamem Träger vereinigt. Instrumente mit 4 Platten können Meßbereiche bis 2,5 Lux für vollen Ausschlag (1 Skt $\triangleq$ 0,02 Lux) erhalten, was für praktische Zwecke mehr als ausreichend ist.

Von den verschiedenen Ausführungsformen von Luxmetern zeigen: Abb. 119 den „Parvux“ von P. Gossen, Erlangen; Abb. 120 den Tavolux von Metrawatt, Nürnberg; Abb. 121 den Galvanolux von A. Pfeiffer, Wetzlar.

Ein nicht zu verkennender Vorzug der Luxmeter mit Sperrschichtelementen ist die Möglichkeit, Anzeigeinstrument und Photoelement zu trennen, und dieses an sonst der Messung schwer zugängliche Stellen zu bringen, z. B. mit einer Stange an die Decke zu heben, ohne daß dabei der Beobachter, wie bei visuellen Messungen in solchen Fällen, in schwierige, unbequeme oder gar gefährliche Lagen kommt und außerdem noch durch seine Gegenwart die Lichtverteilung in unkontrollierbarer Weise stört.

Speziell für Lichtstärkemessungen auf der optischen Bank ist ein Photometerkopf mit Sperrschichtelement eingerichtet, der von A. Pfeiffer Wetzlar, hergestellt wird. Er enthält – auf einem Bankreiter montiert –

ein Sperrschichtelement mit vorgesetztem, innen geschwärztem Trichter zur Fernhaltung von Streulicht und dazwischen angeordneter Revolverblende für zweifache dezimale Erweiterung des Meßbereichs.

Abb. 119. Beleuchtungsmesser Parvux (Gossen).

Abb. 120. Beleuchtungsmesser Tavolux (Metrawatt).

Für Intensitätsvergleichung unbekannter Lampen mit der Normallampe auf der Bank ist unabhängig von Teichmann und von Lange ein objektiver Photometerkopf vorgeschlagen worden, der aus zwei mit den Rückseiten gegeneinander gelegten und gegeneinander geschalteten Sperrschichtelementen besteht, und der in gleicher Weise auf der Bank zum Zweck des Abgleichs verschoben wird wie ein visueller Photometerkopf, z. B. ein Lummer-Brodhun-Würfel. Eingehende Untersuchungen mit dieser Anordnung sind von Gleason mitgeteilt, der weniger prinzipiell Neues zu dieser Methode als praktische Ratschläge gibt. Er empfiehlt z. B. die Kompensation der lichtelektrischen EMK anstatt der sonst üblichen Strommessung, sowie den Aufbau der Zelle auf einem um 180° schwenkbaren Photometerkopf, womit Änderungen der Empfindlichkeit der Elemente überwacht und ausgeschlossen werden können. Mit Weston-Sperrschichtelementen und den von O'Brion für diese hergestellten Filter zum Angleich auf die spektralrelative Augen-

Abb. 121. Beleuchtungsmesser Galvanolux (Pfeiffer).

empfindlichkeit gibt er eine erreichbare Genauigkeit von 0,5% an. Die geringe Dicke der beiden Sperrschichtplatten bringt den Vorteil, daß auch bei sehr kleinen Abständen auf der Bank hierfür keine Korrektion angebracht zu werden braucht.

Die bisher beschriebenen Luxmeter mit ebener Auffangfläche des Sperrschichtelements eignen sich sowohl zur Messung der Beleuchtungsstärke wie zur Intensitätsmessung unter Zugrundelegung des quadratischen Abstandsgesetzes. Eine grundsätzliche andere Konstruktion nach einem Entwurf von Arndt (*121*) ist von Tungsram, Budapest, entwickelt worden (Abb. 122). Sie dient zur Ermittlung der sog. „Raumhelligkeit" und mißt die gesamte, an einer Stelle des Raums durch Bestrahlung von allen Seiten her erzeugte Beleuchtungsstärke. Sie besteht aus 12 Stück Sperrschichtelementen von der Form regelmäßiger Fünfecke, die zur Oberfläche eines Pentagon-Dodekaeders zusammengesetzt und parallel geschaltet sind.

Abb. 122. Beleuchtungsmesser für Raumhelligkeit nach Arndt (Tungsram).

442. Lichtstrom und Lichtausbeute. Die objektive Messung des Gesamtlichtstroms bzw. der mittleren räumlichen Lichtstärke in der Ulbrichtschen Kugel bietet außer dem in 441 mitgeteilten kaum wesentliche Schwierigkeiten, außer solchen, die ganz allgemein bei Messungen in der Ulbrichtschen Kugel (*119*) auftreten. Handelt es sich um den Vergleich von Lichtquellen mit gleicher spektraler Energieverteilung, so ist die Art des lichtelektrischen Umformers — Photozelle, Sperrschichtelement, Photowiderstand — gleichgültig, desgleichen die spektrale Empfindlichkeitsverteilung. Andernfalls wird man auch hier zweckmäßig zu Sperrschichtelementen, gegebenenfalls in Verbindung mit Filtern, greifen.

Überlastung durch zu starke Beleuchtung ist nicht zu befürchten, da in keinem praktisch vorkommenden Fall die Beleuchtungsstärke auf dem Kugelfenster wesentlich über 1000 Lux wird. Ist dies doch der Fall, so wird wahrscheinlich die Kugel für diese Lichtquelle zu klein sein, was man aus den mit technischen Lichtquellen erreichbaren Leuchtdichten einerseits und ihren Abmessungen andererseits, die einen maßgebenden Einfluß auf die Kugelfehler haben, errechnen kann.

Da Kugelmessungen stets im Laboratorium oder Prüffeld ausgeführt werden, wo die Temperaturunterschiede nicht so groß sind wie im Freien, sind Temperaturfehler von noch geringerer Bedeutung als bei Luxmetern, auch wenn im allgemeinen bei Lichtstrommessungen in der Kugel eine höhere Genauigkeit erforderlich ist als bei Messungen der Beleuchtungsstärke.

Wegen der starken Absorption der Milchglasbeobachtungsfenster in der Kugel läßt man dieselben bei objektiven Messungen gern fort und setzt Element oder Zelle direkt in die passend ausgeschnittene Kugelwand. Wenn die auch bei visuellen Messungen stets streng zu beobachtende Vorschrift, daß kein direktes Licht von der Lampe auf das

Fenster fallen darf, erfüllt ist, halten sich die durch diese Vereinfachung hereingebrachten Fehler innerhalb der zulässigen Grenzen, wie mehrfache Versuche gezeigt haben.

Ein recht praktischer Photometerkopf mit Sperrschichtelement, der an das Fenster der Kugel anzusetzen ist, wird von A. Pfeiffer, Wetzlar, gebaut (Abb. 123). Er enthält außer dem Element eine drehbare Scheibe mit 4 Blendenöffnungen, von denen die eine das Element ganz freigibt, die zweite bzw. dritte den Lichtstrom auf $^1/_{10}$ bzw. $^1/_{100}$ schwächt, und die vierte die Zelle verdunkelt; der jeweils aus der Blendenstellung sich ergebende Multiplikator wird von der an einem kleinen Fenster erscheinenden Zahl angezeigt. Ein recht nützliches Hilfsmittel ist die zwischen der Revolverblende und dem Kugelansatz eingebaute Irisblende; dieselbe wird so eingestellt, daß beim Einsatz der Normallampe in die Kugel das Galvanometer auf einen runden Wert, z. B. 100 zeigt; dann kann beim Einsatz der zu messenden Lampe in die Kugel deren Lichtstrom ohne viel Umrechnung abgelesen werden.

Abb. 123. Photometerkopf mit Sperrschichtelement für Ansatz an Ulbrichtsche Kugel (Pfeiffer).

Bei der Glühlampenfabrikation wird der Lichtstrom und die Leistungsaufnahme, sowie die Lichtausbeute (Lm/W) einmal zum Zweck der Innehaltung der Fabrikationsnormen gemessen und zweitens deshalb, weil die Lichtausbeute maßgeblich und für Lampen einer bestimmten Type in gut definierter Weise von der Temperatur abhängt, und weil die Temperatur einen entscheidenden Einfluß auf die Lebensdauer der Lampe hat. Der Lichtstrom wird hierbei in der Kugel gemessen, die mit einem aufklappbaren Fenster zum Auswechseln der Lampen versehen ist. In Großbetrieben wird gelegentlich die Auswechslung auch automatisch vorgenommen. Die Leistungsaufnahme wird mit einem Leistungsmesser gemessen, oder einfacher, da die Lampen während der Messung doch bei genau konstanter Spannung gebrannt werden müssen, mit einem Strommessser. Der Wert der Lichtausbeute, also der Quotient Lm/W, kann aus diesen beiden Einzelmessungen leicht abgeleitet werden. Er kann aber auch nach einer von Rosenberg und Sélenyi[1] erprobten Kompensationsschaltung (Abb. 124) gemessen werden, die eine Variante der in Abb. 20 gezeigten Schaltung zur Messung des wahren Kurzschlußstroms eines Sperrschichtelements darstellt. Die konstante Batterie B

[1] Nach einer persönlichen Mitteilung der Firma Tungsram, Budapest.

speist die Glühlampe L unter Zwischenschaltung eines Strommessers A und eines kleinen Widerstandes r; der bei konstanter Spannung B fließende Strom J ist der Wattaufnahme der Lampe proportional, da der Widerstand r gegen den der Lampe vernachlässigt werden kann. Die an r abfallende Spannung $J \cdot r$ erzeugt in dem angeschlossenen Kreis einen mittels R regelbaren Strom, der so einzustellen ist, daß das Galvanometer G keine Spannung an dem Sperrschichtelement mehr anzeigt. In diesem Fall ist $i = \frac{J\,r}{r+R}$, oder wenn $R \gg r$ ist, $i/J = r/R$. Da nun $i \sim \Phi$, dem Lichtstrom der Lampe L und $J \sim N$, ihrer Leistungsaufnahme ist, wird $\Phi/N = c \cdot r/R$, worin die Konstante c am besten durch Eichung mittels einer Normallampe bestimmt wird, deren Quotient Φ/N bekannt ist. Eine ähnliche Schaltung, die anstatt des Sperrschicht elements eine Photozelle, anstatt des Nullgalvanometers ein Elektrometer enthält, entsprechend nicht auf einer Stromkompensation, sondern auch einer Spannungskompensation beruht, ist von denselben Autoren ausgeführt worden[1].

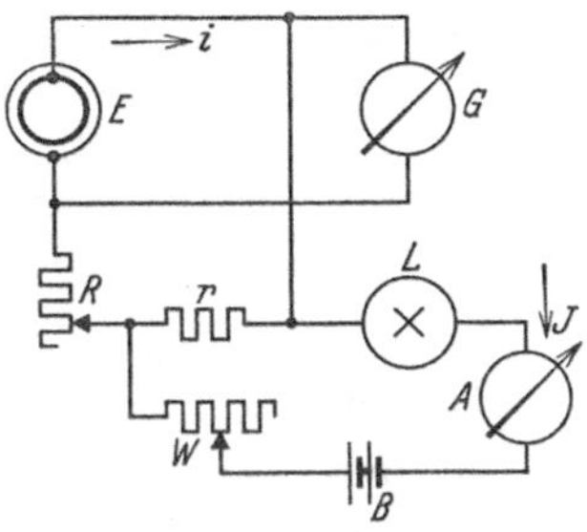

Abb. 124. Schaltung zur Messung der Lichtausbeute (Selényi).

So elegant das vorstehend beschriebene Verfahren ist, hat es doch für betriebsmäßige Messungen den Nachteil, daß der Widerstand R

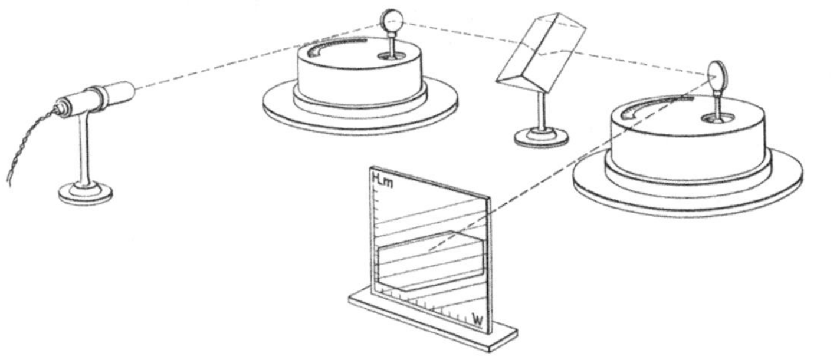
Abb. 125. Glühlampenphotometer nach Loebe und Samson (Osram).

von Hand abgeglichen werden muß. Die beiden nachstehend beschriebenen Geräte gestatten, den Quotienten Φ/N, die Lichtausbeute der zu prüfenden Lampen, direkt abzulesen.

Die von Loebe und Samson (*154*) bei Osram entwickelte Apparatur, die jahrelang im rauhen Betrieb verläßlich gearbeitet hat, enthält eine Alkaliphotozelle im Ansatz der Ulbrichtschen Kugel; die Photoströme werden einstufig mittels Röhre verstärkt und an einem Milliamperemeter angezeigt. Ein Amperemeter im Stromkreis der mit konstanter Spannung gebrannten Lampe gibt einen deren Leistungsaufnahme N verhältnisgleichen Ausschlag. Die beiden Instrumente — das den Lichtstrom anzeigende Milliamperemeter und das die Leistung

[1] Nach einer persönlichen Mitteilung der Firma Tungsam, Budapest.

anzeigende Amperemeter (Abb. 125) — haben auf der Achse aufgesetzte Spiegel, die den von der Projektionslampe kommenden gebündelten Lichtstrahl auf eine transparente Skalenscheibe werfen. Zwischen den Instrumenten steht ein unter 45° geneigtes rechtwinkliges Prisma, welches den durch das Milliamperemeter in horizontaler Ebene abgelenkten Lichtstrahl um 90° dreht; das Ergebnis ist, daß auf dem Transparent die horizontalen Koordinaten der Wattaufnahme, die vertikalen den Lichtströmen entsprechen. Die Kurven gleicher Verhältnisse von Lichtstrom und Leistungsaufnahme ergeben also parallele, schräg über das Bild laufende, gerade Linien. Da nun für jede Lampentype bestimmte Toleranzen hinsichtlich der Wattaufnahme N und des Lichtstroms Φ, sowie noch engere Begrenzungen der zulässigen Lichtausbeute Φ/N vorgeschrieben sind, muß bei einer diesen Vorschriften entsprechend ausgefallenen Lampe der Lichtpunkt innerhalb eines Sechsecks liegen, welches von zwei Vertikalen — Toleranzen der N-, zwei Horizontalen — Toleranzen der Φ- und zwei parallelen schrägen Linien — Toleranzen der Φ/N — umschrieben ist. Fällt der Lichtpunkt in Randzonen, die in der Figur nicht eingezeichnet sind, so ist die Lampe für die nächst höhere bzw. nächst niedere Spannungsstufe noch brauchbar, liegt er jedoch auch außerhalb dieser, so ist sie Ausschuß. Dieser Photometrierautomat erlaubt also auf einen Blick die Feststellung, ob die Lampe allen drei geforderten Toleranzen genügt und läßt auch zahlenmäßige Ablesung der Abweichungen zu, was aber praktisch meist nicht durchgeführt zu werden braucht, sofern nicht damit statistische Absichten verbunden sind. Da der Apparat mit Normallampen der gleichen Type geeicht wird, ist die spektrale Empfindlichkeitsverteilung der Zelle belangslos. Dasselbe gilt für die nachstehend beschriebene Anordnung.

Der von Rosenberg und Selényi[1] bei Tungsram entwickelte Photometrierautomat übernimmt von der Anordnung von Loebe und Samson das Prinzip des sechseckigen Projektionsfeldes für die interessierenden Eigenschaften Φ, N, Φ/N. Er unterscheidet sich von jenem durch das Meßinstrument für die Photoströme: als solches wird hier ein Quadrantenelektrometer nach Lindemann (213) verwendet, dessen Faden als Schattenzeiger projiziert wird. Vor der Abbildung auf die Mattscheibe mit dem Sechseckfeld passiert das diese Abbildung besorgende Bündel einen auf der Achse des Wattmeters (bzw. Amperemeters) angebrachten Spiegel, der eine N proportionale Ablenkung senkrecht zu dem Φ proportionalen Ausschlag des Elektrometerfadens verursacht. Auf dem Projektionsschirm entsteht innerhalb des Sechsecks eine hell beleuchtete rechteckige Zone, in der der Kreuzungspunkt zweier Linien Φ und N die gesuchten Daten der Lampe anzeigt. Da die Betriebsspannungen für das Elektrometer einem Glimmstrecken-Spannungsteiler entnommen sind, ist die Empfindlichkeit von Spannungsschwankungen des Netzes unabhängig und wahrscheinlich zeitlich ziemlich konstant.

Während die beiden beschriebenen Photometrierautomaten als „Ausschlagsinstrumente" anzusehen sind, arbeitet eine ältere, von Sharp und Little angegebene Konstruktion als Nullinstrument, in dem dauernd

[1] Die Unterlagen verdanke ich dem Entgegenkommen der Firma Tungsram, Budapest.

ein Vergleich zwischen der zu messenden Lampe und einer Normallampe der gleichen Type hergestellt wird. Die prinzipielle Anordnung und Schaltung zeigt Abb. 126. Vor der Photozelle befindet sich in deren Achse die Vergleichslampe, senkrecht dazu die zu messende Lampe. Dazwischen steht eine motorisch rasch angetriebene halb durchsichtige, halb versilberte runde Glasplatte, die abwechselnd während jeder halben Umdrehung die Zelle von seiten der zu messenden und der Vergleichslampe beleuchtet. Die entsprechenden Photoströme gehen über einen dreistufigen Verstärker mit Kondensatorwiderstandskopplung, der ausgangsseitig durch einen Gegentakttransformator abgeschlossen ist. Mittels eines rotierenden Schalters, dessen Nase auf der Achse des rotierenden Spiegels sitzt, werden die Wechselströme gleichgerichtet und ihre Differenz mit einem Galvanometer gemessen. Wenn beide Lampen die Photozelle gleich stark belichten, verschwindet der Galvanometerausschlag.

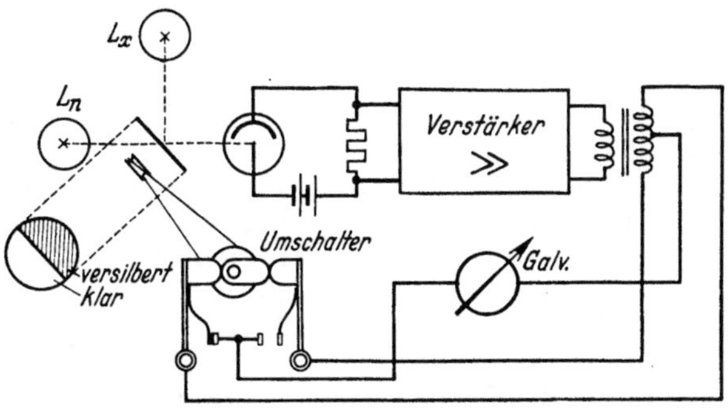

Abb. 126. Glühlampenphotometer nach Sharp und Little (GEC).

443. Lichtverteilung. Die Ausmessung der räumlichen Verteilung lichttechnischer Größen, z. B. der Lichtstärke oder Leuchtdichte von Lampen, des an lichttechnischen Baustoffen reflektierten oder durch solche hindurchgelassenen Lichts, ist ein mit objektiv-photometrischen Methoden zweckmäßig zu bearbeitendes Gebiet. Da es sich dabei meist um Massenmessungen handelt, ist die Verwendung automatischer Registriermethoden nicht nur wirtschaftlich gerechtfertigt, sondern auch im Interesse der Zuverlässigkeit der Resultate zweckmäßig, da man häufig Meßpunkte anders kaum so dicht legen kann wie nötig ist.

Eine der ältesten objektiven Meßeinrichtungen für die Aufnahme der Lichtstärkeverteilung von Lampen stammt von Voege (*176*). Er benutzte als Empfänger eine Thermosäule und gab auch eine Einrichtung zur automatischen Registrierung an; das mit der Thermosäule verbundene Spiegelgalvanometer projiziert einen Lichtfleck auf einen mit der zu messenden Lampe verbundenen und mit dieser sich drehenden Teller, der mit photographischem Papier bespannt wird. Auf diese Weise wird die Lichtstärkeverteilung direkt in Polarkoordinaten aufgezeichnet, wie sie später gebraucht wird. Nachteilig für die Anordnung von Voege war die relativ große Einstellträgheit der verwendeten Thermosäule. Spiller (*170*) hat unter Verzicht auf die automatische Registrierung mit schnell auf Gleichgewicht kommenden Thermosäulen nach Moll und Burger (112) und dem Zeißschen Schleifengalvanometer (224) eine ähnliche Apparatur zusammengestellt, und dabei zwischen subjektiven und objektiven Messungen Abweichungen von höchstens ± 1% ermittelt. Er weist im übrigen darauf hin, daß bei Verwendung von Thermoelementen das langwellige Ultrarot zweckmäßig durch Filter (gesättigte Eisensulfatlösung) auszuschalten ist, weil offenbar bei dieser Strahlung die Reflexe an der Glaswand anders gelagert sind und so Abweichungen zwischen visuellen und objektiven Messungen zustande kommen können.

Diese Feststellung ist ein Beispiel dafür, daß man auch bei Messungen, bei denen auf den ersten Blick die spektrale Verteilung der zu messenden Lichtwerte konstant bleibt, also kein Rolle spielen sollte, einige Vorsicht walten lassen soll, wenn die spektrale Charakteristik des betreffenden lichtelektrischen Umformers stark von der des Auges abweicht. Auf ähnliche Fälle wurde ich aufmerksam, als sich bei der Ausmessung der Transmissionsindikatrix von Milchglasscheiben zwischen subjektiven und photoelektrischen Messungen starke Diskrepanzen hinsichtlich des Verlaufs der Kurven ergaben, die bei Anpassung der Zelle auf Augenempfindlichkeit verschwanden; ferner bei Ausmessung der Lichtverteilung von Niedervolt-Scheinwerferlampen mit kurzer, dickdrähtiger Wendel mittels einer im Ultraroten stark empfindlichen Caesiumphotozelle. Hierbei brachte die Endabkühlung durch die dicken Halterungsdrähte eine unterschiedliche Abkühlung der Wendelteile am Rand und in der Mitte subjektiv infolge der starken Blendung nicht erkennbare, pyrometrisch aber deutlich zu messende Temperatur- und Farbunterschiede hervor, die bei visuellen und lichtelektrischen Messungen zu verschiedenen Resultaten hinsichtlich der Lichtverteilung führten, wenn der lichtelektrische Umformer eine andere Empfindlichkeitsverteilung hat als das Auge.

Ein mit Photozelle, Verstärker und mechanischem Schreibgerät ausgerüstetes Instrument zur Aufnahme von Lichtverteilungskurven wurde zunächst in Versuchsausführung von Sewig, später von Weber (*178*) in veränderter und verbesserter Ausführung, und endlich von Sewig und Vaillant (*115*) in einer speziell für Messungen an Scheinwerfern und anderen großen Leuchten geeigneten Ausführung beschrieben.

Das erste dieser Instrumente enthielt einen auf der Drehachse der Lampe sitzenden Schreibteller, der durch ein Uhrwerk mit dieser zusammen in langsame Umdrehung versetzt wird. Die von der Photozelle gelieferten Ströme wurden durch Einführung einer Wechselsaugspannung von 50 Hz von vornherein als der Lichtstärke proportionale Wechselströme erhalten, im Niederfrequenzteil eines gewöhnlichen Radioverstärkers verstärkt, mit Trockengleichrichter in Graetzscher Schaltung gleichgerichtet und mit einem Drehspulmeßwerk registriert, welches den Schreibstift in radialer Richtung über den mit der Lampe rotierenden Schreibteller hinwegzieht. Nachteilig für dies Gerät war die Beschränkung in der Größe der zu messenden Lampe, sowie die Abhängigkeit der Anzeige von der Betriebsspannung des Verstärkers und eventuellen Schwankungen in dessen Verstärkungsgrad.

Der letzte dieser Nachteile wurde bei der von Weber angegebenen Apparatur umgangen durch Einführung einer Kompensationseinrichtung, die innerhalb gewisser Grenzen die Einflüsse von Spannungsschwankungen ausschließt. In der schematischen Darstellung (Abb. 127) bedeutet L die zu messende Lampe, die ebenso wie bei der ersten Konstruktion von Sewig mit einem Schreibteller T direkt gekuppelt ist und von einem

Motor M_1 über eine Rutschkupplung und Schraubenuntersetzung in langsamen Umlauf versetzt wird. Die Photozelle C läßt an dem Widerstand r der Lichtstärke proportionale Gleichspannungen entstehen, die auf das Gitter der ersten Röhre des Verstärkers V gehen. In diesen Kreis eingeschaltet ist jedoch eine von der Batterie B_1 gelieferte, an dem Potentiometer P abgegriffene Gegenspannung, die automatisch auf den gleichen Betrag eingestellt wird, wie der Spannungsabfall an r, sodaß der Verstärker stets auf dem gleichen Punkt seiner Charakteristik arbeitet. Die Einstellung von P wird durch ein vom Anodenstrom der letzten Röhren durchflossenes Relais R mit Kontakten K_1 und K_2 veranlaßt, das bei Veränderungen der Lichtstärke, also des Spannungsabfalls an r nach höheren oder geringeren Werten über einen der beiden Kontakte den Motor M_2 in einer entsprechenden Umlaufsrichtung einschaltet, bis an dem motorisch betriebenen Potentiometer P der Abgleich wieder hergestellt ist und der Kontakt des Anodenrelais wieder zur Ruhe kommt.

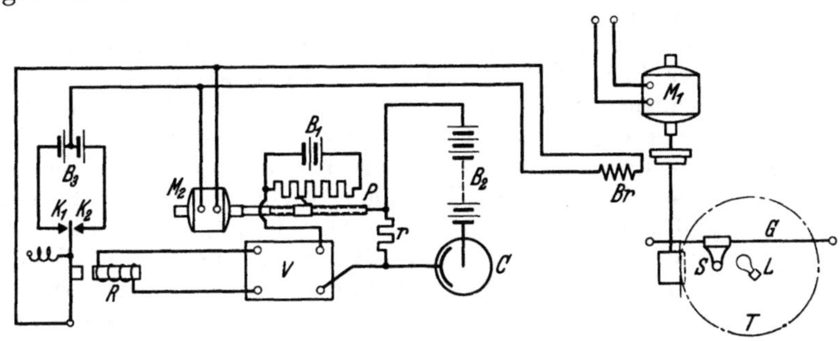

Abb. 127. Registriergerät für Lichtverteilungskurven nach Weber.

Man sieht leicht ein, daß — Konstanz der Spannungen B_1 und B_2 vorausgesetzt — zwischen der Stellung des Potentiometers P und der Lichtstärke eine eindeutige lineare Beziehung besteht; der mit dem Potentiometerkontakt mechanisch gekuppelte Schreibstift S zeichnet also auf dem Teller T das Polardiagramm der Lichtverteilung auf. Während der Dauer einer solchen Einstellung wird durch die Bremse Br der Antrieb des Tellers und der Lampe gehemmt, freigegeben dagegen wieder, sobald der richtige Meßwert sich eingestellt hat. An diesem zweifellos schon recht weitgehend von Fehlerquellen befreiten Apparat ist vor allen Dingen zu bemängeln, daß der Verstärker V, ein dreistufiger Gleichstromverstärker mit Ohmschen Widerständen als Kopplungsglieder, gegen Spannungsschwankungen empfindlich ist, weil die Mittellage des Anodenrelais R durch den Anodenruhestrom des letzten Rohres bedingt und natürlich von den einem gemeinsamen Spannungsteiler entnommenen Gitter- und Anodenspannungen, sowie von den getrennten Heizbatterien der drei Röhren abhängen muß. Trotzdem scheint das Gerät, wie die in der Arbeit aufgeführten Aufnahmen zeigen, recht verläßlich zu arbeiten. Wesentlich ist, daß die Linearität der Charakteristik nur von der der Photozelle bzw. ihres Arbeitskreises, nicht aber von den Eigenschaften des Verstärkers abhängt, solange sich nicht der Anodenruhestrom des letzten Rohres und damit die Nullage des Relais R ändert.

In einer Ergänzung zu dem vorstehend beschriebenen Gerät hat Weber (*178*) die Möglichkeit geschaffen, anstatt der räumlichen Verteilung der Lichtstärke die der Leuchtdichte gleichfalls automatisch aufzunehmen. Die Anordnung hat den Zweck, bei großflächigen Leuchten nicht die mittlere Leuchtdichte der gesamten strahlenden Fläche zu ermitteln, die ja aus dem Polardiagramm der Lichtstärke durch Division der gemessenen Werte mit der Projektion der gesamten leuchtenden Fläche in der jeweils gemessenen Richtung gefunden werden kann, sondern die maximale Leuchtdichte, die an irgend einer Stelle der leuchtenden Fläche auftritt. Hierzu wird ein automatisches Zusatzgerät benutzt, welches die Photozelle mit einem System enger Blenden in einer Schnittlinie verschiebt und die Stelle maximaler Leuchtdichte selbständig aufsucht. So geistreich diese Methode an sich ist, muß aus physiologischen Gründen an ihrer praktischen Bedeutung gezweifelt werden. Denn die von einer großflächigen Leuchte bewirkte Blendung ist keineswegs allein von der maximalen, an einer Stelle auftretenden Leuchtdichte abhängig, sondern auch von der Größe (Sehwinkel) dieser Zone maximaler Leuchtdichte, sowie von der Gesamtheit aller Zonen geringerer Leuchtdichte. Die an leuchtenden Flächen F, gesehen unter dem Sehwinkel α (Durchmesser des Netzhautbildes) und dem Blendwinkel φ (gegen die Augenachse) durch die Leuchtdichte B bewirkte Blendung ist hinsichtlich ihres Zusammenhanges mit den Faktoren α, φ, B in sorgfältigen Messungen von C. G. Klein (*147*) erfaßt. Diese Messungen können aber auf ungleichmäßig ausgeleuchtete Flächen mit Zonen verschiedener Größe und Leuchtdichte noch nicht übertragen werden. Daran scheitert vorläufig eine exakte Erfassung und Vorausberechnung der Blendwirkung von Autoscheinwerfern mit Riffelscheiben, sobald sie nicht mehr als punktförmig (kleines α) und mit einer mittleren Leuchtdichte $\bar{B}$ strahlend angesehen werden können.

Ein weiteres vollautomatisches Gerät zur Ausmessung der Lichtstärkenverteilung besonders von Leuchten mit großen Abmessungen (Scheinwerfer), wurde von Sewig und Vaillant (*115*) gebaut. Die Leuchte kann um drei Achsen gedreht werden (Abb. 128), von denen zwei stets aufeinander senkrecht stehen. Um die eine (horizontale) Achse wird eine 180°-Drehung in 30 min-Drehung automatisch durch einen Synchronmotor mit Untersetzungsgetriebe ausgeführt. Das getrennte, in Abb. 128 nicht dargestellte Schreibgerät enthält einen am gleichen Netz hängenden Synchronmotor (Uhrenmotor), der dem Schreibteller die gleiche Winkelgeschwindigkeit erteilt. Die Kompensation wird zur Vermeidung des Einflusses von Verstärkungsschwankungen ebenfalls vor dem Verstärker ausgeführt; Photoströme und Kompensationsströme haben jedoch die Frequenz des technischen Wechselstroms und infolgedessen kann ein normaler dreistufiger Niederfrequenzverstärker verwendet werden, bei dem auch die Schwankungen der Betriebsspannungen und der Verstärkung den Nullpunkt nicht mehr stören können. Der Apparat wird seit zwei Jahren erfolgreich für Messungen an Autoscheinwerfern benutzt, worüber nähere Mitteilungen demnächst zu erwarten sind. Dabei hat es sich übrigens als zweckmäßig herausgestellt, für eng gebündelte, sehr schlanke Lichtverteilungskurven, wie sie beim Fernlicht eines Autoscheinwerfers vorkommen, von der Aufzeichnung in Polarkoordinaten wieder zu der in rechtwinkligen Koordinaten zurückzukehren und den dem Winkel proportionalen Abszissenmaßstab weit auseinanderzuziehen, da Feinheiten der Lichtverteilungskurve im Polardiagramm untergehen.

Die beschriebenen Geräte brauchen zur Aufzeichnung eines Polardiagramms immerhin eine gewisse Zeit, z. B. $^1/_2$ Stunde, was wohl in seltenen Fällen einen ernstlichen Nachteil bedeutet. Trotzdem ist von Horioka, Satow und Fukushima (*144*) ein Apparat gebaut worden, der die gesamte Lichtverteilungskurve durch Abtastung in schnellem Wechsel als Projektionsbild entstehen läßt, ähnlich wie ein Oszillograph eine Wechselstromkurve. Außer für Demonstrationen ist der Zweck eines solchen Geräts nicht recht einzusehen, um so mehr, als Feinheiten natürlich verloren gehen. Mir scheint vielmehr hier ein typischer Fall der Übersteigerung von Ansprüchen an ein Meßgerät vorzuliegen, bei dem die erreichte Wirkung mit den erheblichen aufgewendeten Mitteln in keinem plausiblen Zusammenhang mehr steht.

Abb. 128. Registriergerät für Lichtverteilungskurven nach Sewig und Vaillant (Sender).

Die räumliche Verteilung der Leuchtdichte von Projektionslampen ist von Sewig und Vaillant (*168*) nach einer lichtelektrischen Methode gemessen worden. Dabei wurden die Begriffe der „wahren“ und „nutzbaren“ Leuchtdichte eingeführt, und als wahre Leuchtdichte der Quotient aus der Lichtstärke und der in der Ausstrahlungsrichtung erscheinenden Fläche der Wendeldrähte, als nutzbare Leuchtdichte der Quotient aus der Lichtstärke und der in der Ausstrahlungsrichtung erscheinenden, den gesamten Leuchtkörper gerade bedeckenden Fläche bezeichnet. Die Intensitäten wurden in üblicher Weise mit Sperrschichtelement gemessen, die Messung der den Leuchtkörper gerade bedeckenden Fläche ist auch nicht weiter schwierig; neu ist dagegen bei diesem Verfahren die Ausmessung der Größe der Wendelprojektion allein. Hierzu wurde die Wendel der nicht brennenden Lampe als Schattenbild mittels einer Hilfslichtquelle auf das Element projiziert; hierdurch wird ein der Größe des projizierten Schattenbildes entsprechender Teil der Oberfläche abgedunkelt; aus dem Rückgang des Photostromes beim Einbringen der Wendel in den Strahlengang ist deren Fläche zu ermitteln.

In der Anordnung — Goniometer mit mehreren aufeinander senkrechten Achsen — den Geräten zur Messung der räumlichen Verteilung der Lichtstärke verwandt sind Instrumente, die den räumlichen Verlauf der durch streuende Körper hindurchgelassenen oder an ihnen reflektierten Lichtströme messen, also die sog. Reflexions- oder Transmissionsindikatrix. Sie ähneln den entsprechenden, für visuelle Photometrie gebauten Apparaten, nur daß an Stelle des okularen Photometerkopfs ein lichtelektrischer Umformer sitzt. Alle übrigen Maßnahmen sind nur mehr oder weniger unbedeutende bauliche Einrichtungen, z. B. die Einführung von Selektoren für die Aussiebung paralleler Bündel.

444. Reflexion, Absorption, Durchlässigkeit, Glanz, Trübung. Für die Ausmessung des Reflexionsvermögens, der Durchlässigkeit und der Absorption von Körpern hinsichtlich der spektralen Verteilung des Lichts dienen die in Kapitel 43 beschriebenen spektralphotometrischen Methoden und Apparate. Für Messung der gleichen Größen hinsichtlich ihrer räumlichen Verteilung unter stillschweigender Annahme gleichbleibender spektraler Verteilung dienen die Apparate, auf die am Schluß des vorigen Abschnitts Bezug genommen wurde. Daneben sind aber für lichttechnische Zwecke und viele andere Anwendungen, z. B. zur Betriebskontrolle, Angaben über die gesamte Reflexion, Absorption und Durchlässigkeit von Körpern von Interesse. Bei solchen Messungen ist meist eine gewisse Unsicherheit in der Definition dessen zu verzeichnen, was man eigentlich messen will, und diese Unsicherheit prägt sich auch in der Bauart der dazu dienenden Meßgeräte bzw. in der Auswertbarkeit der von ihnen gelieferten Zahlen aus. Diese Unsicherheit liegt einmal darin, daß z. B. hinsichtlich der Farbe des durch den Prüfling modifizierten — absorbierten, reflektierten, gestreuten — Lichts keine Angaben verlangt oder gemessen werden, oder daß eine entsprechende Nachlässigkeit in bezug auf die räumliche Verteilung dieses Lichts besteht. Der erste Fall tritt z. B. bei der für lichttechnische Projektierungen wichtigen Frage nach dem Reflexionsvermögen von lichttechnischen Baustoffen, Anstrichfarben usw. auf, der zweite etwa bei der Prüfung der Durchlässigkeit oder des Reflexionsvermögens von Papier. Trotzdem sind derartige Messungen für technische Zwecke wichtig, häufig auch ohne daß man diese im allgemeinen fehlenden Angaben näher präzisiert.

Trotzdem dürfte hier eine gewisse Vereinheitlichung der Methoden allgemein am Platze sein. Bezüglich der Farbe läßt sich diese dadurch erreichen, daß man als Lichtquellen entweder ein normales Tageslicht (Glühlampe von 2840^0 K Farbtemperatur und Davis-Gibson-Filter) bzw. normales Glühlampenlicht (dieselbe Lampe ohne Filter) wählt, und als lichtelektrischen Umformer ein der Augenempfindlichkeit angepaßtes Sperrschichtelement. Hinsichtlich der räumlichen Verteilung ist eine derartige Normalisierung schwieriger durchzuführen, wofür als Beispiel die bei der Reflexion eintretende Erscheinung des Glanzes betrachtet werde. (Vorweg bemerkt werden soll, daß diese Probleme nur für technische Messungen wesentlich sind, denn physikalisch ist eine eindeutige Kennzeichnung der zu messenden Werte durch Aufnahme der gesamten „Indikatrix" nach ihrer räumlichen und spektralen Verteilung ohne weiteres möglich. Derartige Messungen sind aber zeitraubend, umständlich und teuer, und versagen, wenn es sich um Ermittlung einfacher Zahlenangaben als Mitteilungen über Qualitäten der Prüflinge handelt.)

Eine spezielle Form der räumlichen Verteilung des reflektierten Lichtstroms ist durch eine nach allen Seiten und unabhängig vom Einfallswinkel des Lichts konstante Leuchtdichte gekennzeichnet. Das ist gleichbedeutend mit einer räumlichen Verteilung der Intensität proportional dem Kosinus des Betrachtungswinkels. Eine derartige Streuung wird als vollständig diffus bezeichnet. Abweichungen von der Kosinusverteilung z. B. derart, daß in einem mehr oder weniger eng begrenzten Winkelbereich eine erhöhte Leuchtdichte auftritt, wären sinngemäß als Glanz zu bezeichnen. Für die räumliche Verteilung der Lichtstärke bzw. Leuchtdichte glänzender Oberflächen sind theoretische und empirische Ansätze aufgestellt worden [Voigt (*177*)], die weder restlos befriedigen, noch eine einfache Kennzeichnung der Glanzeigenschaften mittels einer durch Messung erfaßbaren Zahl erlauben. Die verschiedenen Meßgeräte und -verfahren zur Bestimmung des Glanzes beruhen auf einer mehr oder weniger zweckmäßigen Auswahl gewisser Eigenschaften des reflektierten Lichts (Polarisation, Lichtverteilung, Leuchtdichte), die in der Regel mit Einfalls- und Reflexionswinkel verknüpft werden (vgl. Voigt, a. a. O.). Die entsprechenden Geräte werden meist als visuelle Photometer gebaut, können aber durch Ersatz des Photometerkopfes durch eine Photozelle od. dgl. ohne weiteres als objektive Glanzmesser ausgebaut werden. Als Beispiel eines derartigen Geräts zeigt Abb. 129 den „Visomat"-Glanzdekrementmesser [Geffcken-Richter-Winkelmann (*15*), S. 244]. Der Prüfling O liegt im Mittelpunkt eines Bogenlineals L mit Winkelteilung, auf dem ein Projektor P und eine Photozelle mit Richtoptik A eingestellt werden. P liefert auf dem Prüfling O ein paralleles Lichtbündel mit fast punktförmiger Spur, A siebt ein gleichfalls eng begrenztes Bündel des reflektierten Lichtes aus. A wird zunächst auf das Maximum des reflektierten Bündels und dann seitlich auf die Stellen eingestellt, wo die Intensität des Bündels die Hälfte der Maximalen beträgt. Der Bogenabstand gibt dann ein Maß für die Streuung des Glanzlichtes, die sinngemäß als Glanzdekrement bezeichnet wird. Ein ähnliches Gerät wurde von Shock und Scrivener (*169*) beschrieben.

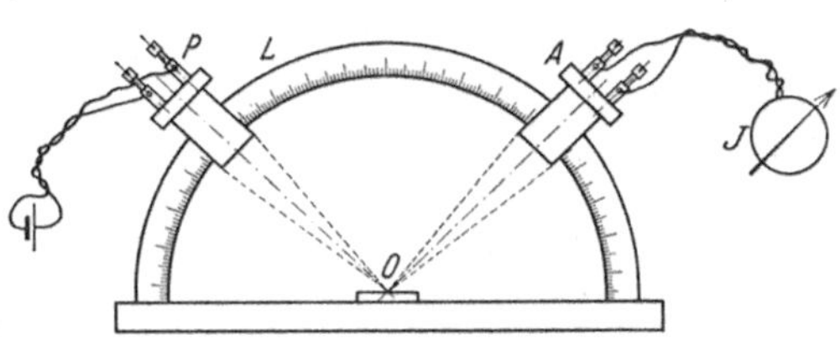

Abb. 129. Lichtelektrischer Glanzdekrementmesser (Visomat).

Während bei manchen Prüfungen (z. B. von Papier, Textilien) der Glanz ein wesentlich interessierendes Moment für die Kennzeichnung des Reflexionsvermögens ist, wird seine Kenntnis für andere Zwecke unwesentlich. Die meisten Geräte, mit denen Reflexions- und Absorptionsvermögen von Substanzen gemessen werden sollen, erfassen nur den gesamten reflektierten oder hindurchgelassenen Lichtstrom; es gibt darunter allerdings auch solche, die eine gewisse Kennzeichnung der gerichteten Reflexion erlauben, z. B. eine von Siemens & Halske früher gebaute Konstruktion (Abb. 130). Dieselbe enthält außer der rechts im Ansatz f angebrachten kleinen Nitralampe mit parallel richtender Linse c ein Selensperrschichtelement a, welches mittels Drehknopfes entweder parallel zu der Oberfläche des horizontalen Prüflings b gestellt wird und dann die ungerichtete Reflexion mißt, oder schräg unter dem gleichen

Winkel (45°) (gestrichelte Lage), wie das einfallende Lichtbündel, und dann vorzugsweise das gerichtet reflektierte Licht erfaßt. Obwohl hierdurch zweifellos gewisse Kennziffern hinsichtlich der gerichteten und diffusen Reflexion gewonnen werden können, sieht man doch leicht ein, daß genaue Messungen mit diesem primitiven Apparat nicht möglich sind, weil weder die gesamte räumliche Reflexion, noch lediglich ihr gerichteter Anteil wirklich exakt zur Messung kommen. Trotzdem werden die mit einer derartigen Anordnung gewonnenen Ergebnisse für viele Zwecke, z. B. bei der Betriebskontrolle, völlig hinreichend sein.

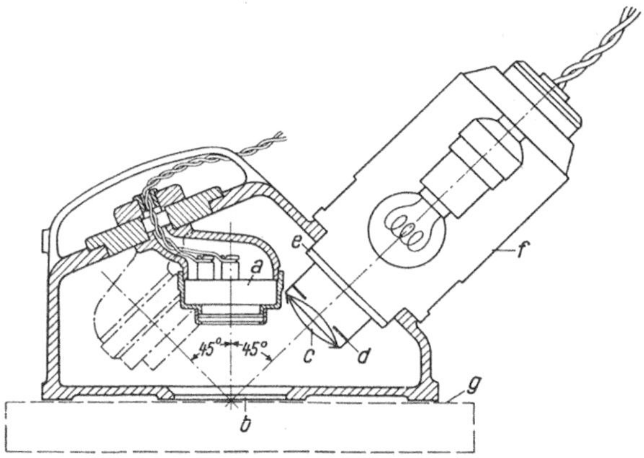

Abb. 130a.

Bergmann (*125*) beschreibt einen lichtelektrischen Reflexionsmesser ähnlicher Bauart mit einer vor dem Sperrschichtelement angebrachten Irisblende, mit der bei Einsatz des Normalkörpers das

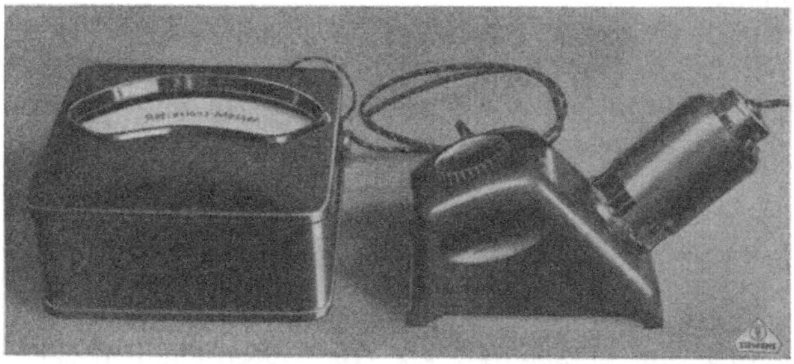

Abb. 130b.
Abb. 130a und b. Lichtelektrischer Reflexionsmesser (S. & H.).

Anzeigeinstrument auf 100 Skt eingestellt wird, infolgedessen bei Einsatz des Probekörpers dessen Reflexionsvermögen gleich in Prozenten abgelesen werden kann. Ein nur die Gesamtreflexion erfassendes, von Tungsram entwickeltes Gerät ist in Abb. 131 zerlegt dargestellt. Der Prüfling und eine normale Probe werden in je eine der runden Öffnungen des Schiebers eingesetzt; der anschließende innen geweißte zylindrische Hohlraum führt eine gewisse Integration über den gesamten reflektierten Lichtstrom aus. Darüber wird das Photoelement aufgesetzt, welches eine zentrale Bohrung zum Eintritt des beleuchtenden Bündels hat.

Ein gleichfalls für praktische Zwecke entwickelter Apparat, der für die Papierfabrikation bestimmt ist und die Opazität bzw. den Kontrast zwischen bedrucktem und unbedrucktem Papier messen soll, wird von

Bausch & Lomb hergestellt (Abb. 132). Die Glühlampe wirft ein helles Bündel auf den Prüfling, der auf das Fenster an der Vorderseite des (in der Figur abgenommen dargestellten) Schutzkastens aufgelegt wird. Das reflektierte Licht wird von einem innen geweißten Kasten aufgenommen und mittels Sperrschichtelement und Galvanometer gemessen. Als Hintergrund der transparenten Probe dient bei der Messung eine diffus weiß bzw. eine schwarz, also kaum reflektierende Fläche, die beide an den Enden eines drehbaren und schwenkbaren Tubus sitzen und auf die Rückseite des Prüflings aufgedrückt werden. Die beiden Messungen mit weißem und schwarzem Hintergrund bzw. ihr Quotient geben die wesentlichen Anhaltspunkte für die drucktechnische Qualität des Papiers.

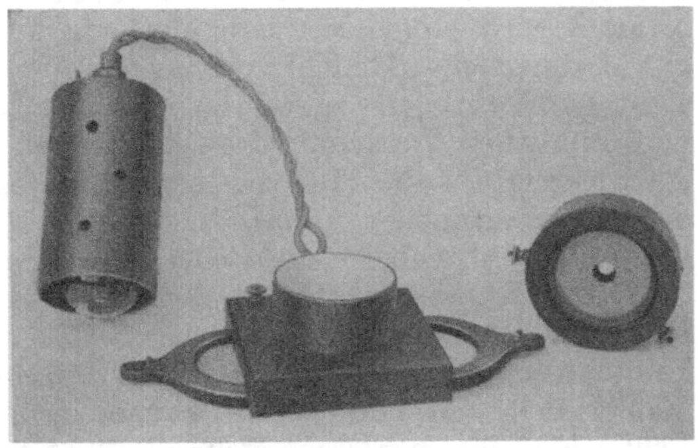

Abb. 131. Lichtelektrischer Reflexonismesser (Tungsram).

Mit Photozellen und Verstärker ausgerüstete Meßgeräte für Opazität, Durchlässigkeit und Reflexion, die ziemlich kompliziert und teuer sind,

Abb. 132. Lichtelektrischer Papierprüfer (Bausch und Lomb).

baut die American Photoelectric Corp. New York. Die Meßgenauigkeit wird als sehr hoch angegeben; leider lassen die Mitteilungen der Firma keine Urteile darüber zu, inwieweit die gewonnenen Werte im Sinn der obigen Darlegungen physikalisch definierte Größen sind.

Shook und Scrivener (*169*) beschreiben einen lichtelektrischen Reflexionsmesser mit Weston-Sperrschichtelement, bei dem der Prüfling durch vier 40 Wattlampen im Inneren einer undurchsichtigen Hohlkugel beleuchtet wird, sodaß kein direktes Licht auf ihn fallen kann. Ein Pol der Halbkugel trägt die Zelle und vor derselben eine Rohrblende von 20⁰ Öffnung. Um die bei den Abmessungen der Anordnung (Kugelhalbmesser 180 mm, Durchmesser des Prüflings 76 mm) bei stärkerer gerichteter Rückstrahlung der Prüflinge auftretenden Fehler zu vermeiden, wird eine besondere Methode angegeben. Dem Vorteil einer gut definierten, nämlich von allen Seiten gleichmäßigen Beleuchtung steht der Nachteil der schwierigen Erfaßbarkeit des Glanzes und allgemein der räumlichen Verteilung des reflektierten Lichtstroms entgegen, dessen Auswirkung auf die Meßresultate schwer zu übersehen ist. Die Stärke dieser und ähnlicher Anordnungen liegt aber immer im Vergleich ähnlicher Proben, wobei diese Bedenken keine Rolle spielen.

Zur Messung der diffusen Reflexion, sowie der gesamten Absorption bzw. Durchlässigkeit bedient sich Selényi einer Anordnung von zwei Ulbrichtschen Kugeln von je 22 cm Durchmesser, von denen jede zwei diametral gegenüberliegende Fenster von 4,5 cm Durchmesser hat. Beide Kugeln enthalten mehrere Photozellen, die teils infolge ihrer halbkugeligen Kathodenform, teils durch eingesetzte Blenden vor direkter Bestrahlung durch die Fenster abgeschirmt sind. Beide Kugeln stoßen mit je einem ihrer Fenster zusammen und sind senkrecht übereinander aufgestellt; die eine hat einen Ansatztubus auf ihrer zweiten Öffnung, in welchem eine kleine Projektionslampe mit parallel richtendem Kondensor sitzt. Zur Messung der gesamten diffusen Reflexion wird nur die untere Kugel benutzt, an deren unteres Fenster der Prüfling gelegt wird. Zur Messung der gesamten Durchlässigkeit bzw. Absorption wird an dieses untere Fenster eine weiße Abschlußscheibe, in das gemeinsame mittlere Fenster der Prüfling gelegt. Dann ist der Photostrom aller Zellen in der oberen Kugel dem Reflexionsvermögen, der aller Zellen in der unteren Kugel der Durchlässigkeit proportional. Die Anordnung unterscheidet sich vorteilhaft von anderen, zum Teil oben beschriebenen ähnlichen Apparaten durch eine gut definierte Beleuchtung mit parallelem, den Prüfling senkrecht treffendem Licht und eine gleichfalls exakte Erfassung des räumlichen Integrals des reflektierten und durchgelassenen Lichts, sofern man von den Kugelfehlern durch die Photozellen absieht. Zu berücksichtigen bleibt die Abweichung der spektralen Kennlinien der Zellen von der Augenempfindlichkeit, die bei ausgesprochen bunten Prüflingen Abweichungen von visuellen Messungen hervorrufen dürfte.

Eine besondere Art von Absorptionsmessungen liegt bei der Messung der Trübung von Flüssigkeiten oder Gasen vor. Soweit diese Arbeiten spektral zerlegten Lichts bedürfen, ist in 431 davon die Rede. Für betriebsmäßige Messungen ist dies jedoch meistens nicht der Fall. Anwendungsgebiete sind z. B. die Überwachung chemischer Reaktionen, die Feststellung des Rauchgehaltes in der Atmosphäre oder in Rauchgasen, Kontrolle der Reinheit von Leitungswasser und manches andere.

Als Kriterium für die Trübung kann entweder die Schwächung des durch die Lösung hindurchgegangenen Lichts oder die Verstärkung der seitlich aus dem Strahlengang hinausgebeugten Strahlen (Tyndall-Kegel kolloidaler Lösungen) dienen. In beiden Fällen braucht man einen parallelen Strahlengang. Auf dem ersten Kriterium beruht z. B. der in Abb. 68 dargestellte lichtelektrische Trübungsmesser nach Geffcken und Richter, der von H. A. Freye, Braunschweig, hergestellt wird. Die optische Anordnung geht aus dem Bild genügend klar hervor, die elektrische Einrichtung ist in 244 beschrieben. Um bei exakteren Messungen die Absorption der Küvettenfenster und des Lösungsmittels zu eliminieren, wird gelegentlich eine Differentialanordnung mit zwei gleichen Strahlengängen aufgebaut, die von derselben Lichtquelle versorgt werden und zwei gleiche Küvetten bzw. Absorptionsrohre mit dem gleichen Lösungsmittel enthalten, von denen nur in dem einen der Trübungsvorgang sich abspielt. Hierdurch werden in gleicher Weise Einflüsse der Temperatur und Schwankungen der Lichtquelle unschädlich gemacht. Zur Messung dienen zwei Photozellen oder Photoelemente, die zu einer Brücken-, Differenz- oder Quotientenschaltung vereinigt sind.

Abb. 133. Lichtelektrischer Trübungsmesser (Tungsram).

Lediglich auf einer Messung des seitlich gestreuten Lichts (Tyndall-Kegel) beruht der bei Tungsram entwickelte Trübungsmesser, der prinzipiell in gleicher Weise für Suspensionen in gasförmigen oder flüssigen Lösungsmitteln verwendbar ist. Das im parallelen Strahlengang stehende zylindrische Absorptionsgefäß ist von einem Ring umgeben (Abb. 133), an dessen Innenseite mehrere Sperrschichtelemente angeordnet sind, welche eine der Intensität des gestreuten Lichts proportionale EMK liefern.

Den Nachteil einer unkontrollierbaren Beeinflussung der Ergebnisse durch Färbungen des trüben Mediums umgehen Geffcken und Richter [vgl. (*15*) S. 199) dadurch, daß vor die Photozelle Z (Abb. 134) im Brennpunkt des durch die Kondensoren L_1 und L_2 gesammelten und durch das Absorptionsgefäß P hindurchgegangenen Lichtstroms der Lampe G einmal eine Blende B_1 mit zentralem Loch und einmal eine ringförmige Blende B_2 mit zentraler Abblendung von der Größe des Projektionsbildes der Lampe eingesetzt wird. Im ersten Fall kommt das direkt durch P hindurchgelassene, im zweiten Fall ein Teil des gestreuten Lichts zur Messung, und aus dem Quotienten beider Messungen wird auf die Trübung geschlossen.

Gleichfalls auf einer Messung der Trübung beruhen die Verfahren zur Ermittlung der Sicht durch die Atmosphäre. Den hierzu gebräuchlichen visuellen Apparaten haften mancherlei so ernste, prinzipiell bedenkliche Nachteile an, daß gerade für Sichtmessungen der Ersatz einer visuellen durch eine objektive Meßmethode in besonderem Maß am Platz scheint. Eine elegante Lösung stammt von Bergmann (*124*); sie ist überdies ein Musterbeispiel für die geschickte Eliminierung von Fehlerquellen, wozu hier neben Intensitätsschwankungen der Lampe namentlich die Einflüsse des Tageslichts gehören: der Apparat ist bei Tag und Nacht in gleicher Weise brauchbar.

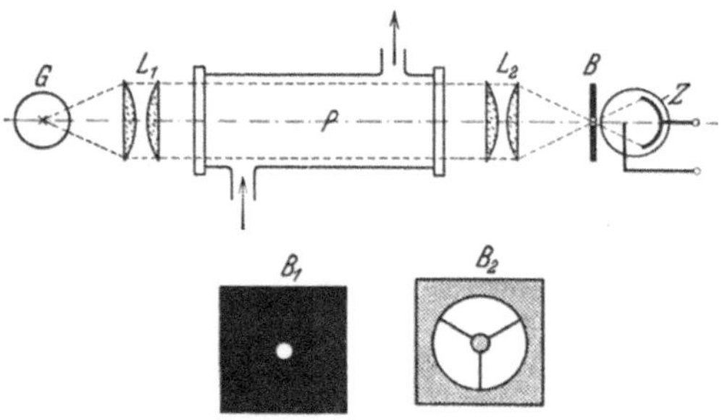

Abb. 134. Anordnung zur Trübungsmessung nach Geffcken und Richter.

Er enthält (Abb. 135) auf der Senderseite eine Projektionslampe Q mit großer Leuchtdichte, einen Kondensor K_1, der das Lichtbündel in der Ebene einer rotierenden Lochscheibe U zusammenzieht, einen zweiten Kondensor K_2, ein Filter F zur Anpassung der spektralen Charakteristik der Sperrschichtelemente an die Augenempfindlichkeit, sowie ein das Strahlenbündel wiederum parallel richtendes Objektiv L_1. Auf der Empfängerseite steht im durch das Objektiv L_2 gebündelten, von einem entfernten Spiegel reflektierten Licht des Senders ein Sperrschichtelement Z_2, welches seine im Takte der Lochsirene schwingende lichtelektrische EMK über den Transformator T an den Verstärker V weitergibt. Gemessen wird nach Gleichrichtung mittels des Trockengleichrichters G mit einem empfindlichen Drehspulinstrument A.

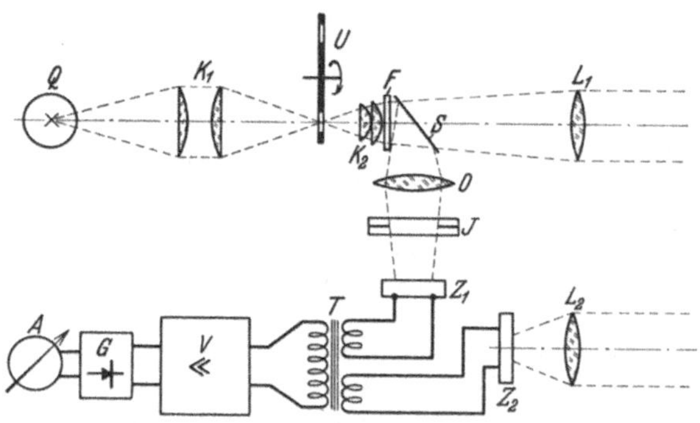

Abb. 135. Lichtelektrischer Sichtmesser nach Bergmann.

Ein hinter F aus dem Strahlengang mittels schräg gestellten, halbdurchlässig versilberten Spiegels S abgezweigter Teil des Lichtstroms fällt nach Passieren eines Objektivs O und einer geeichten Irisblende I auf das zweite Sperrschichtelement Z_1, welches über eine zweite Wicklung des Transformators T mit 180^0 Phasenverschiebung an den Verstärker angeschlossen ist. Durch diese Anordnung wird Schwankungen der Intensität der Lichtquelle sowohl wie der Umdrehungszahl der Lochscheibe jeder Einfluß auf die Meßergebnisse entzogen. Gleichzeitig wird der Einfluß von außen auffallenden Lichts, speziell des Tageslichts, welches nicht tonfrequent moduliert ist und infolgedessen keine Wechselphoto-EMK erzeugen kann, ausgeschlossen. Der Spiegel wird in einer festgelegten Entfernung von 20—50 m aufgestellt. Zwischen der Stellung der Blende I und der Sicht besteht bei Abgleich der Lichtströme auf beiden Elementen auf denselben Wert — angezeigt durch das Nullgalvanometer A — ein definierter Zusammenhang, da bei konstant gehaltenen geometrischen Verhältnissen der Anordnung eine Verringerung der Intensität auf Z_2 nur auf eine Trübung der Atmosphäre und infolgedessen auf verschlechterte Sichtverhältnisse zurückzuführen sein kann.

Der Apparat wird von A. Pfeiffer, Wetzlar, hergestellt. Ein Bericht über praktische Erfahrungen steht noch aus. Da die Justierung des reflektierenden Spiegels in großem Abstand vom Gerät wegen des gewaltigen optischen Hebelarms auf nicht unerhebliche Schwierigkeiten stoßen dürfte, wird es sich vielleicht empfehlen, an Stelle eines gewöhnlichen Planspiegels einen Tripelspiegel in der Form anzuwenden, wie er bereits im Felde für Signalisierung und Entfernungsmessungen benutzt wurde. Ein derartiges System (*134*, S. 219) hat den Vorteil der von kleinen Fehlern der Spiegelrichtung zum Gerät unabhängigen Autokollimation des Strahlengangs. Er stellt übrigens ein optisches Bauelement dar, welchem sicher noch viele nützliche Anwendungsmöglichkeiten offen stehen.

445. Beleuchtungsmesser für Photographie. Aufgabe objektiver Beleuchtungsmesser für photographische Zwecke ist die Angabe der richtigen Belichtungszeit. Als solche ist diejenige kürzeste Zeit anzusehen, die bei einer Plattensorte bestimmter Empfindlichkeit und gegebener Blendenöffnung das aufzunehmende Objekt mit seinem ganzen zu bewältigenden Kontrastbereich (größte bis kleinste wiederzugebende Leuchtdichte) auf dem mittleren geradlinigen Teil der charakteristischen Kurve (425, 433) des Aufnahmematerials unterbringt.

Visuelle Photometer, die dieses Problem streng lösen, wurden wohl kaum jemals gebaut und wären jedenfalls sehr unhandlich. Die erste Konzession ist meist, daß nicht der Umfang der Leuchtdichten, sondern nur die kleinste wiederzugebende Leuchtdichte berücksichtigt wird. Eine Anpassung auf die Eigenschaften der photographischen Emulsionen ist bei deren Vielheit und der Abhängigkeit der Charakterik von den verschiedensten Faktoren (425, 433) auch bei Angabe der „Empfindlichkeit" in Graden nach Scheiner, Eder-Hecht, Hurter-Driffield oder DIN nur in beschränktem Maße möglich. Glücklicherweise ist die richtige Expositionszeit keine Größe, die auf 10% genau eingehalten werden muß, sonst gäbe es kaum eine richtig belichtete Aufnahme.

Die visuellen Photometer arbeiten ausschließlich ohne Vergleichslichtquelle nach Kontrast- oder Sehschärfeverfahren, übrigens das einzige Anwendungsgebiet dieser primitiven photometrischen Methoden, das sich bis heute erhalten hat. Die objektiven Beleuchtungsmesser arbeiten — von einer am Schluß dieses Abschnittes besprochenen Ausnahme abgesehen — durchweg mit Selensperrschichtelementen und empfindlichen Drehspulgalvanometern.

Die spektrale Empfindlichkeitsverteilung dieser Elemente entspricht in sehr groben Zügen derjenigen einer orthochromatischen Emulsion mit gedämpfter Blauempfindlichkeit. Im übrigen wird der Plattenempfindlichkeit, in die ja zum Teil die spektrale Empfindlichkeitsverteilung der Emulsion eingeht, durch Berücksichtigung der vom Fabrikanten angegebenen Zahlen Rechnung getragen; in Deutschland beginnt gerade die Verdrängung der bisher üblichen Scheinergrade durch DIN-Grade (425).

Die Blendenöffnung wird entweder durch entsprechend einstellbare Irisblenden vor dem Photoelement oder durch Umrechnung

Abb. 136. Belichtungsmesser Ombrux (Gossen).

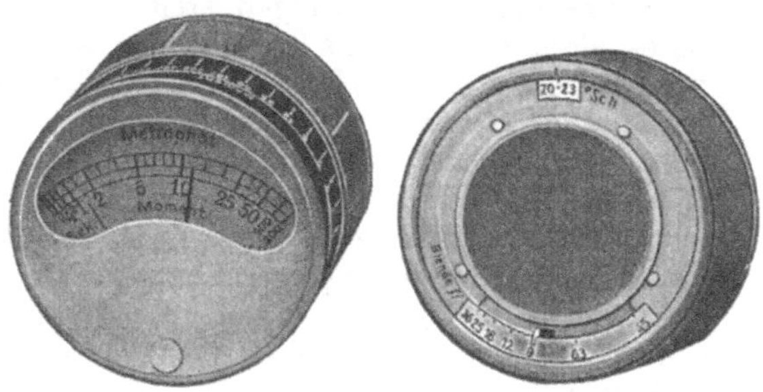

Abb. 137. Belichtungsmesser Metraphot (Metrawatt).

mit Tabellen oder mechanischen Rechenhilfsmitteln berücksichtigt. Ausgangspunkt der Messung ist stets die „Helligkeit“ des Gegenstandes, auf dem das Photoelement entweder nackt oder unter Zwischenschaltung von Linsen oder Rohrblenden gerichtet wird.

Von handelsüblichen Ausführungsformen lichtelektrischer Beleuchtungsmesser für Photographie zeigt Abb. 136 den Ombrux von P. Gossen, Erlangen, Abb. 137 den Metraphot von Metrawatt-Nürnberg, Abb. 138 und 139 zwei von der Weston Electr. Instr. Co., Newark, hergestellte Modelle.

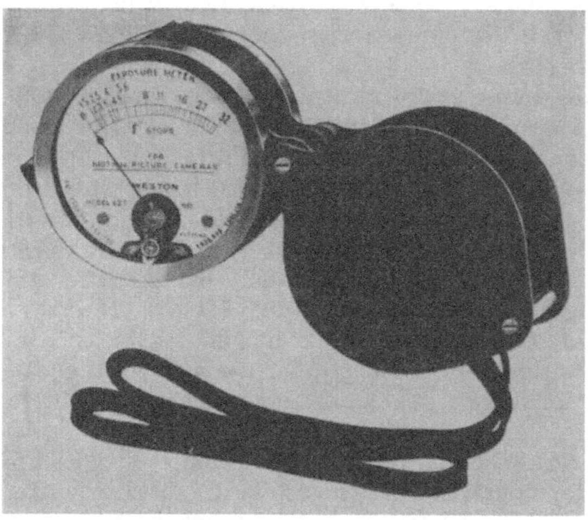

Abb. 138. Belichtungsmesser von Weston.

Das in Abb. 137 dargestellte Instrument zeigt Abb. 140 nochmals schematisch in Draufsicht und Schnitt. Die auf die dunkelsten Teile (Vordergrund) gerichtete Mattscheibe *e* ist gegen seitliches Licht und Sonnenstrahlung durch die ausziehbare Tubusblende *k* geschützt, die gegebenenfalls durch Vorhalten der Hand oder eines Hutes zu verlängern ist. Zwischen der Mattscheibe *e* und dem Photoelement *a* befindet sich eine Irisblende *b*, die mit dem Griff *g* auf den gleichen, an der Skala *f* ablesbaren Betrag eingestellt wird wie die Objektivblende der Kamera. Das Drehspulmeßwerk *c* hat durch geeignete Formgebung der Polschuhe eine stark von der Proportionalität abweichende Teilung der Skala *d* bekommen, die einen Meßbereich von $^1/_{200}$—8 bzw. $^1/_{200}$—16 s hat. Die Rändelschraube *m* dient zur Nachjustierung des Nullpunkts. Der

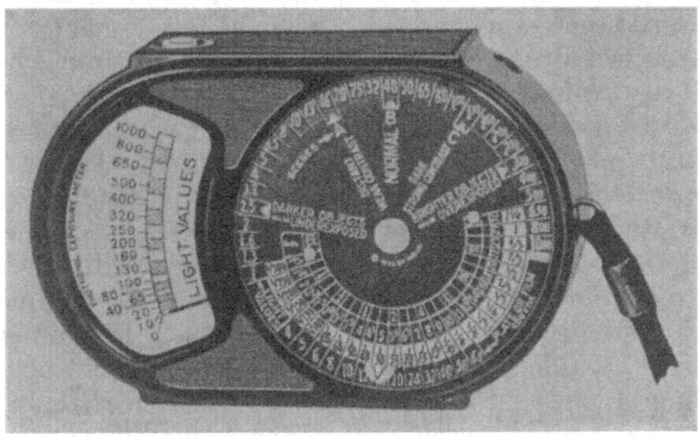

Abb. 139. Belichtungsmesser von Weston.

Ring *h* mit der Blendenteilung kann nach Art eines runden Rechenschiebers mittels des Griffes *i* verstellt werden, wodurch die an der Lücke *l* erscheinenden Zahlen für die Empfindlichkeit des Aufnahmematerials in die Einstellung der Blende einbezogen werden. Ein auf dem Gehäuseumfang angebrachter Ringschieber ermöglicht Ablesungen der Blendenöffnungen *f*:1 bis *f*:36 und Belichtungszeiten von $^1/_{1500}$—2 s. In ähnlicher Weise ist das „Photoskop" von Kiesewetter, Leipzig, gebaut.

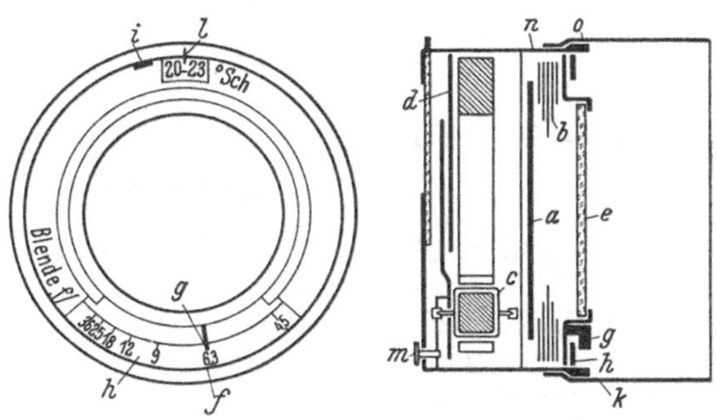

Abb. 140. Metraphot-Belichtungsmesser.

Der „Ombrux" von Gossen hat keinen veränderbaren Blendenring und auch keine Einstellmöglichkeit für Plattenempfindlichkeit, ist viel mehr für eine Blendenöffnung *f*:9 und Aufnahmematerial von 23° Sch geeicht. Dafür besitzt er einen zweiten Meßbereich mit entsprechender Skalenteilung, der bei Druck eines Knopfes bereitsteht. Für andere Blendenöffnungen und anders empfindliche Platten muß mittels der beigegebenen Tabellen umgerechnet werden.

Die Instrumente werden meist in einigen verschieden empfindlichen Ausführungen und mit Einrichtung für Kinoaufnahmeapparate hergestellt. Einen Universalbelichtungsmesser von Weston zeigt Abb. 139. Dieser enthält außer dem Photoelement und dem Galvanometer mit verzerrter Skala einen runden Rechenschieber, der die Berücksichtigung der verschiedenen Faktoren: Blendenöffnung, Plattenempfindlichkeit, Kontrastumfang des Aufnahmegegenstandes erlaubt.

Bedenken gegen die Ergebnisse aller dieser technischen Belichtungsmesser bestehen besonders hinsichtlich der Platten- oder Filmempfindlichkeit, wenn sehr verschiedene Sorten verwendet werden, z. B. gewöhnliche, nicht farbenempfindliche Rapidplatten und orthochromatische bzw. panchromatische Emulsionen. Hier helfen zunächst nur Erfahrungen. Die Ausschaltung von solchem Fremdlicht vom Photoelement, was auch bei der Aufnahme nicht auf den Film kommt, ist bei den verschiedenen Konstruktionen verschieden gut gelungen. Durchweg dürfte aber der Raumwinkel, von dem das Element Licht bezieht, größer sein als der entsprechende bei der Kamera. Dieser Umstand wäre bei der Verbesserung leicht zu berücksichtigen, die kleinen Änderungen (Vorbau einer ausziehbaren Rohrblende) können aber schließlich auch von jedem Benutzer eines solchen Geräts selbst vorgenommen werden. Ein weiterer, wesentlicher Nachteil aller dieser Instrumente ist die mangelhafte Empfindlichkeit, also das Versagen bei Beleuchtungen, die auch bei offener Blende zu großen Belichtungszeiten nötigen. Hier wird man wohl vorläufig nicht wesentlich weiter kommen, sodaß eine Firma in ihrem Belichtungsmesser (Elektro-Bewi) noch ein zusätzliches visuelles Photometer für geringe Helligkeiten einbaut.

Ein lichtelektrischer Belichtungsmesser, der mit Caesium-Photozelle und Röhrenverstärker ausgerüstet ist, speziell für mikrophotographische Zwecke, ist von Groß und Johnson (*136*) entwickelt worden. Da er jedoch gegenüber anderen Arten photoelektrischer Photometer keine prinzipiell neuen Züge aufweist, können wir auf eine nähere Beschreibung verzichten.

Aufgaben und Probleme der objektiven Photometrie.

Die objektive Photometrie ist eine Hilfswissenschaft. Wie weit sich Physik, Chemie und Technik bisher ihrer Methoden und Instrumente mit Erfolg bedient haben, geht zum Teil aus den vorliegenden Ausführungen hervor. Die Aufgaben und Probleme, an deren Lösung zu arbeiten ist, sind am meisten an jenen Stellen zu suchen, wo heute noch visuelle Methoden den objektiven mit Grund vorgezogen werden.

Hierzu gehört die Messung extrem kleiner Lichtenergien. Obwohl kein Zweifel besteht, daß prinzipiell mit lichtelektrischen oder photographischen Methoden dasselbe oder mehr hinsichtlich „Empfindlichkeit“ bewältigt werden kann wie bei der visuellen Messung, ist doch der erforderliche experimentelle Aufwand häufig so groß, daß man davor zurückschreckt. Die Messung extrem schwacher Photoströme muß also verbessert werden, wozu sich sowohl in der Entwicklung der lichtelektrischen Umformer, wie der elektrischen Meßgeräte Handhaben bieten. Die Steigerung der Empfindlichkeit der elektrischen Meßgeräte, die ja bei einigen Exemplaren bereits an der theoretischen oberen Grenze angelangt ist, ist hierbei weniger von Bedeutung als ein handlicher, schnell und zuverlässig und störungsfrei arbeitender Aufbau, sowie die in weiten Grenzen wählbare Anpassung an die Betriebsbedingungen. In dieser Beziehung dürfte man den mechanischen Verstärkern (ohne Röhren) eine aussichtsreiche Entwicklung prophezeien, worauf bereits hingewiesen wurde.

Die Entwicklung der lichtelektrischen Umformer dagegen ist vorläufig noch lange nicht an der theoretischen oberen Grenze — der Quantenausbeute 100% — angelangt. Es ist zwar an speziell für solche Messungen entwickelten Photozellen und an Sperrschichtelementen ermittelt worden, daß eine auf absorbierte Lichtenergie bezogene Quantenausbeute in der Nähe der maximal möglichen erreicht werden kann; aber die technischen lichtelektrischen Zellen und Elemente erlauben für den praktischen Gebrauch diese Ausnutzung des Lichtstroms noch lange nicht. Was in dieser Beziehung zu erreichen ist, muß die Zukunft lehren.

Die für die lichttechnische Photometrie so wichtige Aufgabe der Anpassung der spektralen Charakteristik lichtelektrischer Umformer an spezielle Spektralkurven, namentlich die Augenempfindlichkeit, kann erst in einem Fall (313) als leidlich gelöst gelten, obwohl diese Lösung noch mit Mängeln anderer Art behaftet ist und nicht als endgültig beste angesehen werden kann. Die Beeinflussung der spektralen Charakteristik lichtelektrischer Umformer in beliebiger, einem gestellten Problem entsprechender und technisch brauchbarer Weise würde der objektiven Photometrie zahlreiche neue Anwendungsgebiete erschließen.

Wenn es gelingt, lichtelektrische Empfänger mit genau definierten und zeitlich sehr konstanten Eigenschaften herzustellen, ergäbe sich die Möglichkeit, dieselben als Zwischen- und Eichnormale, geprüft von den Staatlichen Instituten (in Deutschland der PTR.) im Laboratorium oder bei der internationalen Vergleichung der Maßeinheiten zu benutzen.

Eine Reihe aktueller Aufgaben, auf die ich bedacht war, an verschiedenen Stellen dieses Buches hinzuweisen, ist dem Konstrukteur gestellt. Es handelt sich um die Durchbildung und Vereinheitlichung der Meß- und Registriergeräte, die womöglich in einfachster Weise austauschbar zu einem wohlfeilen Instrumentarium vereinigt werden sollen, mit welchem eine möglichst große Anzahl photometrischer Fragen bearbeitet werden können.

Bezüglich der Anwendungen lichtelektrischer Verfahren in Technik und Industrie besteht kein Zweifel, daß man sich vielfach durch die vielseitige Anwendbarkeit zu allerlei technischen Spielereien hat verleiten lassen. Die Reaktion darauf macht sich bereits heute bemerkbar in Gestalt eines nur zum Teil begründeten Mißtrauens gegen Neueinführung solcher Verfahren. Die Zeit, wo man nur einer vermeintlichen Rationalisierung zuliebe Menschenarbeit durch Automatenarbeit ablöste, scheint heute vorüber zu sein. Entsprechend wird eine teuere lichtelektrische Anlage zur Produktionsüberwachung (Beispiel: Farbensortierung, Zählung) die lediglich die Ersparnis einer Arbeitskraft bezweckt, heute weniger als je Aussicht auf Einführung haben. Energisch zu fordern ist aber ihre Einführung, wenn damit eine Verbesserung der Produktion erreicht werden kann, die mit anderen Mitteln nicht gelingt.

Literaturverzeichnis.

1. Lichtelektrische Umformer.

1. Anderson, J. S.: Photoelectric Cells and their Applications, London: Verlag der Physical and Optical Societies 1930.
2. Angström, K.: Über absolute Bestimmungen der Wärmestrahlung mit dem elektrischen Kompensationspyrheliometer usw. Ann. Physik Bd. 67 (1899) S. 633—648.
3. Barnard, G. R.: The Selenium Cell, its Properties and Applications. London: Constable 1930.
4. de Boer, J. H. u. M. C. Teves: Sekundärerscheinungen, die auf den primären photoelektrischen Effekt bei an Salzschichten adsorbierten Caesiumatomen folgen. Z. Physik Bd. 74 (1932) S. 604—623.
5. Borissow, M., C. Sinelnikow u. A. Walther: Untersuchung der Sperrschichtphotozellen. Physik. Z. Sowjetunion Bd. 3 (1933) S. 146.
6. Bulian, W.: Untersuchungen an Kupferoxydulphotozellen. Ein Beitrag zum Problem des Sperrschichtphotoeffekts. Physik. Z. Bd. 34 (1933) S. 745—756.
7. — u. H. Schreiber: Ein Beitrag zum Kristall- und Sperrschichtphotoeffekt. Naturwiss. Bd. 20 (1932) S. 506.
8. Campbell, N. R. u. M. K. Freeth: Compensating circuits for rectifier cells. Journ. sci. Instrum. Bd. 11 (1934) S. 125—126.
9. — u. D. Ritchie: Photoelectric cells. London: Pitman & Sons 1929.
10. Case, T. W.: The Thalofide cell [in Anderson (*1*)].
11. Deaglio, R.: Sperrschichteffekt und Becquereleffekt. Naturwiss. Bd. 20 (1932) S. 708.
12. Dresler, A., L. Goldmann u. O. Reeb: Zum Verhalten von Selensperrschichtzellen bei außergewöhnlich hohen Beleuchtungsstärken. Licht Bd. 3 (1933) S. 228—230.
13. Fleischer, R. u. H. Teichmann: Die lichtelektrische Zelle und ihre Herstellung. Dresden und Leipzig: Th. Steinkopff 1932.
14. Gaertner, O.: Eine absolute Thermosäule für das Röntgengebiet bis 0,1 A.E. Z. techn. Physik Bd. 11 (1930) S. 363—368.
15. Geffcken, H., H. Richter u. J. Winckelmann: Die lichtempfindliche Zelle als technisches Steuerorgan. Berlin-Tempelhof: Deutschliterarisches Institut J. Schneider 1933.
16. Görlich, P.: Zur Frequenzabhängigkeit der Sperrschichtphotozellen. Z. techn. Physik Bd. 14 (1933) S. 144.
17. Grundmann, W. u. L. Kaßner: Untersuchungen an Selensperrschichtzellen, insbesondere im Hinblick auf die Verwendbarkeit dieser Zellen zu meteorologischen Strahlungsmessungen. Physik. Z. Bd. 35 (1934) S. 16—20.
18. Gudden, B.: Die lichtelektrischen Erscheinungen. Berlin: Julius Springer 1928.
19. Hamaker, H. C. u. F. W. Beezhold: Gebrauch einer Selensperrschichtzelle zur Messung sehr schwacher Intensitäten. Physica Bd. 1 (1933) S. 119—122.
20. Hase, R.: Thermoelement für Strahlungsmessungen. Z. Physik Bd. 15 (1923) S. 52—53.
21. Hatschek, P.: Glimmlichtphotozellen; Beiträge zur Theorie, Geschichte und Patentlage. Kinotechn. Bd. 15 (1933) S. 399—401.
22. Kluge, W.: Über die Empfindlichkeit lichtelektrischer Zellen verschiedener Wirkungsweise. Z. techn. Physik Bd. 14 (1933) S. 533—538.
23. Kohlrausch, F.: Lehrbuch der praktischen Physik. Leipzig: B. G. Teubner.
24. Koller, L. R.: Note on rating of photoelectric tubes. Rev. sci. Instrum. Bd. 3 (1933) S. 760—761.
25. Körösy, F. v. u. P. Selényi: Physikalisches Modell einer Sperrschichtphotozelle. Physik. Z. Bd. 32 (1931) S. 847.

26. **Körösy**, F. v. u. P. **Selényi**: Photozelle und Lichtelement. Ann. Physik Bd. 13 (1932) S. 703.
27. **Lange**, B. u. P. **Selényi**: Über den Sperrschichtphotoeffekt der Röntgenstrahlen. Naturwiss. Bd. 19 (1931) S. 639.
28. **Lapique**, Ch.: Effet non additif de radiations différentes sur les piles à l'oxyde de cuivre. C. r. Acad. Sci., Paris Bd. 196 (1933) S. 1301—1303.
29. **Laszlo**, H. de: The photoelectric properties of films of beryllium, aluminium, magnesium and thallium. Philos. Mag. (7) Bd. 13 (1932) S. 1171—1177.
30. **Liandrat**, G.: A propos de l'effet de la capacité dans les redresseurs et les cellules photoélectriques à couche d'arrêt. J. Physique Radium (7) Bd. 5 (1934) S. 41 S bis 42 S.
31. **Linford**, L. B.: Recent developments in the study of the external photoelectric effect. Rev. modern Physics Bd. 5 (1933) S. 34—61.
32. **Locher**, G. L.: Photoelectric Quantum Counters for visible and ultraviolet light. Physic. Rev. (2) Bd. 42 (1932) S. 525—546.
33. **Lummer**, O. u. P. **Pringsheim**: Temperaturbestimmung hocherhitzter Körper auf bolometrischem und photometrischem Wege. Verh. dtsch. physik. Ges. Bd. 3 (1901) S. 96.
34. **Majorana**, Q. u. G. **Todesco**: Preparazione della cellule fotoelettriche al Tallio. Lincei Rend. (6) Bd. 8 (1928) S. 9—14.
35. **Moll**, W. J. H. u. H. C. **Burger**: Un nouveau thermoélément dans le vide. Rev. Opt. théor. instrum. Bd. 4 (1925) S. 562—567.
36. **Müller**, C.: Neue Strahlungsmeßgeräte (Thermoelemente) von gesteigerter Empfindlichkeit und Einstellschnelligkeit. Naturwiss. Bd. 19 (1931) S. 416 bis 419.
37. **Müller**, R. H. u. A. **Spector**: The Becquerel-Effekt as a special case of the barrier-layer photoelectric effect. Physic. Rev. (2) Bd. 41 (1932) S. 371 bis 372.
38. **Pirani**, M.: Studien zum objektiven Vergleich von Lichtquellen mit dem Mikroradiometer. Licht Bd. 3 (1933) S. 161—162.
39. **Poole**, H. H. u. W. R. **Atkins**: Reversal of the Current from a Cuprous Oxide Photo Cell in Red Light. Nature, Lond. Bd. 131 (1933) S. 133.
40. **Rajewski**, B.: Über einen empfindlichen Lichtzähler. Physik. Z. Bd. 32 (1931) S. 121—124.
41. **Rolla**, L., L. **Mazza** u. F. **Ciani**: Ital. Pat. 261361 und 261711 (1927).
42. **Scharf**, K. u. O. **Weinbaum**: Über das Verhalten von Sperrschichtphotozellen bei Belichtung mit Röntgenstrahlen. Z. Physik Bd. 80 (1933) S. 465 bis 482.
43. **Schröter**, F. u. W. **Ilberg**: Vergleich von Selen- und Photozellen. Physik. Z. Bd. 30 (1929) S. 801—804.
44. — u. F. **Michelssen**: Infra-red sensitive Cells [in **Anderson** (*1*)].
45. **Schwandt**, E.: Das Selenphotoelement und seine Anwendung. Helios, Lpz. Bd. 38 (1932) Nr. 9 u. 16.
46. **Sewig**, R.: Selenzellen für lichtelektrische Messungen. Arch. Techn. Mess. Bl. J 393—1.
47. — Die lichtelektrische Zelle als Meßinstrument. Z. Instrumentenkde Bd. 50 (1930) S. 426—438.
48. — Die lichtelektrischen Eigenschaften von Thalliumzellen. Z. techn. Physik Bd. 11 (1930) S. 269—273.
49. **Simon**, H. u. R. **Suhrmann**: Lichtelektrische Zellen und ihre Anwendung. Berlin: Julius Springer 1932.
50. **Teichmann**, H.: Über die Messung schwacher Wechselströme mit Tellur-Platin-Thermoelementen. Z. Physik Bd. 59 (1930) S. 615—622.
51. — Über eine an Kupfer-Kupferoxydulzellen beobachtete Temperaturabhängigkeit des Sperrschichteffekts. Z. Physik Bd. 65 (1930) S. 709—713.
52. **Waibel**, F.: Der Becquerel-Effekt von Cu_2O als Sperrschichtphotoeffekt. Z. Physik Bd. 76 (1932) S. 281—282.
53. **Wood**, L. A.: The equivalent circuit of a blocking-layer photocell. Rev. Scient. Instr. Bd. 4 (1933) S. 434—439.
54. **Zworykin**, V. K. u. E. D. **Wilson**: Photocells and their Applications. New York: Wiley & Sons 1930. London: Chapman & Hall 1930.

2. Elektrische Meßgeräte.

55. Alberti, E.: Braunsche Kathodenstrahlröhren und ihre Anwendung. Berlin: Julius Springer 1932.

56. Ardenne, M. v.: Die Kathodenstrahlröhre und ihre Anwendung in der Schwachstromtechnik. Berlin: Julius Springer 1933.

57. Barth, G.: Über ein neuartiges Röhrengalvanometer. Z. Physik Bd. 87 (1934) S. 399—408.

58. Bergmann, L.: Über ein neues photoelektrisches Relais zur Vergrößerung kleiner Bewegungen. Physik. Z. Bd. 32 (1931) S. 688.

59. — u. H. Fricke: Ein neues hochempfindliches Kontaktrelais für die Verwendung bei Sperrschichtphotozellen. Z. Fernm.-Techn. Bd. 14 (1933) S. 151 bis 152.

60. Busch, H.: Über die Erwärmung von Drähten in verdünnten Gasen durch den elektrischen Strom. Ann. Physik (4) Bd. 64 (1921) S. 401—450.

61. Custers, J. F. H.: Eine evakuierte Verstärkeranordnung zur Messung kleiner Photoströme. Z. techn. Physik Bd. 14 (1933) S. 154—157.

62. Dearle, R. C. u. L. A. Matheson: Exact compensation for the effect of A and B battery changes when using a vacuum tube as d. c. amplitier. J. opt. Soc. Amer. Bd. 1 (1930) S. 215—226.

63. Dubois, R.: Un nouvel oscillographe électromagnétique à grande sensibilité. Rev. gén. Electr. Bd. 17 (1925) S. 977—986.

64. Gehlhoff, G.: Ein Autokollimationsablesefernrohr. Z. techn. Physik Bd. 3 (1922) S. 224—228.

65. Geiger, H. u. W. Makower: Meßmethoden auf dem Gebiet der Radioaktivität. Braunschweig: F. Vieweg & Sohn 1920.

66. Gleason, P. R.: A photo relay for the amplification of galvanometer currents. J. opt. Soc. Amer. Bd. 23 (1933) S. 193.

67. Güntherschulze, A.: Elektrometrie. Geiger-Scheels Handbuch der Physik, Bd. 16. Berlin 1927.

68. Hasché, E.: Ein verbessertes Röntgenmeßgerät. Z. techn. Physik Bd. 15 (1934) S. 68—70.

69. Ising, G.: A natural limit for the sensibility of galvanometers. Philos. Mag. (7) Bd. 1 (1926) S. 827.

70. Jaeger, W.: Elektrische Meßtechnik, 3. Aufl. Leipzig: Johann Ambrosius Barth 1928.

71. Keinath, G.: Arten der Aufzeichnung registrierender Instrumente. Arch. Techn. Mess. J 031—1.

72. — Photoelektrischer Registrierapparat. Arch. Techn. Mess. J 034—3.

73. Krüger, F.: Hochohmige Widerstände für niedere und hohe Spannungen. Z. techn. Physik Bd. 10 (1929) S. 495—500.

74. Kurrelmeyer, B.: Note on an apparent non-proportionality of photoelectric currents. J. opt. Soc. Amer. Bd. 16 (1928) S. 92—93.

75. Meißner, W. u. U. Adelsberger: Tätigkeitsbericht der PTR. Z. Instrumentenkde Bd. 49 (1929) S. 166—167.

76. Meyer, W.: Die elektrische Leitfähigkeit von Urandioxyd und seine Verwendung als Vorschaltwiderstand insbesondere für Eisenwasserstoffwiderstände. Z. techn. Physik Bd. 14 (1933) S. 126—128.

77. Mörder, C.: Theorie des Drehspulgalvanometers vom Standpunkt der Anwendung. Elektrotechn. u. Maschinenb. Bd. 50 (1932) S. 721—725.

78. Nottingham, W. B.: Measurement of small d. c. potentials and currents in high-resistance circuits by using vakuum tubes. J. Franklin Inst. Bd. 209 (1930) S. 287—348.

79. Ostwald, W. u. R. Luther: Hand- und Hilfsbuch zur Ausführung physikalisch-chemischer Messungen, 3. Aufl. Leipzig: Wilh. Engelmann 1910.

80. Perucca, E. u. C. Leiß: Neue Konstruktion des Peruccaschen Fadenelektrometers. Z. Physik Bd. 49 (1928) S. 604—607.

81. Pflier, P. M.: Bolometeranordnung zur Meldung und Messung von Bewegungen. Arch. Techn. Mess. J 23—1.

82. Philippoff, W. v.: Piezoelektrischer Oszillograph. Arch. Techn. Mess. J 035—4.

83. Pitkin, L.: The Tour Supersensitive Electrical Relay. Instruments, Pittsb. Pa. Bd. 6 (1933) S. 107—108.
84. Reisch, S.: Über ein neues Galvanometerrelais. Z. techn. Physik Bd. 12 (1933) S. 541—549.
85. Reiß, K. H.: Ein neues thermisches Meßprinzip. Z. techn. Physik Bd. 15 (1934) S. 83—85.
86. Richter, M.: Lichtelektrische Kompensationsmethode für photometrische Messungen. Z. techn. Physik Bd. 13 (1932) S. 491—493.
87. Rudolph, H.: Aperiodische Spannungsverstärkung und Richtverstärkung unter voller Ausnutzung des Verstärkungsfaktors. Arch. Elektrotechn. Bd. 24 (1930) S. 1—3.
88. Schering, H.: Die Isolierstoffe der Elektrotechnik. Berlin: Julius Springer 1924.
89. Sell, H.: Neue Anwendungen des mechanisch gesteuerten Düsenbolometers. Z. techn. Physik Bd. 15 (1934) S. 112—117, 129—135.
90. — Ein mechanisch gesteuertes Bolometer und seine Anwendung für hochempfindliche qualitative Relais und quantitative Verstärker. Z. techn. Physik Bd. 13 (1932) S. 320—327.
91. Sewig, R.: Gleichstromverstärkung unter Verwendung von Elektronenröhren. Arch. Techn. Mess. Z. 634—1.
92. — u. W. Appuhn: Ein neues Galvanometerrelais. Z. techn. Physik Bd. 15 (1934) (im Erscheinen).
93. — u. W. Kleinschmidt: Spannungsverstärkung mit Schirmgitterröhren unter voller Ausnutzung des Verstärkungsfaktors. Z. techn. Physik Bd. 10 (1933) S. 388—390.
94. Turlyghin, S. J.: Optische Multiplikatoren. Z. Instrumentenkde. Bd. 48 (1928) S. 187—191.
95. Turner, H. M.: A compensated electron-tube voltmeter. Proc. Instn. Radio Engr. Bd. 16 (1928) S. 799—801.
96. Voigt, B.: Beseitigung von Erschütterungen an physikalischen Apparaten. Arch. Techn. Mess. J 010—2.
97. Werner, O.: Empfindliche Galvanometer. Berlin: de Gruyter & Co. 1928.
98. Wulf, Th.: Die Fadenelektrometer. Berlin-Bonn: F. Dümmler 1933.

3. Optische Hilfsmittel.

99. Alterthum, H. u. M. Reger: Neue Lichtquellen für wissenschaftliche Zwecke. Licht Bd. 3 (1933) S. 69—73.
100. Bertling, H.: Ein Universalspektrometer. Licht Bd. 2 (1932) S. 181—184; 201—203.
101. Diehl, R.: Über neutrale Graufilter, deren Durchlässigkeit sich in berechenbarer Weise abstufen läßt. Mitt. Leitz-Werke 1931 Nr. 48.
102. Dresler, A.: Über eine neuartige Filterkombination zur genauen Angleichung der spektralen Empfindlichkeit von Photozellen an die Augenempfindlichkeit. Licht Bd. 3 (1933) S. 41—43.
103. Encyclopédie Photométrique. (Editions de la Revue d'Optique théorique et instrumentale) 2e section: photométrie physique.
104. Goldberg: Der Aufbau des photographischen Bildes. Halle: Wilhelm Knapp 1925.
105. Göler, Frhr. v. u. M. Pirani: Leuchtröhren als photometrische Normallichtquellen. Z. techn. Physik Bd. 12 (1931) S. 142—148.
106. Hansen, G.: Intensitätsmarken auf photographischen Platten. Z. Physik Bd. 29 (1924) S. 365f. Zeiß Druckschrift Mess. 561.
107. Ives, H. E.: A precision artificial eye. Physic. Rev. Bd. 6 (1915) S. 334; s. R. Luther: Z. techn. Physik Bd. 8 (1927) S. 553—554.
108. Krefft, H.: Über die Eichung von Sperrschichtzellen für Lichtmessungen auf Grund der spektralen Empfindlichkeit. Licht Bd. 2 (1932) S. 203—206.
109. Lau, E.: Entladungsrohr für photometrische Messungen, insbesondere im Ultraviolett. Z. Instrumentenkde. Bd. 48 (1928) S. 284—285. Internat. Illuminating Congr. 1928 (Contributions on general subjects).

110. Müller, C.: Über die Ausschaltung von Störungen und Empfindlichkeitsabweichungen bei registrierender Photometrierung. Z. techn. Physik Bd. 9 (1928) S. 127—130.

111. — Registrierapparat zur direkten Aufnahme der Durchlässigkeitskurven absorbierender Substanzen und spektraler Effekte. Z. Physik Bd. 34 (1928) S. 824—832.

112. Parlin, W. A.: A Ratiometer. Rev. Sci. Instr. Bd. 1 (1930) S. 295—296.

113. Pirani, M. u. O. Reeb: Normallichtquellen. Arch. Techn. Mess. V 403—1.

114. Rösch, S.: Der Spektralintegrator, ein Hilfsmittel zur Farbenberechnung aus dem Spektrum. Z. techn. Physik Bd. 12 (1931) S. 410—417.

115. Sewig, R.: Objektive Aufnahme von Lichtverteilungskurven. Licht Bd. 1 (1931) S. 215—218. — Sewig, R. u. W. Vaillant: Ein verbessertes Gerät zur Aufnahme von Lichtverteilungskurven. Z. Instrumentenkde. Bd. 53 (1933) S. 388—396.

116. Skaupy, F.: Versuche zur technischen Herstellung monochromatischen Lichts. Z. techn. Physik Bd. 10 (1929) S. 627—629.

117. Walsh, J. T. D.: Photometry. London: Constable & Co. 1926.

118. Weigel, R. G.: Untersuchungen über die spektralrelative Hellempfindlichkeit des Auges. Diss. Karlsruhe 1932.

119. — u. O. Knoll: Experimentelle Untersuchung an der Ulbrichtschen Kugel. Licht u. Lampe Bd. 17 (1932) H. 21—24.

120. Weigert, F.: Optische Methoden der Chemie. Leipzig: Akadem. Verlags-Ges. 1927.

4. Objektive Photometrie.

121. Arndt, W.: Raumbeleuchtungstechnik. Berlin: Union Deutsche Verlagsgesellschaft 1933.

122. Beals, C. S.: A photoelectric mikrophotometer using valve amplification. Month. Notices Roy. Astr. Soc. Bd. 92 (1932) S. 196—207.

123. Bergmann, L.: Versuche und Messungen mit Selensperrschichtzellen. Physik. Z. Bd. 34 (1933) S. 227—228.

124. — Ein objektiver Sichtmesser. Physik. Z. Bd. 35 (1934) S. 177—179.

125. — Ein praktischer lichtelektrischer Reflexionsmesser. Z. techn. Physik Bd. 14 (1933) S. 157—158, 295.

126. Coblentz, W. W. u. R. Stair: A portable ultraviolet intensity meter. Bur. Stand. J. Res. Bd. 12 (1934) S. 231—238.

127. Duane, W.: Examining by a densitometer new lines in K-series X-ray spectra. Physic. Rev. (2) Bd. 40 (1932) S. 132.

128. Eberhard, G., A. Kohlschütter u. H. Ludendorff: Handbuch der Astrophysik, Bd. 1, 1. u. 2. Teil. Berlin: Julius Springer 1929—1933.

129. Frankenburger, W.: Über die neuere Ausgestaltung des Ultraviolettdosimeters. 2. Congr. internat. Lumière Kopenhagen 1932.

130. Frerichs, R.: Photographische Spektralphotometrie. Handbuch der Physik von Geiger-Scheel, Bd. 19 (1928).

131. Gambetta, E.: Des méthodes de photométrie photoélectrique. Rev. Opt. théor. instrum. Bd. 10 (1931) S. 297.

132. General Electric Comp.: Recording Colour Analyser Instruments, Bd. 4 (1931) S. 211—212.

133. Gerlach, W. u. E. Schweitzer: Die chemische Emissionsspektralanalyse. Leipzig 1930.

134. Gleichen, A.: Theorie der modernen optischen Instrumente. Stuttgart: Ferdinand Enke 1911.

135. Goos, F. u. P. P. Koch: Über eine Neukonstruktion des registrierenden Mikrophotometers. Z. Physik Bd. 44 (1927) S. 855—859.

136. Groß, L. u. C. A. Johnson: A photoelectric exposure meter for photomicrography. J. Biol. Photogr. Assoc. Bd. 1 (1933) S. 172—192.

137. Haase, G.: Farbpyrometrie. Arch. Techn. Mess. V 214—2.

138. Hardy, A. E.: A recording photoelectric colour analyser. J. opt. Soc. Amer. Bd. 18 (1929) S. 96—117.

139. Harrison, G. R.: Instruments and methods used for measuring spectral light intensities by photography. J. opt. Soc. Amer. Bd. 19 (1929) S. 267—316.

140. Harrison, G. R.: A dichromatic projection mikrophotometer. Rev. Sci. Instr. Bd. 3 (1932) S. 572—579.
141. Hesthal, C. E. u. G. R. Harrison: A projection lantern mikrophotometer. Physic. Rev. (2) Bd. 34 (1929) S. 543—544.
142. Holborn, L., K. Scheel u. F. Henning: Wärmetabellen der PTR. Braunschweig: F. Vieweg & Sohn 1919.
143. Höpcke, O.: Über die Vermeidung der Abweichung vom Kosinusgesetz bei Lichtauffangflächen an Beleuchtungsmessern. Licht Bd. 4 (1934) S. 41—43.
144. Horioka, M., T. Satow u. S. Fukushima: The improved light distribution visualizer. Res. electrotechn. Lab. Tokyo 1931 Nr. 296.
145. Jones, E. u. H. L. Brose: Mikrophotometrie measurements by means of a projector. J. Sci. Instr. Bd. 8 (1931) S. 145—152.
146. Kienle, H.: Messung der Gesamtstrahlung. Objektive photometrische Methoden. Handbuch der Experimentalphysik von Wien-Harms, Bd. 26 (1932).
147. Klein, C. G.: Beschreibung eines neuen Sehleistungsprüfapparates usw. Proc. Internat. Illumin. Congr. Edinburgh 1931 (Cambridge University Press).
148. Koch, P. P.: Über ein registrierendes Mikrophotometer. Ann. Physik Bd. 39 (1912) S. 706—751.
149. Kolthoff, J. M.: Die kolorimetrische und potentiometrische p_H-Bestimmung. Berlin: Julius Springer 1932.
150. Krefft, H. u. M. Pirani: Quantitative Messungen im Gesamtspektrum technischer Gasentladungsquellen. Z. techn. Physik Bd. 14 (1933) S. 393—413.
151. Lewin, G., W. W. Loebe u. C. Samson: Über Mikropyrometrie, insbesondere über ein objektives Mikropyrometer. Z. techn. Physik Bd. 13 (1932) S.415—419.
152. Ley, H.: Spektralphotometrie. Handbuch der Physik von Geiger-Scheel, Bd. 19 (1928).
153. Liebenthal, E.: Praktische Photometrie. Braunschweig: F. Vieweg & Sohn 1907.
154. Loebe, W. W. u. C. Samson: Über objektive Lichtstrommessung mittels photoelektrischer Zelle und selbsttätige Bestimmung der Lichtausbeute und Sortierung von Glühlampen. Elektrotechn. Z. Bd. 52 (1931) S. 861—866.
155. Ornstein, L. S., W. J. H. Moll u. H. C. Burger: Objektive Spektralphotometrie. Braunschweig: F. Vieweg & Sohn 1932.
156. Pfeiffer, A. u. G. Limmer: Spektralanalyse von Metallen. Arch. Techn. Mess. V 721—2.
157. Pollack, L. W.: Das neue klimatologische Ultraviolettdosimeter der I. G. Farbenindustrie. Beitr. Geophys. Bd. 41 (1934) S. 458—465.
158. Reeb, O. u. K. Jacobsohn: Sensitometrie photographischer Schichten. Aktinitätsbestimmung photographischer Lichtquellen. Arch. Techn. Mess. V 434—1, 2, 3.
159. Rosenberg, H.: Photographische Photometrie. Handbuch der Experimentalphysik von Wien-Harms, Bd. 26 (1932).
160. — Das neue Elektromikrophotometer der Tübinger Sternwarte. Z. Instrumentenkde. Bd. 45 (1925) S. 313—333.
161. Scheibe, G. (mit C. F. Linström): Chemische Spektralanalyse. Physikalische Methoden der analytischen Chemie, I. Teil. Leipzig 1933.
162. Selényi, P.: Über einen photoelektrischen Apparat zur Messung der Reflexion, Durchlässigkeit und Absorption. Licht u. Lampe Bd. 20 (1931) S. 147—148.
163. — Über betriebsmäßige objektive Photometrie von Glühlampen. Lichttechn. Bd. 11 (1934) S. 19—22.
164. Seletsky, L.: Un nouveau mikrophotomêtre enregistrateur. Rev. Opt. théor. instrum. Bd. 12 (1932) S. 363—367.
165. Sewig, R., L. Bähr u. A. Zincke: Ein lichtelektrisches Spektralphotometer. Z. Instrumentenkde. Bd. 51 (1931) S. 479—482.
166. — u. F. Müller: Beitrag zur lichtelektrischen Messung von Absorption und Farbumschlag bei chemischen Reaktionen. Chem. Fabrik Bd. 7 (1933) S. 25—27.
167. — u. W. Vaillant: Über eine Abweichung der Sperrschichtzellen vom Kosinusgesetz und eine Korrektion hierfür. Licht Bd. 4 (1934) S. 57—58.

168. Sewig u. W. Vaillant: Wahre und nutzbare Leuchtdichte von Projektionslampen. Licht. Bd. 3 (1933) S. 183—185.
169. Shook, G. A. u. B. J. Scrivener: The Weston Photronic Cell in Optical Measurements. Rev. Sci. Instr. Bd. 3 (1932) S. 553—555.
170. Spiller, E.: Objektive Messung der Lichtverteilung von Lampen. Z. techn. Physik Bd. 8 (1927) S. 9—10.
171. — Einrichtung zur automatischen Aufnahme von Schwärzungskurven. Z. Instrumentenkde. Bd. 47 (1927) S. 493—496.
172. Strauß, S.: Eine neue Methode der Lichtmessung mittels des Mekapionprinzips. Strahlenther. Bd. 28 (1928) S. 205—210.
173. — Selbsttätige Lichtregistrierung mit dem Mekapion. Strahlenther. Bd. 40 (1931) S. 696—700.
174. Tingwaldt, C.: Ein neues Pyroheliometer für Absolutmessungen. Z. Instrumentenkde. Bd. 51 (1931) S. 593—599.
175. Tödt, F.: Kolorimetrische p_H-Messung. Arch. Techn. Mess. V 332—3.
176. Voege, W.: Ein neues Verfahren zur Aufnahme der Lichtverteilungskurve und des Gleichförmigkeitsgrads künstlicher Lichtquellen. Elektrotechn. Z. Bd. 29 (1908) S. 49—52.
177. Voigt, B.: Optische Glanzmessung. Arch. Techn. Mess. V 464—1.
178. Weber, G.: Automatische Photometrie. I. Licht Bd. 2 (1932) S. 77—79. II. Licht Bd. 3 (1933) S. 65—67.
179. Weston Electrical Instr. Co., Photographie Exposure Meter. Instruments, Bd. 5 (1932) S. 252.
180. Weston Electrical Instr. Co., Photographic electric Foot Candle Meter. Instruments, Bd. 5 (1932) S. 248.
181. Weyde, E.: Über die Grundlagen eines neuen Ultraviolettmeßinstruments. Strahlenther. Bd. 38 (1930) S. 378—390.

Namenverzeichnis.

Sachverzeichnis.

Herstellung und Messung des Lichts. (Handbuch der Physik, Band XIX.) Bearbeitet von **H. Behnken, E. Brodhun, Th. Dreisch, J. Eggert, R. Frerichs, J. Hopmann, Chr. Jensen, H. Konen, G. Laski, E. Lax, H. Ley, F. Löwe, M. Pirani, P. Pringsheim, W. Rahts, H. Rosenberg, O. Schönrock, G. Szivessy, G. Wolfsohn.** Redigiert von **H. Konen.** Mit 501 Abbildungen. XVIII, 995 Seiten. 1928. RM 86.—; gebunden RM 88.60*

Inhaltsübersicht:

Natürliche und künstliche Lichtquellen. Strahlung und Helligkeitseindruck unter Voraussetzung der definierten Strahlung des schwarzen Körpers. Lichtstrahlung der zur Erzeugung künstlichen Lichtes benutzten festen Körper. Von Dr. E. Lax und Professor Dr. M. Pirani, Berlin. — Strahlungseigenschaften der Sonne. Von Professor Dr. H. Rosenberg, Kiel. — Die Himmelsstrahlung. Gelegentliche atmosphärisch-optische Erscheinungen. Von Professor Dr. Chr. Jensen, Hamburg. — Kurze Übersicht über die kosmischen Lichtquellen. Von Professor Dr. J. Hopmann, Bonn. — Die Glimmentladung. Von Dr. R. Frerichs, Charlottenburg. — Strahlung des Lichtbogens und des Funkens. Von Professor Dr. H. Konen, Bonn. — Lumineszenzlichtquellen. Von Professor Dr. P. Pringsheim, Berlin. — Röntgenstrahlen. Von Regierungsrat Dr. H. Behnken, Charlottenburg. — Flammen und chemische Prozesse. Von Professor Dr. H. Konen, Bonn. — *Lichttechnik:* Allgemeines. Geschichtliches. Lampen, die mit Verbrennungsenergie gespeist werden. Lampen mit elektrischer Widerstandsheizung. Gasentladungs- und Bogenlampen. Lichtquellen für Sonderzwecke. Leistungsaufnahme und Strahlung. Beleuchtung. Von Dr. E. Lax und Professor Dr. M. Pirani, Berlin. — *Methoden der Untersuchung:* Photometrie. Von Professor Dr. E. Brodhun, Berlin. — Photographie. Von Professor Dr. J. Eggert und Dr. W. Rahts, Berlin. — Spektralphotometrie. Von Professor Dr. H. Ley, Münster i. W. — Kolorimetrie. Von Dr. F. Löwe, Jena. — Photographische Spektralphotometrie. Von Dr. R. Frerichs, Charlottenburg. — Polarimetrie. Von Oberregierungsrat Dr. O. Schönrock, Berlin. — Wellenlängenmessung. Von Professor Dr. H. Konen, Bonn. — Besondere Methoden der Spektroskopie. Von Regierungsrat Dr. H. Behnken, Charlottenburg, Dr. Th. Dreisch, Bonn, und Dr. Gerda Laski, Berlin. — Fortpflanzungsgeschwindigkeit des Lichtes. Von Dr. G. Wolfsohn, Bonn. — Besondere Methoden: Elliptisch polarisiertes Licht, teilweise polarisiertes Licht. Von Professor Dr. G. Szivessy, Münster i. W. — Namen- und Sachverzeichnis.

Handbuch der Astrophysik. Herausgegeben von **G. Eberhard, A. Kohlschütter, H. Ludendorff.** In 6 Bänden vollständig. Jeder Band ist einzeln käuflich, jedoch verpflichtet die Abnahme eines Teilbandes zur Abnahme des ganzen Bandes.

Band II: **Grundlagen der Astrophysik.** 2. Teil.

Erste Hälfte. Mit 134 Abbildungen. XI, 430 Seiten. 1929.
RM 66.—; gebunden RM 69.—*

Inhalt: Theoretische Photometrie. Von Professor Dr. E. Schoenberg, Breslau. — Spektralphotometrie. Von Professor Dr. A. Brill, Neubabelsberg. — Kolorimetrie. Von Professor Dr. K. F. Bottlinger, Neubabelsberg. — Lichtelektrische Photometrie. Von Professor Dr. H. Rosenberg, Kiel.

Zweite Hälfte. Mit 85 Abbildungen. VII, 322 Seiten. 1931.
RM 54.—; gebunden RM 57.20*

Inhalt: Photographische Photometrie. Von Professor Dr. G. Eberhard, Potsdam. — Visuelle Photometrie. Von Professor Dr. W. Hassenstein, Potsdam. — Sachverzeichnis.

Ⓦ **Erzeugung und Prüfung lichtempfindlicher Schichten. Lichtquellen.** (Handbuch der wissenschaftlichen und angewandten Photographie, Band IV.) Bearbeitet von **M. Andresen, F. Formstecher, W. Heyne, R. Jahr, H. Lux, A. Trumm.** Mit 126 Abbildungen. VII, 344 Seiten. 1930.
RM 36.—; gebunden RM 39.—

Handbuch der Bildtelegraphie und des Fernsehens. Grundlagen, Entwicklungsziele und Grenzen der elektrischen Bildfernübertragung. Im Verein mit namhaften Fachleuten sowie unter besonderer Mitwirkung des Laboratoriums Karolus in Leipzig bearbeitet und herausgegeben von Prof. Dr. phil. **F. Schröter,** Direktor der Forschungsabteilung der Telefunken-Ges. f. drahtl. Telegr. m. b. H., Berlin. Mit 365 Textabbildungen. XVI, 487 Seiten. 1932. Gebunden RM 58.—

---

* Abzüglich 10% Notnachlaß. Ⓦ = Julius Springer, Wien.

GPSR Compliance

The European Union's (EU) General Product Safety Regulation (GPSR) is a set of rules that requires consumer products to be safe and our obligations to ensure this.

If you have any concerns about our products, you can contact us on ProductSafety@springernature.com

In case Publisher is established outside the EU, the EU authorized representative is:

Springer Nature Customer Service Center GmbH
Europaplatz 3
69115 Heidelberg, Germany

Batch number: 10683525

Printed by Printforce, the Netherlands